本书由“核科学与技术”湖南省国内一流建设学科资助

电离辐射与辐射事故分析

——以21世纪国外5起辐射事故为例

李小华　编著

中国原子能出版社

图书在版编目（CIP）数据

电离辐射与辐射事故分析：以21世纪国外5起辐射事故为例/李小华编著．—北京：中国原子能出版社，2019.11

ISBN 978-7-5221-0270-2

Ⅰ.①电… Ⅱ.①李… Ⅲ.①电离辐射—放射性事故—事故分析 Ⅳ.①TL73

中国版本图书馆CIP数据核字（2019）第276874号

内容简介

本书阐述了电离辐射的应用、核与辐射事故基本概念、电离辐射基本概念、国际原子能机构设置与职责分工；从放射源和射线装使用单位基本概况、事故发生地国家的核与辐射安全监管体系、辐射事故发生过程、辐射应急响应、国际救援、医疗救治、经验教训与建议、整改措施等方面分别对2000年泰国北揽府医用^{60}Co源辐射事故、2001年波兰医用电子加速器辐射事故、2001年格鲁吉亚^{90}Sr放射性同位素热源辐射事故、2010年印度^{60}Co工业辐照装置辐射事故、2012年秘鲁^{192}Ir工业探伤辐射事故的救援概况进行了介绍和分析。

本书可作为我国放射源与射线装置使用单位的管理人员、操作人员、核与辐射安全监管工作人员的培训教材或阅读资料，也可为我国的辐射事故应急提供借鉴和参考。

电离辐射与辐射事故分析——以21世纪国外5起辐射事故为例

出版发行	中国原子能出版社（北京市海淀区阜成路43号 100048）		
策划编辑	韩 霞		
责任编辑	韩 霞		
装帧设计	赵 杰		
责任校对	冯莲凤		
技术编辑	潘玉玲		
印 刷	北京画中画印刷有限公司		
经 销	全国新华书店		
开 本	787 mm×1092 mm 1/16		
印 张	12	**字 数**	280千字
版 次	2019年11月第1版 2019年11月第1次印刷		
书 号	ISBN 978-7-5221-0270-2	**定 价**	60.00元

发行电话：010-68452845

前言

原子能作为19世纪的重大发明之一，在和平年代已广泛应用于核能发电、船舶核动力、低温核供热的核能工程领域，以及工业、农业、食品、医学、水文学、文物保护、环境保护、太空探索、宇宙学的核技术利用领域；给人类的生产和生活带来极大的便利，有力地促进了经济发展和社会进步。

截至2019年8月，我国大陆在运核电机组45台，总装机容量4 568.8万千瓦；在建核电机组15台，总装机容量1 000.5万千瓦。目前，全球核技术应用产业规模近万亿美元，发达国家核技术利用产业的经济效益已经超过了国民经济总收入的2%。我国是核技术应用发展速度最快的国家，核技术应用经济规模已经达到了3 000亿元人民币，与放射性同位素和辐射技术相关单位超过了6.5万家。“十三五”规划已把核技术纳入加强前瞻布局的战略性新兴产业，国防科工局发布的《2016国防科工局军民融合专项计划》中明确，加强核技术应用产业发展，重点在放射性同位素的生产、应用加速器、放疗设备研发等领域加大科技攻关，推动一批项目立项。

因产品设计缺陷的技术原因，员工的违规操作、单位安全管理薄弱、不法分子的偷盗与报复的人为原因，地震、水灾、火灾、龙卷风等自然灾害原因，出现了放射源的丢失、被盗、射线装置的失控，导致工作人员、公众受到超剂量照射，或环境的放射性污染，或造成社会恐慌。因此，世界各国的核与辐射安全监管机构对本国内核能与核技术应用行业的从业人员和管理人员实行严格的资格许可制度，并要求其接受上岗前的核与辐射安全专业知识技术培训，考核合格，做到持证上岗。

本书对21世纪国外5起工业、医学、教学科研领域的辐射事故的背景、过程、临床过程、应急响应、救援概况、整改措施等进行了介绍，对辐射事故原因和经验教训进行了分析。旨在向公众传播核与辐射安全的科普知识，向放射源和射线装置的操作人员、管理人员和核与辐射安全监管人员提供辐射事故的借鉴和参考材料。

本书编著者系全国注册核安全工程师，自2009年以来一直在南华大学从事核工程与核技术专业课程的本科教学工作；从事核反应堆安全、核与辐射安全的研究工作；从2014年开始至今，承担全国辐射安全与防护中级培训，湖北省、湖南省、福建省和贵州省辐射安全与防护初级培训的《电离辐射基础知识》《辐射安全法律法规》《核子仪与X射线探伤辐射安全与防护》《移动γ源探伤辐射安全与防护》《工业辐照辐射安全与防护》《核安全文化》和《核与辐射案例分析》课程的授课工作。

南华大学2019级核能与核技术工程专业研究生李俊杰同学为本书第1、7、8、9章开展部分文字材料的收集和整理工作；南华大学核工 162 班李世祯同学，核工 163 班何列和陈维同学为本书第 1、6、5、8、9 章图片进行 CAD 制图及开展部分文字材料的收集与整理工作；日本长冈技术科学大学极限能量密度工学研究中心研究生杨钧翔同学为本书第 7 章图片进行 CAD 制图。编著者在此对上述 4 位同学的努力付出和辛勤劳动表示衷心感谢。

感谢生态环境部核与辐射安全中心于大鹏、许龙飞、周永平、商照荣、陈栋梁、张玥，中国疾病预防控制中心辐射防护与核安全医学所汤海莹对部分章节稿件提出的宝贵修改意见。

本书在编写的过程中参阅了大量文献和资料，引用了其中一些数据、图表、节录了其中一些文字（包括结果、结论），已经将主要的引用来源或出处列于每一章的参考文献目录中。编著者对所参阅的文献资料的作者表示衷心的谢意。

本书的出版得到了中国原子能出版社韩霞编辑，南华大学核科学技术学院于涛、赵立宏、赵修良、邱小平、王振华教授的帮助，编著者在此表示衷心感谢。

囿于编著者的学识和水平有限，恳请希望使用本书的放射源和射线生产、销售、调试、维护、使用单位和核与辐射安全监管部门的广大读者、专家批评指正。

李小华

2019 年 9 月

目 录

第1章

核能与核技术的和平利用

公众对核能的认识大多源于第二次世界大战中，美国向日本广岛和长崎投放的2颗原子弹。由此科学家开始对核能的巨大威力开展了进一步探索。1953年，美国总统艾森豪威尔在联合国大会发表演讲时提出了"原子能为和平服务"项目，其中包括建立国际原子能机构（International Atomic Energy Agency，IAEA），以促进核能技术的和平利用，防止核武器扩散。现在，我国核能和核技术的和平利用已广泛应用于社会生产和生活领域，有力促进了社会进步和经济发展，是"美丽中国——我是行动者"之一。原子核反应具有释放能量特别巨大，释放射线能量高、穿透能力强两个特点。前者主要应用于核能发电、船舶核动力、核能供热等核能工程领域，后者广泛应用于工业、农业和食品、医学、水文学、文物、科学、太空探索和宇宙学等领域。

1.1 核能工程领域

1.1.1 核能发电

目前核能发电工程以利用裂变能为主。压水堆核电厂由核岛和常规岛两部分组成。核岛包括核反应堆、蒸汽发生器、主泵、稳压器等设备；常规岛主要由汽轮机、冷凝器、发电机、电厂冷却塔等设备组成，如图1-1所示。核能向电能的转化过程包括：①核反应堆内可控链式裂变反应，燃烧^{235}U、^{239}Pu等易裂变核燃料实现核能向热能的转化；②蒸汽发生器吸收冷却剂从核反应堆内载出的热量产生湿饱和蒸汽，经汽水分离器和干燥器干燥后，变为干饱和蒸汽；干饱和蒸汽送到汽轮机做功实现热能向机械能的转化；③汽轮机带动发电机旋转，实现机械能向电能的转化。

核能具有清洁、安全和高效的优点[1]。核能在电能生产的过程中不产生导致形成酸雨的SO_2和NO_x，不产生导致温室效应加剧的CO_2，属环境友好型能源；实现核能向热能转化的装置——核反应堆，具有非能动安全（负反应性温度系数，依靠重力、蓄压势、热传递法则）和故障安全特性；单位质量的核燃料释放的能量特别巨大，例如1 000 MW（电功率1×10^6 kW）的压水堆核电站每年消耗的核燃料大约为24 t，同功率的火力电厂每年需消耗的煤炭为2.40×10^6 t。1 000 MW的核电厂、燃煤电厂、天然气电厂和石油电厂的废物排放量如表1-1所示[2-3]。

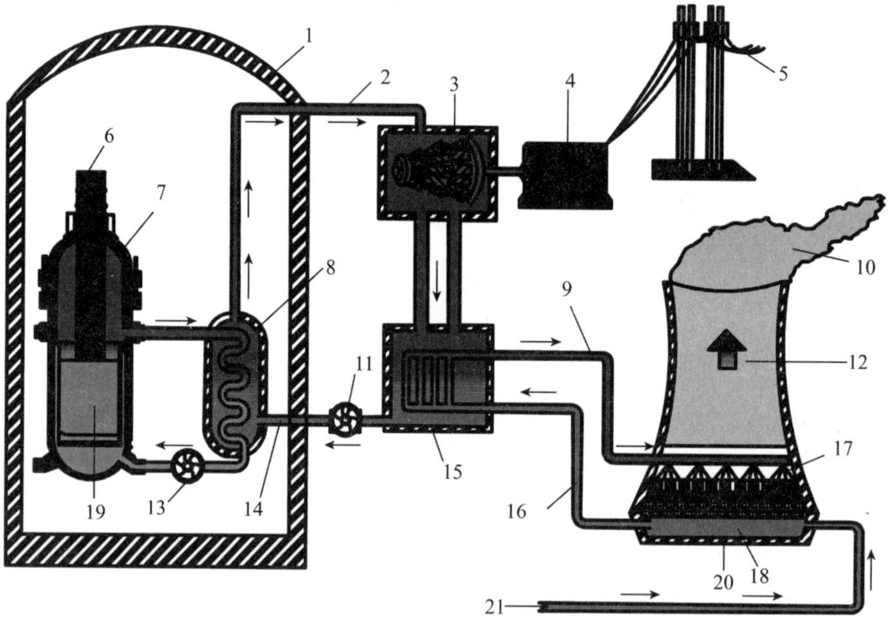

图 1-1 压水堆核电厂主要系统与设备示意图

1—安全壳；2—蒸汽管线；3—汽轮机；4—发电机；5—输变电系统；6—控制棒；7—核反应堆压力容器；8—蒸汽发生器；9—冷凝器热管端；10—水蒸气；11—蒸汽发生器主给水泵；12—湿热空气；13—主泵；14—蒸汽发生器主给水管；15—冷凝器；16—冷凝器冷管端；17—喷淋水；18—冷水池；19—堆芯；20—电厂冷却塔；21—河或湖的取水口

表 1-1 1000 MW 电厂的年废物排放量（数据来自文献［3］）

燃料类型	燃料消耗量/10^4 t	CO_2/10^4 t	SO_2/10^4 t	NO_x/10^4 t	烟尘/10^4 t	灰渣/10^4 t	放射性/Bq	微量元素/t
煤炭	240	588	4.4	2.2	0.9	45	6.6×10^9	20.8
天然气	77	248	0	0.2	0	0	0	0
石油	104	290	0.2	0	0	0	0	—
核燃料	0.002 4	0	0	0	0	0	有	0

1.1.2 船舶核动力

船舶核动力是以原子裂变能作为破冰船、潜艇或航空母舰的推进动力，包括核反应堆，蒸汽发生器、稳压器、汽轮机、推动电机、减速传动装置、推力轴承、涡轮增压发电机，主凝汽器、摩托发电机、蓄电池等设备，以及为提供装置正常运行，保证对人员健康和安全不会造成特别危害的结构系统和部件[4]。潜艇核动力装置结构示意图如图 1-2 所示。船舶核动力具有能量密度高、续航能力强、功率大、运行稳定、易于控制、裂变过程不需要消耗氧气的优点。

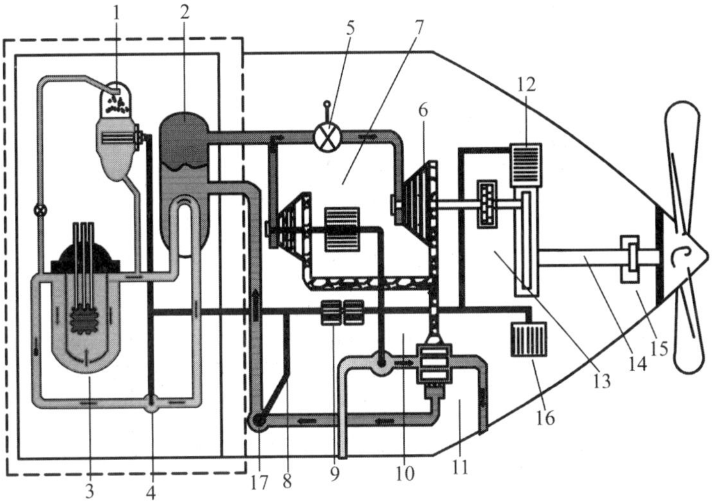

图 1-2 潜艇核动力装置结构示意图

1—稳压器；2—蒸汽发生器；3—核反应堆；4—主泵；5—主蒸汽隔离阀；6—主汽轮机；7—涡轮增压发电机；8—交流；9—逆变器；10—直流；11—冷凝器；12—推动电机；13—离合器；14—减速传动装置；15—推力轴承；16—蓄电池；17—蒸汽发生器主给水泵

1.1.3 低温核供热

低温核供热主要是一种是将核反应堆裂变产生的核能转化为热能，通过中间热交换器将热能传递给城市普通供热系统、为寒冷地区居民或工业企业供热的技术[5]。低温核供热反应堆具有运行温度低（100～200 ℃），造价低、安全可靠、无污染的优点。

1.2 核技术利用领域

1.2.1 工业领域

放射性同位素和射线装置在现代工业中的使用，对发展和改进测量技术、实现生产和控制过程的自动化、提高生产效率具有重要意义。

1. 工业放射性示踪技术

工业放射性示踪技术是一种将放射性示踪剂注入工业管道内，利用放射性示踪剂在衰变过程中发生 γ 射线的特性，用核辐射探测器检测管道是否存泄漏的检测技术[6]。如图 1-3 所示，在石油输运管道中注入放射性示踪剂后，示踪剂随石油一起沿管道运动，在管道泄漏处 γ 射线产生的剂量率较高。工人无须在对管道上方泥土进行开挖的情况下，可通过 γ 剂量计计数的变化情况判断石油管道的准确泄漏位置。工业放射性示踪技术具有灵敏度高、无干扰、易分辨、测量准确度与液体速度无关的优点。

2. X 或 γ 射线探伤

X 或 γ 射线探伤又称工业探伤，是一种利用 X 或 γ 射线穿过金属铸件、电子元件和

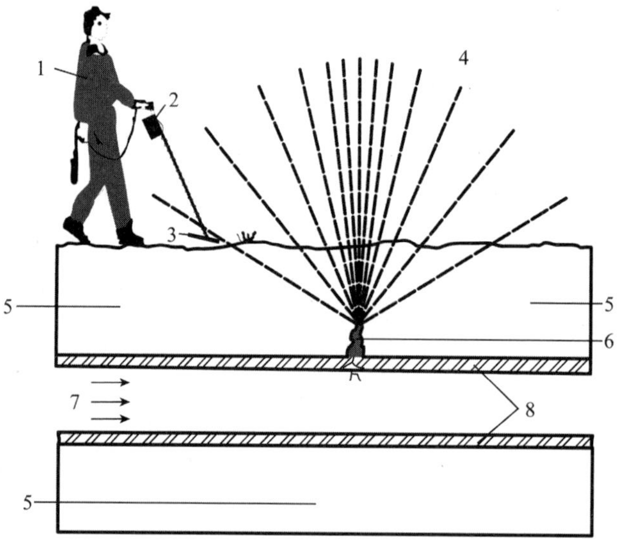

图 1-3 工业放射性示踪示意图

1—操作工人；2—计数器；3—探测器；4—γ射线；5—泥土层；6—管道泄漏处；
7—注入石油中的放射性示踪剂；8—石油管道

陶瓷等工件后，射线束流强度产生衰减，束流衰减强弱与被检测工件的材料和厚度有关，从而检测出工件是否存在气隙、未焊接处或制造缺陷，以工件的内部结构和完整性的无损检测技术[7]。此检测方法不会损坏材料的内部分子结构或改变材料的成分，对被测工件无破坏，又称无损检测。

射线束穿过被检测工件后的束流强度可由 $I=I_0e^{-ud}$(1) 计算，式中，I 表示穿过物质后的X或γ射线束流强度；I_0表示穿过物质前的束流强度；u 表示X或γ射线在该物质中线性衰减系数，单位 m^{-1}与物质的材料相关；d 表示物质厚度，单位 m。如图 1-4 所示，射线穿过工件的气隙或凹处后，因受射线照射的束流强度不同，曝光胶片在缺陷区域显现与工件正常结构处存在明显区别的明暗图像。

3. X射线安全检查设备

X射线安全检查设备是一种通过检测穿过样品的X射线的能谱分布或束流强度分布，对样品（行李箱）作出安全性判定的设备[8]。X射线行李安检设备结构如图 1-5 所示，主要由高压发生器、X射线管、屏蔽系统、控制系统、图像识别系统和传输系统等组成；广泛应用于机场、车站、码头等旅客行李的安全检查，以识别行李中是否携带了管制刀具、枪支、爆炸物、毒品等违禁物品，为旅客的生命和财产安全提供了重要保障。行李箱的X射线安检影像如图 1-6 所示。

4. 工业辐照

工业辐照是指利用高活度的^{60}Co 源或^{137}Cs 源衰变过程中产生的γ射线束，或电子加速器产生的电子束，对产品进行辐照[9]。工业辐照广泛应用于医疗器械的杀菌消毒；工业产品的材料改性，使其力学强度，阻燃阻热特性，抗老化能力得到提升；辐照育种

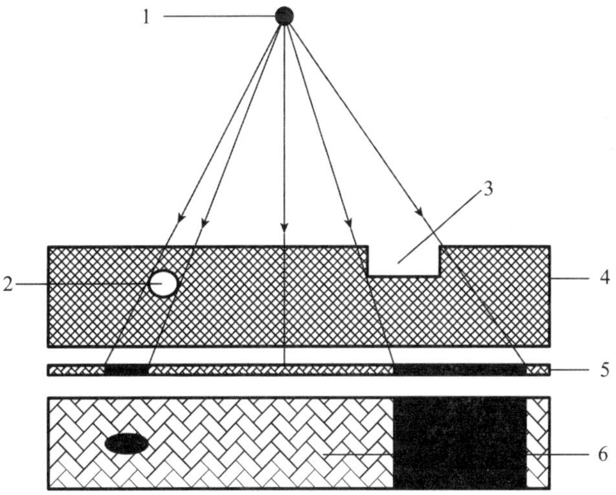

图 1-4 X或γ射线探伤原理图

1—放射源；2—气隙；3—凹处；4—被检测工件；5—胶片；6—曝光后胶片平面

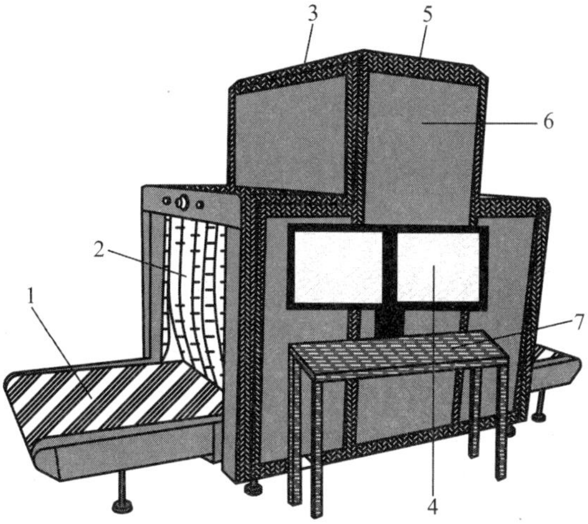

图 1-5 X射线行李安检设备结构

1—传输系统；2—含铅屏蔽门帘；3—高压发生器；4—图像识别系统；
5—X射线管；6—屏蔽系统；7—控制系统

使农业作物的产量、抵抗病虫害的能力提到提高；辐照交联新材料的制作；食品的灭菌保鲜；工业烟气的脱硫脱硝和污水处理等环境保护领域。湿法^{60}Co工业辐照装置由辐照室、源井、^{60}Co、货物传输系统、控制台、源的升降系统、剂量监测系统、屏蔽系统等部件或系统组成，其结构示意图如图 1-7 所示。工业辐照加工具有工艺简单、容易控制，加工效率高、节约能源（辐照食品消耗能源是热加工和化学加工的 1/40～1/200，冷冻方法的 1/20），无环境污染，无化学药物残留，不损害加工物质的外观品质和内在特性，不改变加工物质的温度等优点。

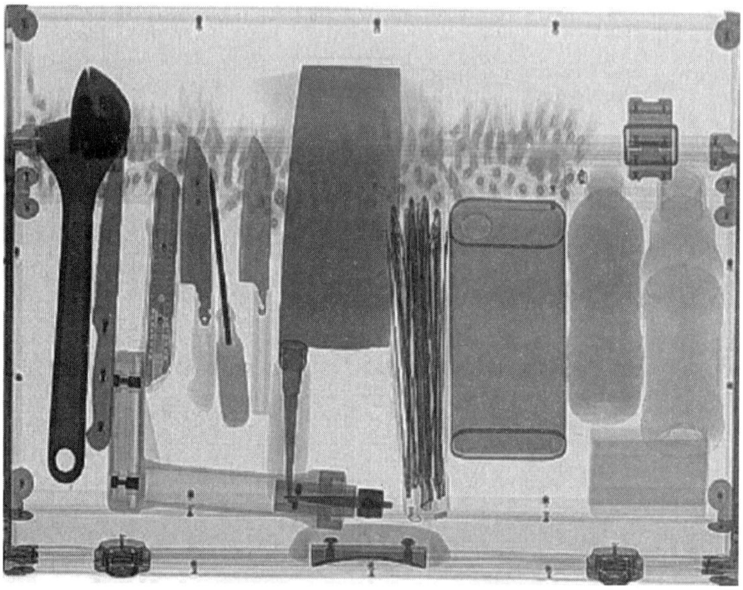

图 1-6　行李箱的 X 射线安检影像

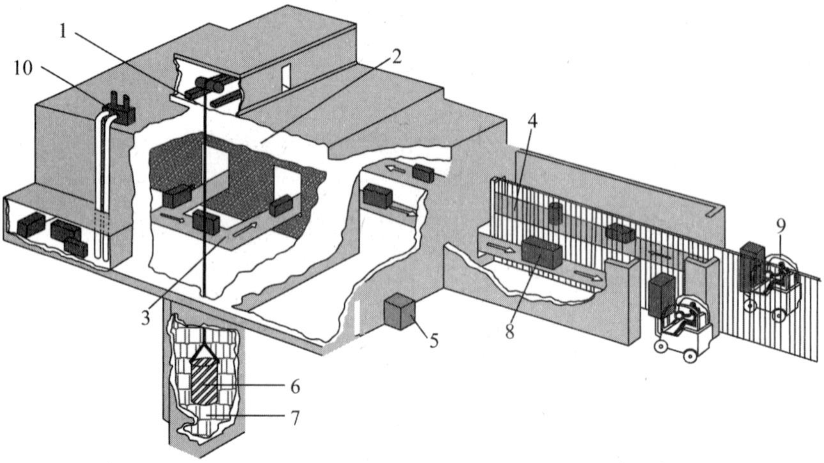

图 1-7　湿法^{60}Co 工业辐照装置结构示意图

1—源的升降系统；2—屏蔽层（2.0 m 厚混凝土墙）；3—辐照室；4—货物运输通道；5—控制台；6—高活度^{60}Co 源；7—储源水井；8—辐照货物；9—装卸货物区域；10—通风系统

5. 核子秤

核子秤是一种非接触式的散装物料在线连续计量和监控装置，利用物料对 γ 射线束吸收的原理，对输送机传送的散装物料进行在线连续计量[10]。核子秤结构示意图如图 1-8 所示。核子秤常由 γ 源、探测器、电子学线路和微机处理与显示系统组成。γ 射线穿过皮带输送机上的物料时，被部分吸收，束流强度衰减程度与物料厚度相关的原理，检测出物料的厚度。核子秤根据皮带输送机的转速、宽度参数和物料密度，由计算机处理系统自动控制测出物料质量。核子秤不受输送机的振动、厚度、惯性、磨损等因素的影响；具有动态测量精度高，性能稳定，工作可靠；结构简单、安装维修方便的优点；广泛应用于矿山、冶金、水泥、化肥、电力、轻工、港口等多种行业的恶劣工作环境中。

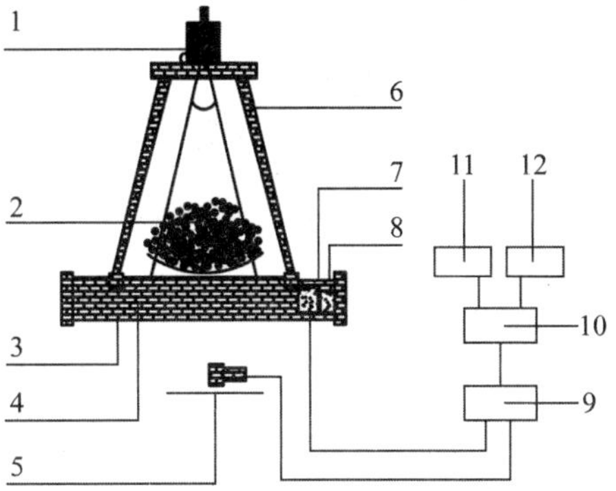

图 1-8 核子秤结构示意图

1—放射源；2—粉末状或颗粒状物质；3—探测器（电离室）；4—恒温装置；5—测速装置；6—核子秤支架；7—前置放大器；8—电源；9—信号处理模块；10—核子秤微机系统；11—显示器；12—打印机

6. 核子测厚仪

核子测厚仪是利用射线穿透被检测工件后，束流强度衰减与工件厚度有关，来检测工件的厚度的一种核子仪；以可编程逻辑控制器和工业计算机为核心，采集计算数据将输出目标偏差值给滚筒式轧机厚度控制系统，达到要求的轧制厚度；常用于钢板、钢带、铝板、薄膜、纸张、金属箔片生产过程中产品厚度的质量控制；可根据被检测工件材料可选择不同的放射源：α 射线、β 射线、γ 射线。核子测厚仪结构示意图如图 1-9 所示。核子测厚仪具有操作简单、响应快、测量结果准确的优点。

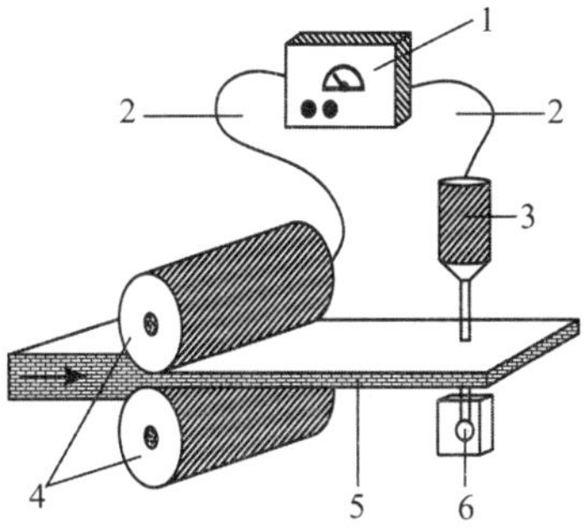

图 1-9 核子测厚仪结构示意图

1—测厚仪信号处理与控制模块；2—信号传输线；3—探测器；4—滚筒式轧机；5—产品；6—放射源

7. 核子料位计

核子料位计采用非接触性在线监测形式，对高温、高压、腐蚀、高黏度等恶劣工业环境下的粉末状、颗粒状固体，或液体的料位进行监测。例如，mCi 级别的 ^{137}Cs 源发射的γ射线，穿过钢包中1 640 ℃钢水，探测器根据射线穿过钢水和空气的衰减强度不同，通过探测器、电子学线路与仪表来检测料位的高度。核子料位计工作原理如图1-10所示，核子料位计具有对环境适应性强、在线性、非接触性、响应快的优点。

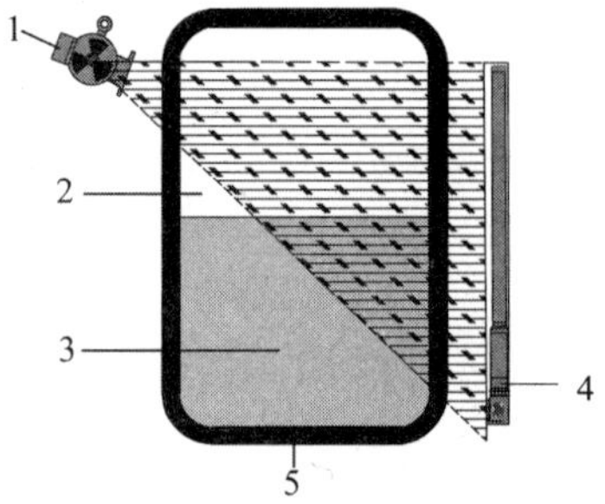

图1-10　核子料位计工作原理示意图

1—放射源；2—空气；3—熔融钢水；4—探测器；5—钢包

8. 中子水分仪

中子水分仪，又称湿度计；采用中子与被检测物质水分子中的H元素发生碰撞后损失能量，即H元素可对中子进行减速，降低能量（慢化）；中子慢化的能力与被检测物质的含水量相关的原理进行工作；常用于矿槽、料仓、料斗、各种输送机的工业生产过程中物料水分含量的在线连续检测，广泛适用于钢铁、建材、水泥、铸造、玻璃、陶瓷等行业，并能输出控制信号以实现生产过程的闭环自动控制[11]。中子水分仪具在线性、非接触性、响应快的优点。

9. 核测井

核测井是指将密封中子源、γ源或放射性示踪剂应用于井中测量，根据岩石及其孔隙流体与中子源或γ源发生核反应后，产生射线的特征能谱（核物理性质），研究井的地质剖面结构图，勘探石油、天然气、煤以及金属、非金属矿藏及水资源，研究石油地质、油井工程和油田开发的核地球物理方法，又称放射性测井[12]。核测井分为γ测井、中子测井、放射性示踪测井、核成像测井4类。核测井具有应用矿产种类多，对恶劣作业环境适应性强、测量准确的特点。核测井原理如图1-11所示。

1.2.2　农业与食品

1. 提高食物的质量

利用γ射线或电子束直接辐照食物，可延长其保鲜和保质期，以减少收获后的损失。将食物受预先控制剂量的γ射线或电子束照射，能消除昆虫、致病菌、延缓果实成熟。世界粮农组织、世界卫生组织和IAEA接受和推荐的食品辐照技术比传统方法消耗的能量更少，可从根本上取代或减少食品中添加剂和熏蒸剂的使用。辐照食品也称为电离或电离辐射处理食品，因射线能量低于核反应阈能，不产生感生放射性，受照剂量小于10 kGy，是安全的[13]。食品辐照技术具有使用安全可靠、适应中性强、无二次污染的优点。

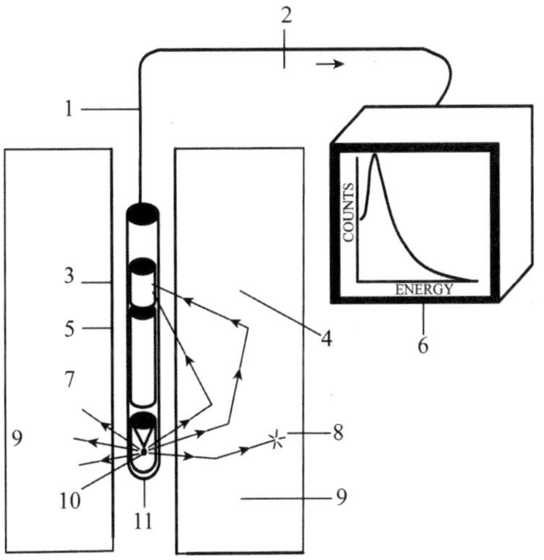

图 1-11 核测井原理图

1—信号传输线；2—信号；3—探测器；4—γ射线背散射；5—屏蔽空间；6—能谱；7—准直器；8—光子吸收；9—地下矿产层；10—放射源；11—矿产地层钻孔

2. 瘟疫控制

将传播瘟疫昆虫放置在特殊地方饲养，在孵化前经过γ射线照射，其生殖细胞死亡，已不具备生殖能力；释放到受感染的地区，与其他未受辐照的异性昆虫交配，不生育后代，瘟疫的数量下降，最终被消灭[14]。

3. 辐射育种

辐射育种是指利用射线照射动物、植物及微生物、使生物体的主要遗传物质（脱氧核糖核酸）产生基因突变或染色体畸变，导致生物体部分性状的变异，然后通过人工选择和培育使用有利的变异遗传下去，使生物品种得到改良并培育出新品种[15]。目前辐射育种带来的经济和社会效应主要体现在提高农作物的产量、抵抗病虫害能力和蛋白质含量等方面。辐射育种具有打破性状连锁，实现基因重组、突变频率高、突变类型多，变异性状稳定局势快，方法简单且缩短育种年限的优点。

1.2.3 医学领域

核技术在医学上的应用和核能生产一样，是最广为人知和广泛接受的医疗技术。X射线影像诊断、放射治疗是普遍、可靠和精确的，大约33.33%的患者接受过放射诊断或放射治疗。X射线影像诊断、核医学诊断、介入放射学和肿瘤放射治疗等医用核技术已成为当今临床疾病诊断和治疗的重要手段，并发挥着其他技术难以替代的重要作用。

1. X射线影像诊断

X射线影像诊断是一种利用X射线穿透受照人体后，被物质吸收衰减，将受照人体的内部组织或器官显现到荧光屏或者感光胶片上，根据荧光屏或感光胶片图像来了解人体结构或诊断患者内部病灶情况的诊断技术[16]。人体的器官由不同密度与厚度的组织材料组成。当X射线穿透人体后，遇到较厚或密度大的器官，吸收和衰减更强，打到荧光屏的荧光数更少，则会更暗，感光胶片则感光更少，颜色便会更淡。相反，遇到较薄或密度小的器官，荧光屏更亮；胶片颜色更深。最终，在荧光屏或感光胶片上便能呈现出深浅不同的人体器官影像，从而诊断患者的病情。X射线影像诊断具有操作简单，价格便宜，受照剂量较小，无痛苦、清晰度和对比度好等优点。

2. 核医学

核医学是一门将核技术与医学相结合的新兴学科，将放射性核素的衰变规律应用于医疗领域，开展医学诊断、治疗或研究[17]。将一种放射性药物或示踪剂通过注射或口服方式进入患者体内，由于放射性药物特殊的亲和力，附着在待研究或诊断的器官上，发射γ、X、β^-、β^+、中子等射线，然后通过患者体外探测器检测射线信号。信号由连接到探测器的计算机转换，并以空间形式对器官成像。核医学图像诊断为心脏、甲状腺、肾脏、肝脏和大脑等器官提供了独特信息，以显示受检器官功能是否正常或是否存在病变；具有准确性高、特异性强、安全可靠、无痛苦等优点，深受广大患者的欢迎。

3. 介入放射学

介入放射学以医学影像实时导引监视，主要利用经血管或非经血管穿刺及导管等介入技术，在影像导引与监视下对人体内各种血管、气管、消化道等管腔，施行微创的开通治疗技术（如球囊扩张术、支架术等），或对体内各种异常的管腔（如破裂血管、肿瘤血管、动脉瘤、管瘘等）实施封堵与栓塞治疗，或者在医学影像导引下利用活检针经皮直接进入患者体内病灶部位采集获取病变组织标本进行细菌学、组织学、生理和生化诊断，达到明确鉴定其病理学结果为目的的诊断技术[18]。介入放射学是一门传统临床诊断学和影像诊断学相结合的新兴的边缘学科，具有覆盖手术范围广（血管成形术及支架植入术、胆道引流、颈动脉支架术、甲状腺细针穿刺抽吸等）、微创性、定位准确、疗效高、见效快、并发症发生率低的特点。

4. 放射治疗

放射治疗使用放射性同位素产生的α、β、γ射线，X射线治疗机产生的X射线，中子发生器产生的中子，医用加速器产生的高能电子束或高能X射线，重粒子加速器产生的质子束、中子束、负π介子束以及其他重粒子束杀死恶性组织和肿瘤的一种局部治疗方法[19]。放射治疗具有对病灶定位准确、不开刀、无需全麻、经济可靠等优点。

1.2.4 水文学领域

同位素水文学是利用同位素年代测定来估计水的年龄、来源和研究水文循环规律的学科[20]。同位素水文学技术对于制定水资源利用政策、绘制含水层图、保护水资源和控制水污染起重要作用。主要用于：①寻找地下水。例如使用^{3}H示踪剂，根据^{3}H衰变过程释放β粒子和高速运动的电子，探寻地下水的源头、流向和储量。②检测水利工程的安全性。例如使用^{131}I示踪剂，通过探测示踪剂^{131}I发射的γ射线强度，用于检测和探明大中型水库的基岩是否有渗漏现象，为病险水库的安全性作出诊断。③研究河、海港湾泥沙的淤积规律。用^{46}Sc或^{192}Ir吸附在颗粒尺度近似于天然泥沙大小的离子交换树脂上，将其投入河口或海岸附近的水域中，用辐射探测仪表监视跟踪，便可研究泥沙在港口或海湾处的淤积规律。④监测水体污染规律。采用^{82}Br 标记的溴化铵作为示踪剂追踪水体污染的来源以及污染物的迁移规律。自然形成的同位素揭示水的年龄原理如图 1-12 所示。同位素水文学具有测量精度高、研究定量化和微观化的优点。

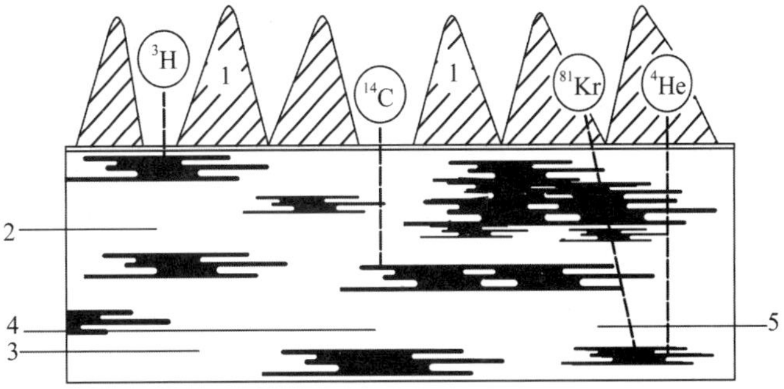

图 1-12　自然形成的同位素揭示水的年龄原理

1—山脉；2—现代地下水年龄小于 100 a；3—地表；

4—年轻地下水年龄为 4×10^4 a；5—化石地下水年龄为 1×10^8 a

1.2.5　文物领域

核技术应用于文物领域主要体现在文物保护、文物年代鉴定、文物真实性鉴定方面。

1. 文物保护

一件日益恶化的文物品面临两方面的问题：一方面，由于裸露在环境中，固定力逐渐丧失；另一方面，食木性昆虫（以木材为食）、真菌等对其造成损坏和污染。因此，利用 γ 射线对文物进行照射，就有可能通过聚合（化合物的化学分组）使其固结，同时通过灭菌，消除污染昆虫。

2. 文物年代鉴定

使用^{14}C 年代测定技术对艺术品进行年代测定。生物在生存的时候，由于需要呼吸，其体内的^{14}C 含量很稳定，接近某一常量；生物死去后停止呼吸，此时体内的^{14}C 每经过 5 730 a 的半衰期，含量减少为原来的一半；可通过检测一件古物的^{14}C 含量，来估计样品的年龄。

3. 文物真实性鉴定

文物的真实性鉴定是指在不给所测文物带来任何宏观物理变化和潜在危害的情况下，采用 X 射线照相技术、X 射线荧光分析、中子活化分析、原子吸收光谱法等无损检测分析技术，获取与文物材质、产地、制作年代、制作工艺等相关的物理化学信息。该鉴定技术具有检测快速、操作简单、成本低、对文物无损伤的特点。

1.2.6　环境保护领域

1. 检测和分析污染物

核技术对各种污染物检测和分析，主要包括 7 种检测分析技术：中子活化分析、X

射线荧光分析、穆斯堡尔谱学、同位素示踪、加速器质谱技术、低温等离子体技术和固体核迹径探测技术。

中子活化分析是指用一定能量和束流强度的中子对样品进行辐照，使其在辐照后能够发生核反应，通过测定产生的瞬发 γ 射线，或放射性核素衰变产生的 γ 射线的能量和强度，计算机对这些信息的处理可以确定样品中的某种元素的成分及其浓度。例如2003—2006 年，北京市公安局的侦查人员会同中国原子能科学研究院的科研人员，运用中子活化分析实验方法，结合从光绪陵寝提取的光绪头发、衣物等重要检材，对光绪死亡原因进行了反复检测和缜密分析研究。研究结果表明：光绪帝头发中砷含量是现代正常人的 17 000 倍，是埋在同一陵墓的隆裕皇后的 261 倍，是清代同一时期一位普通人的 132 倍，是墓内环境样品的 97 倍。中子活化分析结果表明光绪帝死于急性砒霜中毒。中子活化分析具有可测元素种类多、准度高、灵敏度极高、对样品无破坏的优点。

X 射线荧光分析是指利用被检测样品在 X 射线照射下发出的荧光，分析确定被测样品的化学组成成分及含量的分析技术，常用于分析环境样品的形态，分析和研究气溶胶、骨骼、冰雪等珍稀极地环境样品。X 射线荧光分析具有谱线简单、分析速度快、测量元素多、可对多元素同时分析的优点。

穆斯堡尔谱学利用多普勒效应对 γ 射线光子的能量进行调整，调整 γ 源和吸收体之间的相对速度使其发生共振吸收，吸收率（或者透射率）随相对速度的变化的原理，用于大气铁微粒的鉴别，不仅能分析出污染物含量，还能检测出污染物的化学总态。穆斯堡尔谱学具有能量分辨率高、可用于痕量分析的优点。

2. 处理工业三废

核技术已成功地应用于环境污染治理领域。例如工业废气产生的 SO_2、NO、NO_2、地面石油泄漏所产生的气体排放，工业、农业和生活污水，橡胶和塑料，国际空港或海港垃圾和城市污水污泥等。

（1）工业废气的治理

工业废气主要含有对环境污染贡献份额较大的 SO_2、NO_x，污染大气，引发酸雨，造成农业作物的枯萎、减产或绝收。利用 γ 射线或电子加速器产生的电子束照射工业废气、生产成空气中的水分子和氧气会逐渐分离，形成一种氧化性极强 ·OH、·O、·HO_2 等自由基，自由基与废气中的 SO_2、NO_x 发生氧化反应，将其氧化成 HNO_3 和 H_2SO_4。在上述氧化反应过程中，加入适量的氨，在提高废气污染物的去除效率的同时，还可发生反应生成 NH_4NO_3 和 $(NH_4)_2SO_4$ 两种肥料，实现变废为宝[21]。电子束辐照治理工业废气具有脱硫脱硝率高、不产生废水废渣、反应产生可利用性产物等优点。

（2）工业废水的处理

废品中的苯环（多氯联苯、氯酚）等有机物具有较大的毒性，易溶于脂，具有稳定的化学性质和挥发性。使用 0.7～10 MeV 电子束或 ^{137}Cs 源、^{60}Co 源发射的 γ 射线照射污水时，电子束流的辐射能量大部分沉积在水分子中，当辐射能量超过水分子化学键的键能和分子的电离势能时，化学键和分子的结合能受到破坏；将水分解为活性较强的

$\cdot OH$、H^{2-}、H_2O_2等自由基或粒子；与废水中的污染物发生加成、取代、电子转移、断键等反应，使其分解或改性，达到降解污染物，降低污水中的总有机碳、化学和生物需氧量，有效杀死水中病菌和有害微生物，去除掉污水中臭味，达到净化水质的效果。

（3）工业固体废物的处理

使用电子束照射沿海或内陆河的污泥，起灭菌作用，可作为肥料供农田直接使用；利用γ射线照射生物医学废物起消毒作用；利用高能电子束或γ射线照射切割成小块的废橡胶，破坏和分解橡胶的大分子网格结构，同时发生交联反应，橡胶的力学特性发生改变，经研磨分离后，可与其他组成成分用于生产新橡胶轮胎；利用等离子体瞬间产生的2万～3万摄氏度高温，将石油、医疗、汽车、建筑领域的二噁英等有机污染物快速裂解为无害化的小分子，将有毒有害的有机、无机废物转成有价值的产品固化在玻璃体中。玻璃体可作为建筑用材料，实现了对固体废物减量化、无害化、稳定化及资源利用化处理。

1.2.7 太空探索领域

核技术利用在太空探索的应用主要表现在，使用核电池对空间站电力设备供电。放射性同位素热电电池又称放射性同位素热电发生器（radioisotope thermoelectric generators，RTG），是一种将放射性核素衰变产生的热量转换为电能的装置，可为太空舱提供稳定的电能。典型的航天用RTG结构如图1-13所示。^{238}Pu放射性同位素的半衰变期为87.74 a，可长时间向空间站的电力和电子设备，提供测量和向地球传输数据所需的电能。另一种放射性同位素^{241}Am半衰变期为432.2a，通常用于火星探测器电力的供应，比相同衰变热功率的^{238}Pu为空间站可提供更长时间的供电服务。核电池具有对环境的适应性强、稳定性好、匹配功率范围宽、寿命长、长时间无需维护的优点。核电池不仅可为太空，还可为缺乏常规电力供应的偏远地区或漫长海岸线的灯塔、导航信标、无线电中继站和气象站等提供电力供应。

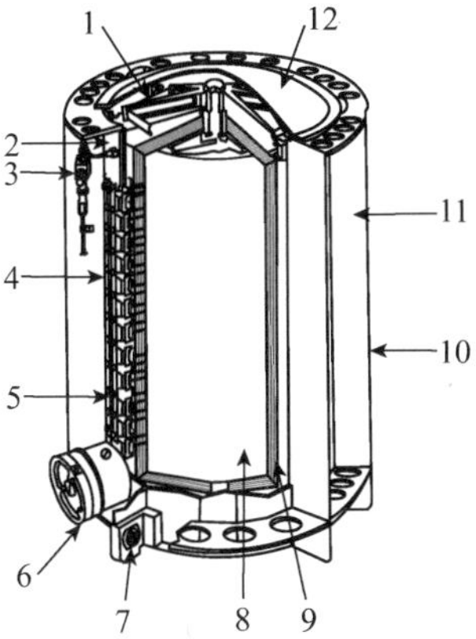

图1-13 典型的航天用RTG结构示意图

1—压力容器外壳；2—侧面屏蔽层；3—气体控制组件；4—硅锗耦合层；5—连接螺栓；
6—压力释放装置；7—可调节底座；8—放射性同位素热源；9—热电转换组件；
10—航天绝热层；11—散热肋片；12—顶部屏蔽层

1.2.8 宇宙学领域

从岩石形成开始到现在，现代宇宙学经历了广泛时代的发展。目前对恒星年龄的测量技术是基于恒星的质量、化学成分、温度以及它们如何根据恒星的特定类型随时间变化的比较[22]。以岩石为例，最常用的年代测定方法是铀—铅测年法，可测定距今100万万年前到45亿年前的物体，精确度范围0.1%～1%。锆石是火成岩中的硅酸盐，其晶体结构中含有少量铀元素。铀元素中^{238}U和^{235}U的半衰期分别为4.51×10^{9}a和7.4×10^{8}a，两者含量都随时间下降，分别衰变为稳定的^{206}Pb和^{207}Pb。

对于较年轻的岩石和具有人类起源的物体，则使用其他放射性同位素。其中一种利用^{40}K经K层电子捕获形成稳定同位素^{40}Ar的衰变规律建立的地质年代估算方法。^{40}K总量的89.33%为β衰变形成稳定的^{40}Ca，而10.67%以电子俘获并放出γ光子而形成稳定同位素^{40}Ar。

根据公式$t=\frac{1}{\lambda}\left(\frac{\lambda_1}{\lambda_2}\times\frac{N_1}{N_2}+1\right)$计算岩石的年龄，式中$\lambda=\lambda_1+\lambda_2$，是$^{40}K$的总衰变常数，$\lambda_1$和$\lambda_2$分别是$^{40}K$衰变成$^{40}Ar$和$^{40}Ca$的衰变常数，单位$s^{-1}$，$N_1/N_2$岩石样品放入核反应堆内经中子照射后，$^{40}Ar$和$^{39}Ar$物质的量比值。另一种利用$^{14}C$的年鉴技术。$^{14}C$具有放射性，其半衰期5 686 a，空气中$^{12}C$跟$^{14}C$的存量约为$10^{12}$：1.2。活生物体中$^{12}C$与$^{14}C$的质量之比与空气中相同。因生物体死亡后，不再吸收碳，^{14}C含量每间隔5 686 a减少到原来的一半，因此测出生物遗骸中^{12}C跟^{14}C物质的量比，再跟空气中的物质的量比进行比较，可估算出古生物的死亡年代[23]。

1.3 结束语

核能与核技术在工业、农业、医学、环境保护等领域的利用范围广泛，生产过程可控和高效，检测结果精确，医学诊断准确，治疗效果显著，发展前景广阔；有力带动了经济的发展，促进了社会进步；为我国建设节约环保型社会提供了有力技术支撑。

参考文献

[1] Bethel Afework, Jordan Hanania, Kailyn Stenhouse, et al. Nuclear power plant [EB/OL]. Calgary, CANADA: University of Calgary. 2019-01-04 [2019-04-26]. https://energyeducation.ca/encyclopedia/Nuclear_power_plant.

[2] World Nuclear Association. Comparison of Lifecycle Greenhouse Gas Emissions of Various Electricity Generation Sources [R]. London, United Kingdom: World Nuclear Association, 2010.

[3] 庞凤阁，彭敏俊. 船舶核动力装置 [M]. 哈尔滨：哈尔滨工程大学出版社，2000.

[4] The Maritime Industry Guide. Nuclear Ship Propulsion: Is it the Future of the Shipping Industry? [EB/OL]. Bangalore, India: The Maritime Industry Guide. 2019-02-05 [2019-04-26]. https://www.marineinsight.com/tech/nuclear-ship-propulsion-is-it-the-future-of-the-shipping-in-

dustry/.
[5] Yi-Xuan Zhang, Hui-Ping Cheng, Xing-MinLiu , et al. Swimming pool-type low-temperature heating reactor: recent progress in research and application [J] . Energy Procedia, 2017 (127): 425-431.
[6] Wikipedia. isotopic labellin [EB/OL] . California, U. S. A: Wikipedia. 2019-02-05 [2019-04-26] . https: //en. wikipedia. org/wiki/Isotopic _ labeling .
[7] Wikipedia. Nondestructive testing [EB/OL] . California, U. S. A: Wikipedia. 2019-04-07 [2019-04-26] . https: //en. wikipedia. org/wiki/Nondestructive _ testing.
[8] U. S. Food and Drug Administration. Frequently Asked Questions on Cabinet X-ray Systems [EB/OL] . New York, U. S. A: U. S. Food and Drug Administration. 2019-02-06 [2019-04-26] . https: //www. fda. gov/Radiation-EmittingProducts/RadiationEmittingProductsandProcedures/SecuritySystems/ucm116421. htm .
[9] IAEA. GUIDELINES FOR INDUSTRIAL RADIATION STERILIZATION OF DISPOSABLE MEDICAL PRODUCTS (Cobalt-60 Gamma Irradiation) (IAEA-TECDOC-539) [R] . Vienna: International Atomic Energy Agency, 1990.
[10] IAEA. Technical data on nucleonic gauges (IAEA-TECDOC-1459) [R] . Vienna: International Atomic Energy Agency, 2005.
[11] IAEA. Field Estimation of Soil Water Content [R] . Vienna: International Atomic Energy Agency, 2008.
[12] IAEA. CURRENT TRENDS IN NUCLEAR BOREHDLE LOGGING TECHNIQUES FOR ELEMENTAL ANALYSIS (IAEA-TECDOC-464) [R] . Vienna: International Atomic Energy Agency, 1988.
[13] IAEA. Food safety [EB/OL] . Vienna: International Atomic Energy Agency, 2019-03-26 [2019-04-26] . https: //www. iaea. org/topics/food-safety.
[14] IAEA. Trapping guidelines for area-wide fruit fly programmes (IAEA-TECDOC-1459) [R] . Vienna: International Atomic Energy Agency, 2018.
[15] 罗顺忠 . 核技术应用 [M] . 哈尔滨: 哈尔滨工程大学出版社, 2008.
[16] IAEA. Diagnostic Radiology Physics: A Handbook for Teachers and Students [R] . Vienna: International Atomic Energy Agency, 2016.
[17] IAEA. Medical Physics Staffing Needs in Diagnostic Imaging and Radionuclide Therapy: An Activity Based Approach (IAEA HUMAN HEALTH REPORTS No. 15) [R] . Vienna: International Atomic Energy Agency, 2018.
[18] IAEA. Interventional radiology [EB/OL] . Vienna: International Atomic Energy Agency, 2019-01-16 [2019-04-26] . https: //www. iaea. org/topics/interventional-radiology .
[19] IAEA. Radiation Oncology Physics: A Handbook for Teachers and Students [R] . Vienna: International Atomic Energy Agency, 2005.
[20] IAEA. Isotope Hydrology Section [EB/OL] . Vienna: International Atomic Energy Agency, 2019-03-26 [2019-04-26] . https: //www. iaea. org/about/organizational-structure/department-of-nuclear-sciences-and-applications/division-of-physical-and-chemical-sciences/isotope-hydrology-section .
[21] 江君 . 核技术在环境保护三废治理中的应用 [J] . 节能环保, 2018 (8): 52-53.

[22] Forum of the Spanish Nuclear Industry. How many applications does nuclear technology have? [EB/OL]. Madrid, Spanish: Forum of the Spanish Nuclear Industry. 2019-02-16 [2019-04-26]. https://www.foronuclear.org/en/ask-the-expert/120347-applications-nuclear-technology.

[23] 李小华，何列，李世祯，等. 浅谈核能和核技术的和平利用[J]. 核安全，2019，18（3）：1-10.

第 2 章

核与辐射事故概述

核能与核技术在核能发电、船舶核动力、核能供热、工业、农业、医学、环境保护、文物保护、航天、宇宙学研究等领域的广泛应用，给人类的生产和生活带来了极大的便利，有力地促进了经济的发展和社会进步。但由于产品本身设计缺陷、操作人员的违规操作、单位的安全管理薄弱、自然灾害等原因，发生了大量放射性物质向外界释放的核与辐射事故和人员受到超剂量照射或环境的放射性污染引起的辐射事故。

2.1 核事故

核事故是指核设施中很少发生的严重偏离运行工况的状态。在这种状态下，放射性物质的释放可能或已经失去应有的控制。

核设施是指需要考虑安全问题的规模生产、加工、利用、操作、贮存或处置放射性物质的设施［包括其场地、建（构）筑物和设备］。例如铀加工、富集设施、核燃料制造厂、核反应堆（包括临界及次临界装置）、核动力厂、乏燃料贮存设施和核燃料后处理厂等[1]。

2.2 辐射事故

辐射事故是指放射源的丢失、被盗、失控，或放射性同位素和射线装置失控导致人员受意外的异常照射，或者产生了环境的放射性污染后果。

密封放射源是指密封在包壳或紧密覆盖内的放射源，这种或覆盖层具有足够的强度使之在设计的使用条件和正常磨损下，不会有放射性物质泄漏出来[2]。

非密封放射源是指因放射性物质毒性较低，或由于使用上需要未采用密封容器封装的放射源，使用非密封源时操作应小心谨慎，防止放射性物质脱落造成环境污染，并应经常检查源表面的放射性污染情况。

射线装置是指 X 线机、加速器、中子发生器以及含放射源的装置。

2.2.1 放射源分类

根据中华人民共和国国务院第 449 号令《放射性同位素与射线装置安全和防护条

例》规定，国家生态环境部（环保总局）于2005年12月23日发布《关于发布放射源分类办法的公告》[3]。

（1）放射源分类原则

参照国际原子能机构的有关规定，按照放射源对人体健康和环境的潜在危害程度，从高到低将放射源分为Ⅰ、Ⅱ、Ⅲ、Ⅳ、Ⅴ类，Ⅴ类源的下限活度值为该种核素的豁免活度。

①Ⅰ类放射源为极高危险源。没有防护情况下，接触这类源几分钟到1小时就可致人死亡。

②Ⅱ类放射源为高危险源。没有防护情况下，接触这类源几小时至几天可致人死亡。

③Ⅲ类放射源为危险源。没有防护情况下，接触这类源几小时就可对人造成永久性损伤，接触几天至几周也可致人死亡。

④Ⅳ类放射源为低危险源。基本不会对人造成永久性损伤，但对长时间、近距离接触这些放射源的人可能造成可恢复的临时性损伤。

⑤Ⅴ类放射源为极低危险源。不会对人造成永久性损伤。

（2）放射源分类表

常用不同核素的64种放射源按表2-1进行分类（数据来自文献［3］）。

表2-1　常用不同核素的64种放射源分类

单位：Bq

核素名称	Ⅰ类源	Ⅱ类源	Ⅲ类源	Ⅳ类源	Ⅴ类源
^{241}Am	$\geq 6\times10^{13}$	$\geq 6\times10^{11}$	$\geq 6\times10^{10}$	$\geq 6\times10^{8}$	$\geq 1\times10^{4}$
$^{241}Am/Be$	$\geq 6\times10^{13}$	$\geq 6\times10^{11}$	$\geq 6\times10^{10}$	$\geq 6\times10^{8}$	$\geq 1\times10^{4}$
^{198}Au	$\geq 2\times10^{14}$	$\geq 2\times10^{12}$	$\geq 2\times10^{11}$	$\geq 2\times10^{9}$	$\geq 1\times10^{6}$
^{133}Ba	$\geq 2\times10^{14}$	$\geq 2\times10^{12}$	$\geq 2\times10^{11}$	$\geq 2\times10^{9}$	$\geq 1\times10^{6}$
^{14}C	$\geq 5\times10^{16}$	$\geq 5\times10^{14}$	$\geq 5\times10^{13}$	$\geq 5\times10^{11}$	$\geq 1\times10^{7}$
^{109}Cd	$\geq 2\times10^{16}$	$\geq 2\times10^{14}$	$\geq 2\times10^{13}$	$\geq 2\times10^{11}$	$\geq 1\times10^{6}$
^{141}Ce	$\geq 1\times10^{15}$	$\geq 1\times10^{13}$	$\geq 1\times10^{12}$	$\geq 1\times10^{10}$	$\geq 1\times10^{7}$
^{144}Ce	$\geq 9\times10^{14}$	$\geq 9\times10^{12}$	$\geq 9\times10^{11}$	$\geq 9\times10^{9}$	$\geq 1\times10^{5}$
^{252}Cf	$\geq 2\times10^{13}$	$\geq 2\times10^{11}$	$\geq 2\times10^{10}$	$\geq 2\times10^{8}$	$\geq 1\times10^{4}$
^{36}Cl	$\geq 2\times10^{16}$	$\geq 2\times10^{14}$	$\geq 2\times10^{13}$	$\geq 2\times10^{11}$	$\geq 1\times10^{6}$
^{242}Cm	$\geq 4\times10^{13}$	$\geq 4\times10^{11}$	$\geq 4\times10^{10}$	$\geq 4\times10^{8}$	$\geq 1\times10^{5}$
^{244}Cm	$\geq 5\times10^{13}$	$\geq 5\times10^{11}$	$\geq 5\times10^{10}$	$\geq 5\times10^{8}$	$\geq 1\times10^{4}$
^{57}Co	$\geq 7\times10^{14}$	$\geq 7\times10^{12}$	$\geq 7\times10^{11}$	$\geq 7\times10^{9}$	$\geq 1\times10^{6}$
^{60}Co	$\geq 3\times10^{13}$	$\geq 3\times10^{11}$	$\geq 3\times10^{10}$	$\geq 3\times10^{8}$	$\geq 1\times10^{5}$
^{51}Cr	$\geq 2\times10^{15}$	$\geq 2\times10^{13}$	$\geq 2\times10^{12}$	$\geq 2\times10^{10}$	$\geq 1\times10^{7}$
^{134}Cs	$\geq 4\times10^{13}$	$\geq 4\times10^{11}$	$\geq 4\times10^{10}$	$\geq 4\times10^{8}$	$\geq 1\times10^{4}$
^{137}Cs	$\geq 1\times10^{14}$	$\geq 1\times10^{12}$	$\geq 1\times10^{11}$	$\geq 1\times10^{9}$	$\geq 1\times10^{4}$

续表

核素名称	Ⅰ类源	Ⅱ类源	Ⅲ类源	Ⅳ类源	Ⅴ类源
^{152}Eu	$\geqslant 6\times10^{13}$	$\geqslant 6\times10^{11}$	$\geqslant 6\times10^{10}$	$\geqslant 6\times10^{8}$	$\geqslant 1\times10^{6}$
^{154}Eu	$\geqslant 6\times10^{13}$	$\geqslant 6\times10^{11}$	$\geqslant 6\times10^{10}$	$\geqslant 6\times10^{8}$	$\geqslant 1\times10^{6}$
^{55}Fe	$\geqslant 8\times10^{17}$	$\geqslant 8\times10^{15}$	$\geqslant 8\times10^{14}$	$\geqslant 8\times10^{12}$	$\geqslant 1\times10^{6}$
^{153}Gd	$\geqslant 1\times10^{15}$	$\geqslant 1\times10^{13}$	$\geqslant 1\times10^{12}$	$\geqslant 1\times10^{10}$	$\geqslant 1\times10^{7}$
^{68}Ge	$\geqslant 7\times10^{14}$	$\geqslant 7\times10^{12}$	$\geqslant 7\times10^{11}$	$\geqslant 7\times10^{9}$	$\geqslant 1\times10^{5}$
^{3}H	$\geqslant 2\times10^{18}$	$\geqslant 2\times10^{16}$	$\geqslant 2\times10^{15}$	$\geqslant 2\times10^{13}$	$\geqslant 1\times10^{9}$
^{203}Hg	$\geqslant 3\times10^{14}$	$\geqslant 3\times10^{12}$	$\geqslant 3\times10^{11}$	$\geqslant 3\times10^{9}$	$\geqslant 1\times10^{5}$
^{125}I	$\geqslant 2\times10^{14}$	$\geqslant 2\times10^{12}$	$\geqslant 2\times10^{11}$	$\geqslant 2\times10^{9}$	$\geqslant 1\times10^{6}$
^{131}I	$\geqslant 2\times10^{14}$	$\geqslant 2\times10^{12}$	$\geqslant 2\times10^{11}$	$\geqslant 2\times10^{9}$	$\geqslant 1\times10^{6}$
^{192}Ir	$\geqslant 8\times10^{13}$	$\geqslant 8\times10^{11}$	$\geqslant 8\times10^{10}$	$\geqslant 8\times10^{8}$	$\geqslant 1\times10^{4}$
^{85}Kr	$\geqslant 3\times10^{16}$	$\geqslant 3\times10^{14}$	$\geqslant 3\times10^{13}$	$\geqslant 3\times10^{11}$	$\geqslant 1\times10^{4}$
^{99}Mo	$\geqslant 3\times10^{14}$	$\geqslant 3\times10^{12}$	$\geqslant 3\times10^{11}$	$\geqslant 3\times10^{9}$	$\geqslant 1\times10^{6}$
^{95}Nb	$\geqslant 9\times10^{13}$	$\geqslant 9\times10^{11}$	$\geqslant 9\times10^{10}$	$\geqslant 9\times10^{8}$	$\geqslant 1\times10^{6}$
^{63}Ni	$\geqslant 6\times10^{16}$	$\geqslant 6\times10^{14}$	$\geqslant 6\times10^{13}$	$\geqslant 6\times10^{11}$	$\geqslant 1\times10^{8}$
^{237}Np (^{233}Pa)	$\geqslant 7\times10^{13}$	$\geqslant 7\times10^{11}$	$\geqslant 7\times10^{10}$	$\geqslant 7\times10^{8}$	$\geqslant 1\times10^{3}$
^{32}P	$\geqslant 1\times10^{16}$	$\geqslant 1\times10^{14}$	$\geqslant 1\times10^{13}$	$\geqslant 1\times10^{11}$	$\geqslant 1\times10^{5}$
^{103}Pd	$\geqslant 9\times10^{16}$	$\geqslant 9\times10^{14}$	$\geqslant 9\times10^{13}$	$\geqslant 9\times10^{11}$	$\geqslant 1\times10^{8}$
^{147}Pm	$\geqslant 4\times10^{16}$	$\geqslant 4\times10^{14}$	$\geqslant 4\times10^{13}$	$\geqslant 4\times10^{11}$	$\geqslant 1\times10^{7}$
^{210}Po	$\geqslant 6\times10^{13}$	$\geqslant 6\times10^{11}$	$\geqslant 6\times10^{10}$	$\geqslant 6\times10^{8}$	$\geqslant 1\times10^{4}$
^{238}Pu	$\geqslant 6\times10^{13}$	$\geqslant 6\times10^{11}$	$\geqslant 6\times10^{10}$	$\geqslant 6\times10^{8}$	$\geqslant 1\times10^{4}$
$^{239}Pu/Be$	$\geqslant 6\times10^{13}$	$\geqslant 6\times10^{11}$	$\geqslant 6\times10^{10}$	$\geqslant 6\times10^{8}$	$\geqslant 1\times10^{4}$
^{239}Pu	$\geqslant 6\times10^{13}$	$\geqslant 6\times10^{11}$	$\geqslant 6\times10^{10}$	$\geqslant 6\times10^{8}$	$\geqslant 1\times10^{4}$
^{240}Pu	$\geqslant 6\times10^{13}$	$\geqslant 6\times10^{11}$	$\geqslant 6\times10^{10}$	$\geqslant 6\times10^{8}$	$\geqslant 1\times10^{3}$
^{242}Pu	$\geqslant 7\times10^{13}$	$\geqslant 7\times10^{11}$	$\geqslant 7\times10^{10}$	$\geqslant 7\times10^{8}$	$\geqslant 1\times10^{4}$
^{226}Ra	$\geqslant 4\times10^{13}$	$\geqslant 4\times10^{11}$	$\geqslant 4\times10^{10}$	$\geqslant 4\times10^{8}$	$\geqslant 1\times10^{4}$
^{188}Re	$\geqslant 1\times10^{15}$	$\geqslant 1\times10^{13}$	$\geqslant 1\times10^{12}$	$\geqslant 1\times10^{10}$	$\geqslant 1\times10^{5}$
^{103}Ru (^{103m}Rh)	$\geqslant 1\times10^{14}$	$\geqslant 1\times10^{12}$	$\geqslant 1\times10^{11}$	$\geqslant 1\times10^{9}$	$\geqslant 1\times10^{6}$
^{106}Ru (^{106}Rh)	$\geqslant 3\times10^{14}$	$\geqslant 3\times10^{12}$	$\geqslant 3\times10^{11}$	$\geqslant 3\times10^{9}$	$\geqslant 1\times10^{5}$
^{35}S	$\geqslant 6\times10^{16}$	$\geqslant 6\times10^{14}$	$\geqslant 6\times10^{13}$	$\geqslant 6\times10^{11}$	$\geqslant 1\times10^{8}$
^{75}Se	$\geqslant 2\times10^{14}$	$\geqslant 2\times10^{12}$	$\geqslant 2\times10^{11}$	$\geqslant 2\times10^{9}$	$\geqslant 1\times10^{6}$
^{89}Sr	$\geqslant 2\times10^{16}$	$\geqslant 2\times10^{14}$	$\geqslant 2\times10^{13}$	$\geqslant 2\times10^{11}$	$\geqslant 1\times10^{6}$
^{90}Sr (^{90}Y)	$\geqslant 1\times10^{15}$	$\geqslant 1\times10^{13}$	$\geqslant 1\times10^{12}$	$\geqslant 1\times10^{10}$	$\geqslant 1\times10^{4}$
^{99m}Tc	$\geqslant 7\times10^{14}$	$\geqslant 7\times10^{12}$	$\geqslant 7\times10^{11}$	$\geqslant 7\times10^{9}$	$\geqslant 1\times10^{7}$
^{132}Te (^{132}I)	$\geqslant 3\times10^{13}$	$\geqslant 3\times10^{11}$	$\geqslant 3\times10^{10}$	$\geqslant 3\times10^{8}$	$\geqslant 1\times10^{7}$

续表

核素名称	Ⅰ类源	Ⅱ类源	Ⅲ类源	Ⅳ类源	Ⅴ类源
^{230}Th	$\geqslant 7\times10^{13}$	$\geqslant 7\times10^{11}$	$\geqslant 7\times10^{10}$	$\geqslant 7\times10^{8}$	$\geqslant 1\times10^{4}$
^{204}Ti	$\geqslant 2\times10^{16}$	$\geqslant 2\times10^{14}$	$\geqslant 2\times10^{13}$	$\geqslant 2\times10^{11}$	$\geqslant 1\times10^{4}$
^{170}Tm	$\geqslant 2\times10^{16}$	$\geqslant 2\times10^{14}$	$\geqslant 2\times10^{13}$	$\geqslant 2\times10^{11}$	$\geqslant 1\times10^{6}$
^{90}Y	$\geqslant 5\times10^{15}$	$\geqslant 5\times10^{13}$	$\geqslant 5\times10^{12}$	$\geqslant 5\times10^{10}$	$\geqslant 1\times10^{5}$
^{91}Y	$\geqslant 8\times10^{15}$	$\geqslant 8\times10^{13}$	$\geqslant 8\times10^{12}$	$\geqslant 8\times10^{10}$	$\geqslant 1\times10^{6}$
^{169}Yb	$\geqslant 3\times10^{14}$	$\geqslant 3\times10^{12}$	$\geqslant 3\times10^{11}$	$\geqslant 3\times10^{9}$	$\geqslant 1\times10^{7}$
^{65}Zn	$\geqslant 1\times10^{14}$	$\geqslant 1\times10^{12}$	$\geqslant 1\times10^{11}$	$\geqslant 1\times10^{9}$	$\geqslant 1\times10^{6}$
^{95}Zr	$\geqslant 4\times10^{13}$	$\geqslant 4\times10^{11}$	$\geqslant 4\times10^{10}$	$\geqslant 4\times10^{8}$	$\geqslant 1\times10^{6}$

注：1. ^{241}Am 用于固定式烟雾报警器时的豁免值为 1×10^{5} Bq。

2. 核素份额不明的混合源，按其危险度最大的核素分类，其总活度视为该核素的活度。

（3）非密封源分类

上述放射源分类原则对非密封源适用。

非密封源工作场所按放射性核素日等效最大操作量分为甲、乙、丙三级，具体分级标准见《电离辐射防护与辐射源安全标准》（GB 18871—2002）。

甲级非密封源工作场所的安全管理参照Ⅰ类放射源。

乙级和丙级非密封源工作场所的安全管理参照Ⅱ、Ⅲ类放射源。

2.2.2 射线装置的分类

根据《放射性同位素与射线装置安全和防护条例》（国务院令第 449 号）关于射线装置实行分类管理的规定，环境保护部和国家卫生计生委对现行的《射线装置分类办法》（原国家环境保护总局公告 2006 年第 26 号）进行了调整和修订，制定了《射线装置分类》，2017 年 12 月 5 日公布并施行[4]。

（1）射线装置分类原则

根据射线装置对人体健康和环境的潜在危害程度，从高到低将射线装置分为Ⅰ类、Ⅱ类、Ⅲ类。

①Ⅰ类射线装置：事故时短时间照射可以使受到照射的人员产生严重放射损伤，其安全与防护要求高。

②Ⅱ类射线装置：事故时可以使受到照射的人员产生较严重放射损伤，其安全与防护要求较高。

③Ⅲ类射线装置：事故时一般不会使受到照射的人员产生放射损伤，其安全与防护要求相对简单。

（2）射线装置分类

常用射线装置按照使用用途可分为医用射线装置和非医用射线装置，可按表 2-2 进行分类（数据来自文献［4］）。

表 2-2 常用射线装置分类

装置类别	医用射线装置	非医用射线装置
Ⅰ类射线装置	质子治疗装置	生产放射性同位素用加速（不含制备正电子发射计算机断层显像装置（PET）用放射性药物的加速器）
	重离子治疗装置	粒子能量大于等于 100 MeV 的非医用加速器
	其他粒子能量大于等 10 MeV 的医用加速器	/
Ⅱ类射线装置	粒子能量小于 100 MeV 的医用加速器	粒子能量小于 100 MeV 的非医用加速器
	制备正电子发射计算机断层显像装置（PET）放射性药物的加速器	工业辐照用加速器
	X 射线治疗机（深部、浅部）	工业探伤用加速器
	术中放射治疗装置	安全检查用加速器
	血管造影用 X 射线装置	车辆检查用 X 射线装置
	/	工业用 X 射线计算机断层扫描（CT）装置
	/	工业用 X 射线探伤装置
	/	中子发生器
Ⅲ类射线装置	医用 X 射线计算机断层扫（CT）装置	人体安全检查用 X 射线装置
	医用诊断 X 射线装置	X 射线行李包检查装置
	口腔（牙科）X 射线装置	X 射线衍射仪
	放射治疗模拟定位装置	X 射线荧光仪
	X 射线血液辐照仪	其他各类 X 射线检测装置（测厚、称重、测孔径、测密度等）
	/	离子注（植）入装置
	/	兽用 X 射线装置
	/	电子束焊机
	其他不能被豁免的 X 射线装置	

（3）标注说明

①血管造影用 X 射线装置：包括用于心血管介入术、外周血管介入术、神经介入术等的 X 射线装置，以及含具备数字减影（DSA）血管造影功能的设备。

②医用 X 射线计算机断层扫描（CT）装置：包括医学影像用 CT 机、放疗 CT 模拟定位机、核医学 SPECT/CT 和 PET/CT 等。

③医用诊断 X 射线装置：包括 X 射线摄影装置、床旁 X 射线摄影装置、X 射线透视装置、移动 X 射线 C 臂机、移动 X 射线 G 臂机、手术用 X 射线机、X 射线碎石机、乳腺 X 射线装置、胃肠 X 射线机、X 射线骨密度仪等常见 X 射线诊断设备和开展非血管造影用 X 射线装置。

④口腔（牙科）X 射线装置：包括口腔内 X 射线装置（牙片机）、口腔外 X 射线装置（含全景机和口腔 CT 机）。

⑤工业用 X 射线探伤装置：分为自屏蔽式 X 射线探伤装置和其他工业用 X 射线探

伤装置，后者包括固定式X射线探伤系统、便携式X射线探伤机、移动式X射线探伤装置和X射线照相仪等利用X射线进行无损探伤检测的装置。

⑥对自屏蔽式X射线探伤装置的生产、销售活动按Ⅱ类射线装置管理；使用活动按Ⅲ类射线装置管理。

⑦对公共场所柜式X射线行李包检查装置的生产、销售活动按Ⅲ类射线装置管理；对其设备的用户单位实行豁免管理。

⑧对电子束焊机的生产、销售活动按Ⅲ类射线装置管理；对其设备使用用户单位实行豁免管理。

⑨豁免：指实践或实践中的放射源经确认符合规定的豁免要求或水平，并经环保部门同意后不再被纳入《电离辐射防护与辐射源安全基本标准》（GB 18871—2002）要求的行为结果。行为对象为实践中的放射源或射线装置。

2.3 核与辐射事故的分级

2.3.1 核事故分级

“国际核和放射事件分级表”（International Nuclear Event Scale，INES）简称核事件分级表，用于以统一的方式迅速向公众通报有关辐射源事件的安全重要性程度。它涵盖广泛的电离辐射实践领域，包括射线探伤等工业应用、放射源在医院中的应用、核设施的活动，以及放射性物质的运输。通过利用核事件分级表适当分析所有这些实践中发生的事件，能够有利于在科技界、媒体和公众之间取得共同的理解。1990—2008年由国际原子能机构和经合组织核能机构召集的国际专家共同编制和修改。

核事件分级表起初只是适用于对核电厂事件进行分级，后来经修改和扩展适用于与民用核工业有关的所有设备和装置。近年来，对它进行了进一步的修改和扩展，以满足人们对通报有关放射性物质和放射源运输、贮存和使用的所有事件的安全意义的日益需要。尽管核事件分级表涵盖广泛的实践，但是与一些实践有关的事件不可能达到分级表的较高级别。例如，与工业射线探伤行业使用的源的运输有关的事件永远不会超过4级，即使对源的操作和处理不正确。

核事件分级表（见表2-3）将事件分为7级：1～3级称之为“事件”；4～7级称之为“事故”[5]。无安全意义的事件被划分为“分级表以下/0级”。如图2-1所示。对于在辐射或核安全方面无安全相关性的事件，分级表未对它们进行定级。为向公众通报事件，核事件分级表的每个级别用一句明确的短语来描述。按递增的严重程度排列，它们是：“异常”“一般事件”“严重事件”“影响范围有限的事故”“影响范围较大的事故”“严重事故”和“重大事故”。制订该分级表的宗旨是，分级表中的事件每增加一级，严重程度将增加大约一个数量级（即分级表是对数性的）。核事件分级表的结构如表2-3所示（数据来自文献［5］和［6］）。对于事件的考虑来自其：①对人和环境；②对设施的放射屏障和控制；③对纵深防御三方面的影响。

表 2-3　国际核事件分级（INES）的一般准则和实例

描述和 INES 级别	人和环境	设施的放射屏蔽和控制	纵深防御	实例
特大事故 7 级	• 放射性物质大量释放，具有大范围健康和环境影响，要求实施所计划的和长期的应对措施			1986 年苏联切尔诺贝利核电站事故 2011 年日本福岛第一核电站事故
重大事故 6 级	• 放射性物质明显释放，可能要求实施计划的应对措施			
影响范围较大的事故 5 级	• 放射性物质有限释放，可能要求实施部分所计划的应对措施 • 辐射造成多人死亡	• 反应堆堆芯受到严重损坏 • 放射性物质在设施范围内大量释放，公众受到明显照射的概率高。其发生原因可能是重大临界事故或火灾		1979 年美国三哩岛核电站事故
影响范围有限的事故 4 级	• 放射性物质少量释放，除需要局部采用食物控制外，不太可能要求实施所计划的应对措施 • 至少有 1 人死于辐射	• 燃料熔化或损坏造成堆芯放射性总量释放超过 0.1% • 放射性物质在设施范围内明显释放，公众受到明显照射的概率高		2010 年印度马雅普里 ^{60}Co 工业辐照装置辐射事故 2000 年泰国北揽府医用 ^{60}Co 源辐射事故 2001 年格鲁吉亚 ^{90}Sr 放射性同位素热源辐射事故
重大事件 3 级	• 受照剂量超过工作人员法定年限值的 10 倍 • 辐射造成非致命确定性健康效应（例如烧伤）	• 工作区中的照射剂量率超过 1 Sv/h • 设计中预期之外的区域内严重污染，公众受到明显照射的概率低	• 核电厂接近发生事故，安全措施全部失效 • 高活度密封源丢失或被盗 • 高活度密封源错误交付，并且没有准备好适当的辐射程序来进行处理	2012 年秘鲁工业探伤辐射事故 2001 年波兰医用电子加速器辐射事故
一般事件 2 级	• 一名公众成员的受照剂量超过 10 mSv • 一名工作人员的受照剂量超过法定年限值	• 工作区的辐射水平超过 50mSv/h，域内设施受到明显污染	• 安全措施明显失效，但无实际后果 • 发现高活度密封无监管源、器件或运输货包，但安全措施保持完好 • 高活度密封源包装不适当	

续表

描述和 INES 级别	人和环境	设施的放射屏蔽和控制	纵深防御	实例
异常 1 级			• 一名公众成员受到过量照射，超过法定限值 • 安全部件发生少量问题，但纵深防御仍然有效 • 低放放射源、装置或运输货包丢失或被盗	
无安全意义（分级表一下/0 级）				

对人和环境的影响可以是局部性的（即事件场所附近的一个人或几个人受到辐射剂量，或者放射性物质从装置中大量释放）。对设施的放射屏障和控制的影响仅与处理大量放射性物质的设施（例如动力核反应堆、乏燃料后处理设施、大型研究反应堆或大型源生产设施）有关。它涵盖的事件例如包括核反应堆堆芯熔化，因放射屏障失效而造成重要量放射性物质泄漏，从而威胁人和环境的安全。根据这两方面（人和环境，放射屏障和控制）的影响进行定级的事件，属于具有“实际后果”的事件。纵深防御减退主要涉及没有实际后果的事件，但是在这些事件中，为预防或应对事故而采取的措施未按期运行。1 级事件只是涉及纵深防御功能减退，2 级和 3 级涉及纵深防御功能较严重减退或给人或设施造成较低程度的实际后果，4 级至 7 级涉及给人、环境或设施造成越来越严重的实际后果。

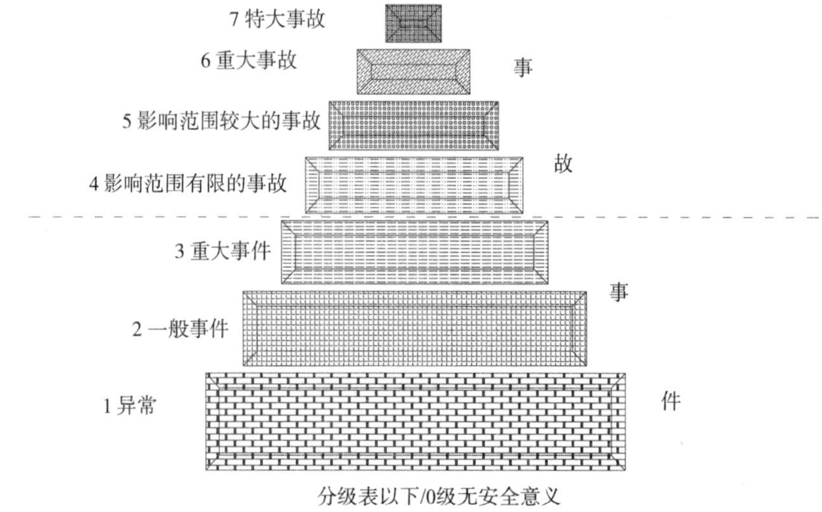

图 2-1　核事件分级

核事件分级表可以适用于与放射性物质和辐射源的运输、贮存和使用有关的任何事件。不管事件是否在设施发生，都适用。它包括放射源或放射性货包的丢失或被盗和无人看管放射源的情况，例如将放射源无意中转让给废金属收购商。分级表也可以用于个人在其他受监管电离辐射实践（矿产加工）中受到意外照射的事件。分级表只应用于民事（非军事），并且只与事件的安全方面有关；并不打算用于安保相关事件或故意使人受到辐射照射的恶意行为的定级。当射线装置或放射源用于医学目的（放射诊断和放射治疗）时，可用于对工作人员和公众造成实际照射的事件或者装置安全弱化或安全措施不到位的事件的定级。目前，分级表并不涉及作为医学领域的一部分对患者实施照射的实际后果或潜在后果。核事件分级表并非对核或辐射设施发生的每起事件都适应。对于仅与工业安全有关的事件或在辐射安全或核安全方面无安全相关性的其他事件，分级表与之无关系。例如，只造成化学危害的事件（例如非放射性物质的气体释放），或造成核设施工作人员伤害或死亡的跌落或电击等事件，将不采用本分级表进行分级。同样，影响汽轮机或发电机可利用率的事件如果没有影响到带功率运行的反应堆，也将不按本分级表进行定级；火灾如果没有涉及任何可能的放射性危害并且不影响与放射安全或核安全有关的任何设备，也不按本分级表进行定级。

2.3.2 辐射事故的分级

《放射性同位素与射线装置安全和防护条例》（国务院令第 449 号）于 2005 年 8 月 31 日国务院第 104 次常务会议通过，于 2005 年 12 月 1 日起施行。

该条例“第四章辐射事故应急处理”规定，根据辐射事故的性质、严重程度、可控性和影响范围等因素，从重到轻将辐射事故分为特别重大辐射事故、重大辐射事故、较大辐射事故和一般辐射事故 4 个等级[7]。

特别重大辐射事故，是指Ⅰ类、Ⅱ类放射源丢失、被盗、失控造成大范围严重辐射污染后果，或者放射性同位素和射线装置失控导致 3 人以上（含 3 人）急性死亡。

重大辐射事故，是指Ⅰ类、Ⅱ类放射源丢失、被盗、失控，或者放射性同位素和射线装置失控导致 2 人以下（含 2 人）急性死亡或者 10 人以上（含 10 人）急性重度放射病、局部器官残疾。

较大辐射事故，是指Ⅲ类放射源丢失、被盗、失控，或者放射性同位素和射线装置失控导致 9 人以下（含 9 人）急性重度放射病、局部器官残疾。

一般辐射事故，是指Ⅳ类、Ⅴ类放射源丢失、被盗、失控，或者放射性同位素和射线装置失控导致人员受到超过年剂量限值的照射。

2.4 核与辐射事故的特点

核与辐射事故具有以下特点：

（1）事故发生突然，发展迅速，全过程呈阶段性

一般可将核事故全程分为早期、中期和晚期 3 个相继的阶段。

这种划分对于制订应急计划及采取相应的防护措施有实际意义，因为各阶段的特点和主要辐射来源及照射途径不同，需采取的对策也不全相同。

（2）多种照射来源和途径

事故产生的辐射照射，可有多种来源和途径。大型核设施发生核事故的早期：烟羽中放射性核素产生的外照射，吸入烟羽中放射性核素形成的内照射；中期：地面沉积放射性核素产生的外照射，食品和水放射性核素产生的内照射；后期：受污染的食品及水引起的内照射。

（3）释放出的多种放射性核素，以不同的照射方式，引起不同的组织器官损伤

核反应堆发生事故，放射性物质向大气释放，放射性核素包括短寿命核素（^{125}I、^{131}I）和长寿命核素（如^{90}Sr、^{137}Cs）。

对人员的照射方式和主要组织器官：外照射可产生全身损伤；内照射可对甲状腺，肺部、肠和胃等器官的损伤；皮肤照射可对皮肤产生放射性烧伤。

（4）影响范围广，涉及人数多，作用时间长

核反应堆发生事故，大量放射性物质释放情况下，由于烟羽漂移，辐射影响的范围广，受照人数多，因而需采取防护措施的地区也大。核事故影响时间较长，原因包括：①长寿命裂变产物，锕系核素（如^{90}Sr，^{137}Cs，^{239}Pu，^{237}Np，^{243}Am，^{247}Cm等）半衰期长；②辐射的远期效应，特别是致癌和遗传效应，要进行数十年甚至终生观察才能作出科学评价。

（5）造成较大的社会和心理影响

发生任何重大灾害，均可引起公众不同程度的社会心理反应，其后果可波及整个社会。

曾发生的核与辐射事故的经验表明：可造成很大社会心理影响，引起人群心理紊乱、焦虑、恐慌和长期慢性心理应激。这种不良的社会心理效应，其危害可能比电离辐射本身导致的后果更严重。

（6）应急处理的专业技术性强，需要的救援力量较大

核反应堆发生严重事故时，由于影响范围广、涉及人数多、社会和心理影响大，加之射线对人体的照射必须借助于特殊仪器才能发现，对电离辐射损伤的预防、诊治、远期危害评价，以及处理发生事故的反应堆和消除放射性污染等工作均需要一定专门技术和设备。

因此，救援及善后处理往往需要投入较大力量，有时要动员各方面的人力物力，甚至全国范围或国际的合作。

1986年，苏联切尔诺贝利核事故的场外应急，动员了全苏联必要的科学、技术及经济方面的应变力量；动员了7 000多个辐射实验室、防疫站以及许多辐射安全专家；动用了1 964个医疗队，22 000余名各类医务人员，1 200多名大学生及1 600余名科技与工程技术人员。动用人力共60万开展清污工作，其中，34万现役军人。方圆30公里10余万居民远离家园。

2.5 核与辐射事故的原因分析

核与辐射事故直接原因主要包括责任原因、技术原因，自然灾害[8]。

(1) 责任原因

责任事故主要包括：员工违反核设施、射线装置或放射源的安全操作规程作业；单位安全观念薄弱；因对员工的辐射安全、上岗技能培训不足，员工无证上岗，不熟悉业务或缺乏业务知识，操作失误；管理不善；核安全文化缺失；单位领导、辐射防护负责人、安全负责人、放射源保管人员、操作人员失职；核与辐射安全监管的弱化。

(2) 技术原因

产品或设备的设计不合理，存在缺陷；因未得到有效维护和保养，超期服役，元器件老化或选择不当，导致设备意外故障；监测系统缺陷或安全联锁设备失效。

(3) 自然灾害

地震，泥石流，海啸，火灾等自然灾害或原因不清。

2.6 辐射事故的经验教训

据统计，现辐射事故多数（72%）是由人为因素造成，有操作人员的问题，也有事故单位管理层面的问题，但大部分事故的直接原因都体现了辐射事故单位存在辐射安全意识薄弱、安全管理不善、核安全文化缺失等深层次的问题，解决这些问题，降低辐射事故风险[8]。应在以下方面予以加强：

(1) 加强易丢失放射源的安全保卫措施

核子仪、工业探伤、放射性测井及医疗应用中都发生了多起安全保卫措施不到位，导致放射源丢失、被盗事故，多见于核子秤、料位计、探伤机、放射性同位素热电发生器，（^{60}Co）γ 远距离放射治疗设备等易拆卸、可移动的含放射源设备。放射源使用单位应进一步加强此类设备的安全保卫措施，从建立健全各项放射源的安全保卫制度出发，安排专人负责；定期对使用的含源设备进行安全自查，及时排除安全隐患，确保警示标识、警示语句等清晰可见；闲置不使用时送专用的放射源暂存场所（放射源储存库）安全贮存，保持良好的贮存记录，定期盘查，做到账物相符合；加强停产、维修、放假等特殊时期的放射源安全管理。

(2) 加强闲置、废弃放射源的管理

闲置、废弃放射源的丢失、被盗事故，主要由放射源使用单位未对闲置、废弃放射源及时送贮，且安全管理松懈，放射源转让手续和过程不符合辐射安全法律法规规定造成。加强闲置、废弃放射源的管理，特别是加强终止和变更相关工作单位对放射源的管理，避免其脱离监管范围流入社会，形成安全隐患，可有效降低辐射事故发生率、保障社会稳定、减少社会危害。放射源使用单位应及时将闲置、废弃的放射源送原放射源生产单位或具有接收放射源资质（生产、销售、使用同级别或更高级别放射源的辐射安全许可证）的单位收贮，与接收单位签订放射源转让接收协议，并获得监管部门（环境行政保护主管部门）的审核，送贮前应对放射源进行妥善保管。监管部门应关注关停并转让放射源使用单位的辐射安全管理，督促其依法处置闲置、废弃放射源，消除安全隐患。

（3）预防放射性测井中的放射源卡井、落井

放射性测井应用中发生的辐射事故多为密封放射源卡井或落井事故，放射源卡井时所处位置较深（0～5 000 m 范围），一般不会对人员和环境造成危害，但有时会造成较大的社会影响，因此应尽量避免。为有效降低放射性测井中辐射事故发生率，需要预防放射性测井中的放射源卡井、落井。放射性测井单位应制定防止探测器具被卡措施和解卡操作规程，加强放射源的安全使用，提升工作人员安全意识和责任心，严格落实放射性测井操作规程，有效防止放射源落井。

（4）加强室外工业探伤的安全管理

工业探伤类事故表明，工业探伤仍是辐射事故频发的领域，尤其是室外工业探伤。探伤单位应严格遵守《γ射线探伤装置的辐射安全要求》（环发〔2007〕8号）、《工业X射线探伤放射防护要求》（GBZ 117—2015），建立健全本单位辐射安全内部管理机构和规章制度，逐级落实探伤作业的辐射安全责任制，认真落实探伤作业各项辐射安全要求，张贴探伤辐射作业公告，优化作业时间并确保及时告知管理者和周围人员，加强工作现场的辐射安全措施，配备必要的辐射监测设备并保持良好的运行状态，减少放射源在临时存贮和运输过程中丢失的可能，对于异地作业还应遵守相关的备案制度。

（5）加强工业辐照装置的辐射安全管理

人员误入辐照室致死亡事故表明，辐照装置必须严格按照国家规定进行设计、建造、运行和维护，必须具备多道辐射安全联锁装置，配备并使用具有报警功能的辐射剂量巡测仪和个人剂量报警仪，并加强辐射工作人员的辐射安全与防护培训。

（6）加强对公众电离辐射安全知识的宣传教育

鉴于放射源的丢失、被盗和误用等事件、事故的不断发生，以及一些辐射事故发生造成的公众恐慌等不必要的社会影响，应加强对公众的正面宣传教育，使其在了解放射源用途的同时，也了解放射源的危害。此外，废旧金属回收站人员虽然不属于辐射工作人员，但也应给予适当的宣传教育，使之熟悉基本的辐射安全知识，如电离辐射警示标示等，防止放射源流入废旧金属回收渠道，并熔炼。

2.7 应急与应急响应

应急需要立即采取某些超出正常工作程序的行动，以避免事故发生或减轻事故后果的状态；同时也泛指立即采取某些超出正常工作程序的行动。

应急响应旨在缓解核或辐射紧急情况对人员健康和安全、生活质量、财产和环境的影响所采取的行动，也可以为恢复正常的社会和经济活动提供基础。

2.8　核事故应急措施

为了控制核事故的发展、减轻和缓解事故后果、保护工作人员和公众的健康与安全、保护环境而采取的各种应急处理措施。核事故情况千差万别，且往往具有突发性，因此所需采取的应急措施的类型、实施方式和规模也不相同。必须根据事故分析、应急监测与评价结果，按应急计划程序，在统一指挥下有组织、有计划地实施应急措施。应急措施主要包括应急监测、应急评价、应急通信与报警、工程补救措施、隐蔽、服药、撤离、食物与水源控制、交通管制、医学救护等[10]。

（1）应急监测

事故时，首先要加强对核设施，特别是反应堆状况的监测，同时要利用原有的监测系统对核电厂及周围环境的放射性水平加强监测。必要时，还要根据事故特点及环境、气象条件，派出应急监测人员，对有代表性的事故影响地点及关键核素作应急监测。

（2）应急评价

事故时，根据对事故发展过程的分析与应急监测结果，对应急状态、事故对环境的影响及发展趋势所做的快速评价。应急评价为适时采取应急措施提供了科学依据。应急评价时要根据实际监测结果（例如大气中的放射性水平、地表污染测量及必要的核素分析）、所了解的事故机制、电厂环境条件及实时气象资料，利用一定的计算设备，计算出周围一定范围内的放射性水平分布及其发展趋势。

（3）应急通信与报警

事故发生后，核电厂营运单位需根据事故性质、严重程度、应急状态等情况，按应急计划中规定的程序，向主管部门、地方政府、监督部门及其他有关单位报告事故情况。各部门之间要随时联系，应急指挥部和各应急行动组之间更要有可靠、迅速的联系手段。因此要建立迅速可靠的应急通信系统，应急通信手段要多样化并有足够的备用。

在核电厂及其应急计划区（主要是指烟羽应急计划区）内需建立事故应急报警系统，以便保证能使进入应急状态的命令及时通知到工作人员及有关公众。报警时可以利用各种可能的手段，例如电视、广播、鸣笛等，并需事先使工作人员及公众熟悉报警方式及有关信号（例如鸣笛方式等），以便正确了解应急状态及应急指挥部要求采取的应急防护行动。

（4）工程补救措施

核电厂应事先预计各种可能的事故工况，制定相应的应急操作规程，确保事故时能使反应堆安全停闭、冷却并被保持在安全状态。所有运行人员对应急操作规程应十分熟悉，并经过必要的操作训练。事故时可能出现一些意想不到的情况，往往需根据反应堆事故工况分析及工程抢险的需要而采取一些特殊的工程补救措施，例如必要时人力操作某些关键阀门或其他机械，进入有一定放射性危险的区域扑灭火灾，为避免更大事故发生而采取一些有控制的卸压排放措施等。实施工程补救措施，特别是在工程抢险及人员救护中，要特别注意应急工作人员的剂量监测与辐射防护。进入严重污染区时，应有呼吸道防护（如戴防毒面具或穿个人防护衣），最好佩戴有超限报警功能的个人剂量装置。

（5）隐蔽

事故早期，为防止放射性烟云的照射，根据干预水平，在厂区及部分烟羽应急区内的工作人员及公众应实施隐蔽，即留在室内、关闭门窗及通风系统，有条件的应进入地下室。

隐蔽的效果取决于建筑物的屏蔽程度和密封性能。某些居民住宅及商业建筑物能够减少一个数量级的外照射剂量。在事故早期1～2 h期间，这种隐蔽还可减少一个数量级甚至更多的吸入剂量。但敞开式建筑物或轻型建筑物，屏蔽和密封性能很差，则起不到有效的防护作用。

隐蔽只能部分减少可能接受的剂量，适用于事故早期，特别是预计剂量不大而建筑物屏蔽效果又较好的情况。如事故较严重且持续时间可能较长，则应适时安排撤离。

（6）服药

核电厂发生严重事故时，核燃料元件破损、裂变及衰变产物外溢，其中包括放射性碘（^{131}I等）。碘极易被人体吸收并蓄留于甲状腺。但甲状腺吸收碘的容量是有限的，为此人们可在事故早期及时服用放射性阻断药物，即稳定性碘（KI），使甲状腺对碘的吸收达到饱和，这样就可大大减少对放射性碘同位素的吸收，从而达到降低体内剂量的目的。

服用稳定性碘对防止吸入及食入放射性碘都有效。如果在摄入放射性碘前服用，防护效果几乎可达100%；如果在已开始吸入放射性碘时服用稳定性碘，效果约为90%；如果在吸入后6 h服用，其效果约为50%。

（7）撤离

当事故严重，环境放射性水平持续较高并已达到相应于撤离行动的干预水平，服药、隐蔽等措施已不足以保护工作人员及公众的健康与安全时，就需考虑适时撤离厂区内与应急工作无关的人员及核电厂周围一定范围内的居民。一般多根据当时事故及气象条件，将烟羽应急计划区下风向一定角度扇形区内的居民撤离。烟羽应急计划区内其他居民仍可用服药、隐蔽等方式达到有效防护的目的。

如果电厂附近居民点较少且人数不多，在早期实施撤离是切实可行的办法。但如果厂址附近人口较密，则撤离公众将是一项规模很大、执行难度也较大的应急行动，不但会有很大的社会影响和付出可观的经济代价，而且撤离行动本身也可能造成一些意外损失（例如因交通事故造成的伤亡）。

撤离人员的时机须选择适当。如正值烟羽经过，则进行公众的集中和撤离活动本身就会造成人员的超剂量照射，因此应根据监测及应急评价结果，对撤离居民的范围、时间及路线等做出最佳化选择。在作应急准备时，就要考虑到撤离人员的数量、路线、交通工具、临时居住所等因素，并对食品、水源、医药供应等做好相应的安排。

（8）食物与水源控制

事故中，如食物（牛奶、蔬菜、水产品、肉类、水果等）、水源（河流、湖泊、水库、地下水等）受到污染时，就要考虑是否应采取措施实施对食物及水源的控制。各国都对食物及水源放射性水平允许值有所规定。从原则上讲，如果不对食物及水源加以控制，将使公众第一年内的累积剂量当量超过规定的公众成员年剂量限值时，就可能考虑实施对食物及水源的控制。在应急准备中，要对在食物及水源控制情况下所能采取的、切实可行的替代和补救措施予以充分的考虑。

（9）交通管制

即对进出严重污染区域或由于放射性烟羽正值经过、而造成放射性水平较高地区的人员和车辆进行控制，以保护工作人员和公众，降低集体剂量，防止污染扩散。在实施交通管制时，不允许无关人员及车辆进入严重污染区，过路人员及车辆可以按规定路线绕行。对从严重污染区撤出的人员要认真实施沾污检查，并设置人员冲洗（淋浴）室及更衣室。对撤出的车辆、器材，要认真检测及洗消。此外，在执行撤离人员、应急抢救、工程抢险等任务时，为保证应急工作人员及车辆的顺利通行，防止发生混乱及交通事故，也需实施必要的交通管制。

（10）医学救护

核事故下，除因火灾及机械损伤等原因造成的伤亡外，还可能有一些受超剂量照射的伤员。在核电厂营运单位及地方政府的应急计划中都必须根据这个特点，做好相应的医学救护准备。

电离辐射损伤的特点之一是有时难以从当时表面症状准确估计伤员所接受的剂量，而一般中小医院又往往没有医治严重辐照伤员的特殊条件和经验。因此，核事故下抢救伤员时，除常规的医学应急处置外，重要的是尽快判明伤员的受照剂量，以便将伤员分送不同级别的医疗单位进一步治疗。

2.9 核事故应急对公众的具体要求

在核设施发生放射性物质向外界释放的核事故时，可能有一些放射性物质出现在空气中，弥漫于核设施附近。放射性微尘和气体被吸入体内或落在人们身上可能造成一定的危害。核设施周围的居民在听到核事故警报后应采取下列防护措施：

①隐蔽。尽快进入密闭性较好的室内（地下室，砖和混凝土结构的房间），关闭门窗和通风系统，等待政府统一救援指令[11]。在室外停留的时间越长，吸入和落到身上的放射性物质越多。

②用湿口罩、毛巾、衣服等掩住口鼻。可以阻挡住大部分可能进入体内的放射性微尘。

③打开有线广播、收音机、电视机（调到本地台），尽早了解核事故情况和当地政府的指示。

④服用当地政府发放预防药物。按说明书规定的时间和剂量服用预防药物。

⑤不要饮用露天水源中的水，不要吃当地菜园里生长的蔬菜等，以免通过食入方式形成内照射。遵守当地政府对饮水、食品提出的限制或管制要求。

⑥撤离。如政府通知撤离，应做好暂时离家的准备，根据当地政府工作人员的要求，携带最低数量的必要用品（现金、存折、换洗衣服），到规定的集合地待命，然后有秩序、有组织地撤离到指定地点。

⑦保持镇定，服从指挥，不听信小道消息和谣言。

⑧接到服用碘片的命令时，遵照说明，按量服用。

⑨如果检测到身体已被放射性污染，听从专业人员的淋浴、清污或隔离安排。

2.10 辐射事故应急措施

若出现了放射源的丢失被盗或射线装置的失控，导致人员受超剂量照射（局器官残疾或人员死亡）或环境的放射性污染。放射源或射线装置的操作和管理人员应采取下列辐射事故应急措施：

①立即消除事故源，防止事故继续蔓延和扩大（回收 γ 源、中子源，β 放射源，切断 X 射线机电源）。

②设立电离辐射作业危险警示标志、岗哨，以减少事故造成的照射影响的区域和人员。

③向当地环境保护主管部门、公安部门、卫生主管部门报告。

④集中有限的人力、物力合理及时处理辐射事故，做到有计划、有组织处理。

⑤彻底处理放射源或射线装置，不留后患。

⑥在处理较复杂辐射事故时，应在有资格的辐射安全防护人员指导和监督下进行，对事故处理人员开展个人剂量监测。

⑦采取必要的防护和缓解措施，尽可能减少人员照射。若有人受到辐射损伤时，应先救人，并送电离辐射损伤专科医院接受治疗。

⑧积累资料，及时撰写辐射事故总结报告。

2.11 辐射事故对公众的要求

若公众获知周围发生辐射事故后，应采取下列保护措施：

①不带着好奇心围观辐射事故现场。

②听从辐射应急现场工作人员的指导和安排，快速远离辐射事故现场。

③如实、主动地向当地政府（公安、环保、卫生行政主管部门）反馈自己所获知丢失放射源的下落、或犯罪嫌疑人的情况、或射线装置的下落和状况。

④配合当地政府（公安、环保、卫生行政主管部门）部门开展的医学筛查（抽血检验）或情况摸排工作。

⑤收听当地广播、电台信息，接受政府开展的辐射防护科普知识教育，听从政府的安排，不信谣、不传谣。

参考文献

[1] 国家环境保护总局．辐射环境监测技术规范（HJ/T 61—2001）［S］．北京：中国标准出版社，2001.

[2] 柳生众，郑金学，陈中，等．核科学技术辞典［M］．北京：原子能出版社，1993.

[3] 中华人民共和国中央人民政府．环保总局发布《关于发布放射源分类办法的公告》［EB/OL］．北京：中华人民共和国中央人民政府，2005-12-28［2019-09-06］．http：//www. gov. cn/gzdt/2005-12/28/content _ 140242. htm .

[4] 中华人民共和国生态环境部．关于发布《射线装置分类》的公告（公告 2017 年第 66 号）［EB/OL］．北京：中华人民共和国生态环境部，2017-12-28［2019-09-06］．http：//www. mee. gov. cn/gkml/hbb/bgg/201712/t20171214 _ 427933. htm.

[5] IAEA，International Nuclear Event Scale，INES［R］. Vienna：International Atomic Energy Agency，2008.

[6] 叶奇蓁．为什么要发展核电［M］．北京：中国原子能出版社，2014.

[7] 中华人民共和国中央人民政府．《放射性同位素与射线装置安全和防护条例》（国务院令第 449 号）［EB/OL］．北京：中华人民共和国中央人民政府，2005-09-04［2019-09-06］．http：//www. gov. cn/gongbao/content/2005/content _ 91674. htm.

[8] 国家核安全局，国家能源局，国防科工局．《核安全文化政策声明》［R］北京：国家核安全局，2014.

[9] 国家核安全局．核技术利用辐射事故（事件）典型案例剖析［R］．北京：国家核安全局，2014.

[10] 岳会国．核事故应急准备与响应手册［M］．北京：中国原子能出版社，2012.

[11] 中国科普博览．发生核电厂核事故时的正确行动［EB/OL］．北京：中国科普博览，2017-12-28［2019-09-06］．http：//www. kepu. net. cn/gb/technology/nuclear/scrap/200208060046. html.

第 3 章

电离辐射基本概念

物质发出射线的现象称为辐射。按照辐射作用于物质时所产生的效应不同，将辐射分为电离辐射与非电离辐射两类。电离辐射包括宇宙射线、X 射线和来自放射性物质的辐射。非电离辐射包括紫外线、热辐射、无线电波和微波。

3.1 射　　线

电离辐射是指携带足以使物质原子或分子中的电子成为自由态，从而使这些原子或分子发生电离现象的能量的辐射。电离辐射是能使受作用物质发生电离现象的辐射，即波长小于 100 nm 的电磁辐射。电离辐射具有波长短、频率高、能量高的特点。电离辐射可以从原子、分子或其他束缚状态中放出一个或几个电子。电离辐射是一切能引起物质电离的辐射的总称，其种类很多，主要包括高速带电粒子（α 粒子、β 粒子、质子、电子、氘核、重离子、介子）和不带电粒子（中子、X 射线、γ 射线）。

α 射线是一种带电粒子流，由于带电，很容易引起电离。α 射线有很强的电离本领，这种性质既可利用，也带来一定破坏，对人体内组织破坏能力较大。由于其质量较大，穿透能力差，在空气中的射程只有几厘米，只要一张纸或健康的皮肤就能挡住。

β 射线也是放射性核素在衰变过程中所释放出来的带负电荷的电子，在空气中的射程短，其电离本领比 α 射线小得多，但穿透本领比 α 射线大，但与 X、γ 射线比 β 射线的射程短，很容易被铝箔、有机玻璃等材料吸收。

X 射线和 γ 射线的性质大致相同，是不带电波长短的电磁波，因此把他们统称为光子。两者的穿透力极强，要特别注意对意外照射的防护。

中子是一种不带电的中性粒子，具有较强的穿透能力。中子按能量划分为高能中子（>10 MeV），快中子（10 keV～10 MeV），中能中子（100 eV～10 KeV），慢中子（0.03～100 eV），热中子（0.025 eV）。

3.2 辐射量和单位

（1）放射性活度

放射性活度简称活度，是指一定量的放射性核素在时间内发生核衰变的数目 ΔN 与时间 Δt 与的比值，可由公式（3-1）计算：

$$A=\frac{\Delta N}{\Delta t} \tag{3-1}$$

式中：A 为活度，Bq；单位换算关系 1 Ci=3.7×10^{10}Bq；ΔN 为核数目，个；Δt 为时间，s[1]。

（2）比放射性活度

比放射性活度是指单位质量的放射性核素具有的活度，Bq/kg。

（3）放射性浓度

放射性浓度是指单位体积的放射性核素具有的活度，可由公式（3-2）计算。

$$C_A=\frac{\Delta A}{\Delta V} \tag{3-2}$$

式中：C_A为活度，Bq/m^3；ΔA 为活度，Bq；ΔV 为体积，m^3。

（4）吸收剂量

吸收剂量是指电离辐射授予某一体积元中物质的平均能量除以该体积元中物质的质量的商，可由公式（3-3）计算。

$$D=\frac{d\bar{\varepsilon}}{dm} \tag{3-3}$$

式中：D 为吸收剂量，Gy；单位换算 1 Gy=1 J/kg，1 Rad=10^{-2}Gy；$d\bar{\varepsilon}$ 授予能，J；dm 为质量，kg。

（5）当量剂量

组织或器官的当量剂量是此组织或器官的平均吸收剂量与辐射权重因子的乘积，可由公式（3-4）计算。

$$H_T=\sum_R D_{T,R}\times W_R \tag{3-4}$$

式中：H_T为吸收剂量，Sv；单位换算 1 Sv=1 J/kg，1 rem=10^{-2}Sv；W_R辐射权重因子；$D_{T,R}$为组织或器官的平均吸收剂量，Gy。

W_R辐射权重因子在数值上依据辐射在低剂量率时诱发随机效应的相对生物效应值选取的，在性质上表征射线种类，能量与生物效应关系。ICRP26 第 26 号出版物的辐射权重因子（W_R）如表 3-1 所示[2]。

表 3-1 ICRP 第 26 号出版物—1977 的辐射权重因子（W_R）（数据来自文献［2］）

辐射类型	能量范围	W_R
光子	所有能量	1
电子和介子	所有能量	1
中子	<10 keV	5
	10～100 keV	10
	100 keV～2 MeV	20
	2～20 MeV	10
	>20 MeV	5

续表

辐射类型	能量范围	W_R
质子（反冲质子除外）	能量>2 MeV	5
A粒子，裂变碎片，重核	所有能量	20

（6）有效剂量

有效剂量是各组织或器官的当量剂量（H_T）与相应的组织权重因子（W_T）的乘积的总和。有效剂量意义在于：评价随机效应的危险度，使辐射防护走向定量化。

$$H_E = \sum_T W_T \times H_T$$

式中：H_E为有效剂量，单位Sv；单位换算 1 Sv=1 J/kg，1 rem=10^{-2}Sv；W_T组织权重因子；H_T为当量剂量，单位Sv。

W_T代表组织或器官接受的照射所导致的随机效应的危险系数与全身受到均匀照射时的总危险系数的比值。

$$W_T = \frac{\text{组织或器官接受 1 Sv 照射时的危险度}}{\text{全身接受 1 Sv 均匀照射时的总危险度}}$$

W_T表征组织或器官的辐射敏感性。反映了在全身均匀受照下各该组织或器官对总危害的相对贡献。ICRP第60号出版物中组织权重因子W_T如表3-2所示[3]。

表3-2　ICRP 60报告中组织权重因子W_T（数据来自文献［3］）

组织或器官	组织权重因子W_T
睾丸	0.20
红骨髓	0.12
结肠	0.12
肺	0.12
胃	0.12
膀胱	0.05
乳腺	0.05
肝	0.05
食道	0.05
甲状腺	0.05
皮肤	0.01
骨表面	0.01
其余组织或器官	0.05

3.3　电离辐射损伤原理

电离辐射将能量传递给有机体引起的任何改变统称电离辐射生物学效应。电离辐射生物效应的总和构成电离辐射对人体的危害。

生物分子损伤是一切辐射生物效应的物质的基础。生物分子损伤与自由基生成密切相关。自由基（free radical）是指一些独立存在的、带有一个或多个不成对电子的原子、分子、基团或离子。自由基最大特性是化学不稳定性和高反应性，寿命很短。·OH（氢氧自由基）的平均寿命为10^{-9}～10^{-8}s，生物分子自由基也多在10^{-6}～10^{-4}s之间。自由基的形成因素包括：受射线照射、生气、失眠、过量运动、臭氧层破坏、高温、压力、化学污染、食品氧化、炎症、异物刺激。

电离辐射生物效应主要是脱氧核糖核酸（deoxyribon nucleic acid，DNA）的损伤所致。DNA是细胞增殖、遗传的物质基础。DNA是引起细胞生化、生理改变的关键性物质。DNA是电离辐射作用的靶分子。电离辐射生物效应的演变过程如表3-3所示。

表3-3 电离辐射生物效应的演变过程

分子水平	细胞水平		临床症状	效应
DNA损伤	细胞死亡	体细胞	功能障碍	确定性效应
		生殖细胞	不孕	多细胞死亡导致
	细胞变异	体细胞	肿瘤	随机性效应
		生殖细胞	遗传效应	单一细胞变异导致

3.4 辐射对人体的损伤

3.4.1 关于辐射对人体损伤的背景资料

电离辐射对人体的损伤是由能量的沉积引起的。能量产生电离作用，导致细胞成分发生离散型分子变化，特别是在由DNA组成的遗传物质中。分子变化包括DNA链的断裂，若不能正确修复，将导致细胞死亡。受损伤的细胞比例随辐射剂量的增加而增加。单个细胞在分裂前可能死于凋亡过程，也可能无法分裂成功。高剂量照射可导致细胞坏死，通常导致炎症反应。细胞对辐射的敏感度各不相同。某些类型的淋巴细胞和生殖细胞对辐射非常敏感，将经历辐射诱导的凋亡。相反，器官和身体结构中的许多非分裂细胞是无反应的，直到被诱导分裂并表现出潜在的损伤。表皮、肠黏膜、口腔黏膜和骨髓中的细胞群，根据正常的更新时间对照射做出更新响应。

器官受照后的病理变化不仅取决于受照物的物理参数，而且还取决于各器官成分的辐射敏感性。在器官的功能性或实质细胞具有辐射敏感性的情况下，尽管血管损伤至关重要，但细胞的功能丧失仍是关键因素。受到超剂量照射后，患者的器官系统衰竭相对发生较快，例如胃肠道系统，在接受中等剂量照射的几天内可观察到明显的异常现象。当受照射的器官或实质细胞缓慢更新部分系统时，控制因素存在于更敏感的结缔组织细胞中，即向实质细胞供血的微循环系统，例如大脑。

更新组织对辐射效应存在一个阈值剂量，效应的出现速率受组织的更新速率控制。

效应的发生率与剂量有关。当高剂量照射杀死所有再生细胞时，辐射效应的出现概率与剂量无关。早期效应的特征常出现在照射后的头几周。迟发效应将在受照数月或数年后出现，损伤出现的时间和发生率均与剂量有关。晚期效应包括由特定组织的直接损伤引起的一般晚期效应，以及由覆盖更新组织的损伤引起的晚期效应。高剂量引起表皮剥落后的晚期真皮损伤，属于典型的晚期效应。

一个组织或器官是否能短期或长期存活，不仅取决于辐射敏感性和生物总有效剂量，而且还取决于受照器官的体积。一般来说，小体积比大体积器官能承受更大的剂量。若辐射剂量足够高，将超过器官实际的耐受能力。中等剂量照射后，出现一些实质性损害，器官可能恢复全部或部分功能。若器官的实质细胞对辐射具有较强的抵抗能力，则早期无变化。但这不应解释为不会造成临床辐射损伤。随后，可能发生引起小动脉狭窄的血管改变，并伴有并发症。血管的变化通常是限制剂量的原因。

在受照后的第 1 年，实质细胞内潜在的辐射损伤表现为临床症状。由于纤维化、肌内膜增生、小动脉或小动脉内膜下和内侧区域的透明硬化，引起的血管恶化而使病变复杂化。在 1 至 5 年内，一个器官系统表现出血管性的进一步恶化和实质的继发性退化，从而导致对各种其他类型损伤抵抗力的降低。在随后的几年中，残余辐射损伤缓慢进展，由于灌注不足和细胞基质沉积的异常模式，形成致密纤维组织[4]。晚期幸存者面临的一个日益严重的问题为辐射致癌。

3.4.2 放射治疗的基本概况

放射治疗是利用电离辐射杀死体内细胞，通常是癌细胞。利用身体外的放射源将一射线束流引导到肿瘤上。射线束流将能量沉积在组织中，杀死在辐射束流下受照的细胞，而不是其他地方。因此，电离辐射的影响仅限于在射线束流下的组织和器官。

外部放射治疗源可利用通电时才发出射线束的电子装置，也利用在屏蔽端口打开时发出射线束的屏蔽放射源。例如直线加速器产生一束指向病人的射线束（光子束或电子束）。电子用来照射胸壁，最大穿透距离只有几厘米。

3.4.3 剂量响应关系

最精确的放射治疗无法在不损害正常组织的情况下摧毁肿瘤细胞。放射肿瘤专家必须在非常小的剂量范围和治疗次数内工作。经验表明：若治疗专家未能在一定程度上损害正常组织，将不太可能治愈肿瘤。为了能治愈肿瘤，世界各地的放射肿瘤专家使用的剂量只会导致很小一部分患者出现中度至严重的并发症。这便是能够治愈癌症，而广为接受的做法。若剂量比标准方案稍微增加一些，将导致并发症的发生率增加。

根据以往放射治疗的经验，辐射引起的发病率存在一个阈值剂量，随着剂量的增加，发病率急剧上升到 50%，然后逐渐上升到 100%。在组织中，晚期效应的梯度大于早期效应的梯度，且与组织种类有关。此外，单次照射大剂量的梯度比分次照射剂量的梯度大得多。对于分次照射剂量的梯度，在照射次数不变情况下增加每次照射的剂量，比照射剂量不变情况下增加照射次数，略微更大。

例如在一项使用 22 次光子照射乳腺癌切除术后放疗研究中，受照剂量为 40 Gy 时，晚期皮下纤维化的发生率约为 5%，47.5 Gy 约为 50%，55 Gy 接近 100%。关于电子束照射后严重的晚期皮肤毛细血管扩张，受照剂量为 30 Gy，发病率约为 5%，45 Gy 发病率约为 50%，55 Gy 发病率约为 100%。电子的效率较低（约为 10%），比光子更容易产生晚期皮肤反应。

在放射治疗中，晚期效应通常对耐受剂量提供限制，与早期效应诱发高发病率形成对比。在 2012 年波兰医用电子加速器辐射事故中，部分组织受照剂量较高，在某些情况下估计为 60～80 Gy（最大剂量深度 d_{max}）。上述剂量可转换为单次受照剂量当量，以粗略估计总剂量和发病率。计算结果表明，即使是过量部分的剂量（放射治疗计划剂量以外的意外剂量）照射患者，也会导致高发病率。早期皮肤脱屑和溃疡的单次受照剂量在 30 Gy 以上，肺炎的单次受照剂量在 15 Gy 以上（全肺照射），发病率接近 100%。因此，在 2012 年波兰医用电子加速器辐射事故中，治疗的部分剂量过大，造成不必要的细胞死亡和组织损伤，出现了比放射肿瘤专家的处方预期更多的并发症和副作用。

3.4.4 分批次照射

分批次照射或相同总剂量情况下，延长照射时间可减少剂量的影响。将辐射照射剂量分散几天或几周内，可以让细胞有时间修复部分受辐射损伤的组织。受照时间越长，辐射损伤更小了。因为细胞分裂刺激正常组织愈合，细胞不仅具有修复作用，还有增殖作用使细胞数量增加。

在肿瘤中，细胞群体的生长也是由于电离辐射杀死肿瘤细胞所致，这使得存活的恶性细胞能够重新繁殖。在放射治疗中，采用分批次照射，因为器官中的静止细胞群比更新上皮组织（例如口腔黏膜或表皮或肿瘤）更大程度地修复了细胞损伤。

此外，放射治疗的持续时间允许上皮细胞重新填充和愈合组织，但持续时间不能长到允许肿瘤细胞进行有害的再增殖。

可根据剂量-效应曲线梯度和常规放射治疗计划中照射组织或器官的灵敏度的知识，来估计在给定事故情形中并发症增加的概率。使用一个数学公式来完成此估算，它表示一个二次线性函数，其中包含描述特定端点出现概率的各种参数项。此概率是一组接受类似治疗患者的平均值。因此，受到超剂量照射患者的治疗方法各不相同，计算通常只能对平均个体的可能结果提供一个非常粗略的估计，除非超剂量照射的剂量非常高，并导致 100%的发病率。此外，患者之间的响应程度也存在差异，因此，除非剂量高且产生接近 100%的效果，否则很难做出个别预测。

3.5 辐射事故对人体组织的影响

3.5.1 对皮肤的影响

在放射治疗中所描述的皮肤变化通常涉及一个疗程，共 40～50 Gy（4 000～5 000 cGy），利用一个正电压X射线源在4～5周时间内分20～25次照射。在这种情况下，患者可能在治疗的第一周出现毛细血管扩张引起的轻微红斑；在10～14 d出现脱毛；受照后第3周出现红斑，皮肤变红，变暖和水肿；第四周开始出现脱屑，伴有血清渗出。在正常的放疗过程中，脱屑通常在治疗结束时愈合。这是皮肤基底层补偿性细胞再生的结果。干燥脱屑第3周受30 Gy（3 000 cGy）剂量照射，停止照射时出现皮肤发痒、脱屑和色素增加等症状[5]。红斑性变化和脱屑仅局出现于治疗区域，偶尔也出现在治疗区域外。若剂量超过设置的限值，则发生表皮下结构的硬化和坏死。皮下溃疡在受高吸收剂量照射后的早期发生，可能愈合但最终将复发。若使用放射疗法中使用的普通剂量，疼痛，缓慢愈合的溃疡可能发生并持续多年。晚期溃疡是由于小动脉和小动脉变化引起的缺血。对于相对较大剂量的照射，例如大于约20 Gy的单次受照剂量，可在3～4周内发生大疱性皮炎、湿性脱屑。在这种情况下，小水泡容易合并和破裂。若剂量足够大，基底细胞层下形成水泡。在此阶段，临床病变类似于2级或3级热烧伤，但一个重要的鉴别诊断点是患者无烧伤。在这种情况下，大疱感染，并且表皮脱落。在表皮脱落后1周或2周，尽管溃疡复发，小动脉闭塞性改变，但受影响的区域表皮康复。对于在分次接受放射治疗后，发生晚期放射性溃疡且受照剂量为40～120 Gy的患者，可通过放射性核素技术的测量减少循环、静脉和淋巴管闭塞伴四肢的肿胀。皮肤对辐射的耐受性在很大程度上取决于受照射组织的面积。随受照皮肤面积的减小，引起坏死所需的剂量需增加。例如，圆形150 cm^2的皮肤耐受剂量约为15 Gy，而圆形50 cm^2的皮肤耐受剂量约为20 Gy。对于分批次放疗情况，皮肤耐受剂量约为50 Gy的面积为100 cm^2，58 Gy的面积为16 cm^2，84 Gy的面积为4 cm^2。偶尔，放射治疗出现罕见的非典型皮肤效应，类似于多形红斑、天疱疮和其他疾病。此效应通常出现于受照区域，随后出现在其他非受照部位。

评估受超剂量照射患者的混淆因素之一，是可改变对辐射效应的额外治疗，例如，先前或后续的手术或化疗。

若患者都经历过先前的手术，在受照射的区域留下了疤痕，对于这些患者的不良影响可能在瘢痕区域中更大。放射治疗也会加剧牛皮癣等现有疾病。

3.5.2 对乳腺组织的影响

一般来说，乳腺组织对电离辐射有非常强的抵抗力，主要发生在皮肤上，最终可能会发生腺体萎缩。所发生的变化因受照射线种类而有所不同。在正电压X射线照射下，皮肤表面的反应更为明显，而在兆伏电压辐射和间质植入物下，则有可能发生深层硬化。受某些剂量后可能出现的副作用。有报告称，将在8周内接受60 Gy放射治疗患者的剂量提高到70～110 Gy之间，晚期并发症发生率将增加。在这种情况下，略大于10%的患者出现严重纤维化。还出现皮肤硬化、萎缩，乳头收缩和毛细血管扩张。

在不到20%的患者中出现溃疡。晚期组织病理学变化包括致密纤维化，非特异性血管变化，脂肪坏死，一些非典型成纤维细胞和小动脉的出现（肌内膜增生）。治疗性放射治疗后出现的畸形变化和脂肪坏死，很容易与真正的肿瘤变化相混淆。

3.5.3 对肺的影响

现有文献主要涉及光子照射肺部。肺是一种相对放射敏感的器官。肺的放射敏感性是全身放疗治疗弥漫性转移和骨髓移植前的一个限制因素。单剂量治疗，8 Gy 穿透辐射是可接受的最大值，因为单剂量超过 7～8 Gy 的剂量可能会在某些个体中产生放射性肺炎。8 MeV 电子的辐射作用仅限于肺组织和胸膜紧邻的受照胸壁，肺部反应主要限于胸骨区的穿透性放射治疗[6]。

放射治疗后发生的主要变化是放射性肺炎和肺纤维化。引起放射性肺炎的确切机制尚不清楚，但涉及上皮细胞的丢失、肺泡腔内液体的渗出以及肺泡壁的增厚。

放射性肺炎非常罕见，但在那些确实发生的病例中，在常规放疗停止后 1～4 个月出现。其特征是干咳、咳嗽、呼吸困难和发烧。若双肺受照，可能发生严重的呼吸窘迫、发绀、肺心病，甚至死于心肺衰竭。放射性肺炎诊断通常是基于 X 射线治疗范围内肺炎的影像学表现。胸腔积液可能发生，但并不常见。在临床放射性肺炎的发生发展过程中，时间、剂量和体积因素极为重要。

在几项研究的基础上，建议急性肺炎单次受剂量的临床阈值为 6～7 Gy。单次两肺受 8 Gy 照射可导致约 30%的患者患肺炎，10 Gy 剂量可上升至 85%左右。在 4 周内接受 20 次 26 Gy 的双肺照射，5%的患者将患上肺炎。在 2～4 周内接受 10 次总剂量 20 Gy照射，5%患者可能发展为肺炎。两个肺在 4 周内受照剂量增加到 20 次 30 Gy 时，大约 50%的患者发展为肺炎。一个肺在 2 周内 10 次受照总剂量 30 Gy，所有患者均发展为肺炎。临床放射性肺炎的病理表现为非典型上皮细胞，肺泡腔内充血毛细血管和透明膜形成。此外，肺泡间隔内可见单核浸润。

放射性肺炎的放射学表现为，与受照射口端形状相对应的模糊肺泡浸润。随着纤维化后期的进展，可以发现肺不张（肺膨胀不全）、胸膜反应、体积损失甚至钙化斑块。在 3 周内受照剂量低于 30 Gy，肺炎影像学变化罕见，但在 4 周受照剂量超过 40 Gy，肺炎影像学变化常见的。若在 6 周内受照剂量超过 60 Gy，可检测到纤维化。

一般来说，CT 图像比标准胸片显现更多的信息，可发现肺部混浊和体积减小的均匀或斑片状区域。异常影像（但并不总是）出现于放射治疗区域。在肺部放疗结束后的 16 周内，约 80%～90%的患者出现异常，最早在 2～4 周出现。晚期可检测到纤维化。

3.5.4 对心脏的影响

心肌由横纹肌纤维组成，横纹肌纤维本质上无再生能力，归类为固定的有丝分裂后细胞，因此对电离辐射的直接影响具有很强的抵抗力。心肌本身能够承受高达 100 Gy 的分次照射剂量，而无明显的临床症状或微观变化。放射治疗对心血管系统的晚期影响主要包括心肌病、冠状动脉疾病、心包积液和缩窄性心包炎。在一个意外受裸露^{192}Ir 放射源照射的病例中，存在局部心肌损伤。在这种情况下，心肌的吸收剂量未计算出来。然而，剂量高到足以引起覆盖心肌的皮肤、软组织和肋骨坏死。

研究数据显示，成人和儿童临床心肌病的阈值剂量均为 40 Gy（2 Gy/次）。几种常用的药物，例如蒽环类药物（阿霉素和道诺霉素），在结合纵隔照射时，不仅能自行诱发心肌病，还能增强毒性。

在经历纵隔照射治疗霍奇金病的患者中，已证实了放射性心脏病。最常见的改变是心包而不是心肌。心包的改变包括心包积液、纤维化、继发缩窄性心包炎。大体积心脏受分次照射平均剂量为43 Gy照射后，6%～7%的患者患有心包或心肌疾病[7]。据报道，在4周内受16次照射，40 Gy/次，可导致约5%的患者心包炎。接受何杰金氏病治疗的患者在总剂量超过60 Gy时，并发症发生率较高。并发症表现形式包括胸痛、心包摩擦和发热。心包积液有时可引起填塞。近年来，大量无症状的年轻霍奇金病患者在接受纵隔放疗后出现心包积液，左心室储备减少和左心室腔尺寸减小。患者长期临床随访显示亚临床损伤发展到症状阶段。在另一项研究中，详细的评估显示所有接受放射治疗的何杰金氏病患者都患有隐匿性或显性心脏病。最常见的是缩窄性心包炎。

在接受纵隔放疗治疗霍奇金病的患者中，10年后心包炎的发生率为10%，心肌梗死的发生率为4%。总剂量为41 Gy或更高时，心包炎的发生率明显增加。在同一组采用核医学技术检测心肌灌注3～11年后纵隔放射治疗霍奇金氏病的患者中，约70%的无症状患者出现异常。分次照射的数量很重要，每周3.3 Gy剂量照射3次，导致9%的心包炎发生率，而每周2.5 Gy剂量照射4次，心包炎发生率则为零。剂量超过35 Gy会导致心包增厚和一些间质性心肌纤维化。近50%患者出现心外膜冠状动脉变狭窄的症状。

3.5.5 对骨、软骨和肌肉的影响

成人骨骼抵抗辐射的影响相对较强，任何影响通常都归因于血流量减少。坏死骨骼是相当罕见的，分次治疗剂量高达65 Gy，超过6～8周通常不引起骨坏死。骨密度极高，吸收的辐射剂量存在很大差异，这取决于电离辐射的能量。由于剂量水平报告中的文献不准确，很难确定产生骨骼坏死的准确剂量。

受照成人骨的变化常包括抗感染能力降低、骨折易感性增加，随后愈合不良。据报道，每次使用2 Gy剂量（照射标准值）照射，乳腺癌术后自发肋骨骨折的发生率约为6%，随着每次照射剂量的增加，发生率增加到20%。

对于成熟的骨骼，辐射的直接影响在一段时间内并不明显。放射治疗后的早期的变化检测对象为放射性核素骨扫描测量的放射性降低区域。此区域的总分次照射剂量不低于20 Gy，但60%出现在受照剂量超过45 Gy的区域。这些变化出现在放疗后4～6个月，可持续长达19个月。在高剂量照射的情况下，病理上缺乏成骨细胞和骨细胞，发生小动脉内膜增厚，然后骨骼坏死和骨折，创伤最小，骨脱矿质并呈现异常，粗糙的小梁模式。此过程通常类似于佩吉特氏病。然而，骨折的出现，骨膨胀的缺乏，损伤的局部性质和临床病史通常排除了佩吉特氏病的诊断。由于X射线影像诊断确定了变化的原因，有时很难排除转移和感染。辐射对肌肉的直接影响并不常见。骨骼肌急性放射性坏死需超过500 Gy的吸收剂量。在较低的分组剂量照射下，22～54 Gy，可能发生肌肉纤维萎缩。

3.6　辐射的健康效应

辐射的健康效应分为确定性效应和随机性效应。

确定性效应是通常情况下存在剂量阈值的一种辐射效应，超过阈值时，剂量愈高则效应的严重程度愈大。受到超过剂量阈值照射的人员，其全身或任何受照组织、器官均可能发生确定性效应。症状包括恶心、呕吐、乏力、食欲不振等。

随机性效应是发生概率与剂量成正比而严重程度与剂量无关的辐射效应。一般认为，在辐射防护感兴趣的低剂量范围内，这种效应不存在剂量阈值。最主要的随机性效应是诱发癌症等，但在 100 mSv 以内，目前尚无证据表明癌症发病率会增加。

3.7　电离辐射损伤症状与剂量限值

局部照射损伤是随受照剂量的不同，在受照部位可能出现红斑、水肿、干性脱皮和湿性脱皮、起水泡、疼痛、坏死、坏疽或脱发等症状。局部皮肤损伤通常持续几周到几个月，严重受照者常规方法难以治愈。

体内污染引起的内照射一般没有明显的早期症状，除非摄入量很高，但这种情况非常罕见。

国外发生的核辐射致病事件中，患者多表现为疲劳、头昏、失眠、皮肤发红、溃疡、出血、脱发、白血病、呕吐、腹泻等。有时还会增加癌症、畸变、遗传性病变发生率。一般来讲，身体接受的辐射能量越多，其放射病症状越严重，致癌、致畸风险也越大。

急性初期症状：恶心、呕吐、发热、腹泻。

短时间内大剂量电离辐射引起的放射性损伤，称急性放射病。较长时间超过允许剂量的辐射损伤，称慢性放射病。此病常见于受超剂量照射的工作人员、公众及核武器爆炸的罹难者，主要引发造血功能障碍、内脏出血、组织坏死、感染及恶性变等。其中，核辐射导致的全身外照射损伤主要出现在急性放射病典型病程的初期，表现为恶心、呕吐、疲劳、发热和腹泻。“假愈期”患者持续时间长短不同，症状有所缓解。严重的发展到了后期则出现感染、出血和胃肠症状。经恰当治疗后上述症状逐渐缓解。

辐射可能对身体细胞和组织造成损害。辐射的影响视辐射的强度、接触时间的长短及受影响身体细胞的种类而定。全身一次受到 X 或 γ 射线均匀照射后的症状与剂量如表 3-4 所示[8]。

表 3-4　全身一次受到 X 或 γ 射线均匀照射受照后的早期临床状与剂量（数据来自文献［7］）

受照剂量/Gy	临床症状
0～0.25	无可检出的临床症状，可能无迟发效应
0.5	血相有轻度暂时性变化（淋巴细胞和白细胞减少），无其他可查出的临床症状，但可能有迟发效应，对个体不会发生严重的效应

续表

受照剂量/Gy	临床症状
1	可产生恶心、疲劳，受照射剂量达到 1.25 Gy 以上时，有 20%～25%的人可能发生呕吐，血相有显著变化，可能致轻度急性放射病
2	受照后 24 h 内出现恶心及呕吐，经约一周潜伏期后，毛发脱落、厌食、全身虚弱及其他症状如喉炎、腹泻等。如果既往身体健康或无并发感染者，短期内可望恢复
4（半致死剂量）	受照后几小时内发生恶心、呕吐，潜伏期约一周。二周内可见毛发脱落、厌食、全身虚弱、体温增高。第三周出现紫斑、口腔及咽部感染。第四周，出现苍白、鼻血、腹泻，迅速消瘦。50%受照个体可能死亡。存活者 8 个月内可逐渐恢复健康
≥6	受照者 1～2 h 内出现恶心、呕吐、腹泻，潜伏期短，第一周末，出现腹泻、呕吐、口腔、咽喉发炎，体温增高，迅速消瘦。第二周出现死亡，死亡率可能达 100%

受照剂量与受照后皮肤损伤的程度如表 3-5 所示。一些生物效应的剂量阈值如表 3-6 所示。

表 3-5　受照剂量与受照后皮肤损伤的程度（数据来自文献［8］）

射线种类	皮肤损伤程度/Gy			
	脱毛	红斑	水泡	溃疡坏死
软 X 射线	3.00	5.00	7.50	1.00
硬 X 射线	5.00	7.00	10.00	15.00
γ 射线	7.00	10.00	15.00	20.00
β 射线	4.00～5.00	6.00～7.00	10.00	15.00

表 3-6　一些生物效应的剂量阈值（数据来自文献［8］）

组织或器官	单次照射计量阈值/Gy
眼睛（X 射线照射）	晶体混浊　0.5～2.0； 100%白内障　5
男性性腺（睾丸）	精子减少　0.15； 永久不育　3.5～6.0
女性性腺（卵巢）	永久性绝育 2.5～6， （卵巢含有 100 000 个生殖细胞，一旦完全破坏，就绝育）
骨髓	造血机能低下 0.5；致命性再生障碍 1.5

参考文献

［1］田志恒．辐射剂量学［M］．北京：原子能出版社，1992.

［2］International Commission on Radiological Protection．（1977）Recommendations of the ICRP（ICRP Publication 26）［M］．Oxford：Pergamon Press，1977.

［3］International Commission on Radiological Protection．（1990）Recommendations of the International

Commission on Radiological Protection (ICRP Publication 60) [M] . Oxford: Pergamon Press, 1990.

[4] IAEA. Absorbed Dose Determination in External Beam Radiotherapy An International Code of Practice for Dosimetry Based on Standards of Absorbed Dose to Water (TECHNICAL REPORTS SERIES No. 398) [R] . Vienna: International Atomic Energy Agency, 2000.

[5] IAEA. Dosimetry in Diagnostic Radiology for Paediatric Patients (IAEA Human Health Series 24) [R] . Vienna: International Atomic Energy Agency, 2013.

[6] IAEA. Chapter 8: Electron Beams: Physical and Clinical Aspects [R] . Vienna: International Atomic Energy Agency, 2012.

[7] IAEA. Accidental Overexposure of Radiotherapy Patients in Bialystok (STI/PUB/P1180) [R] . Vienna: International Atomic Energy Agency, 2004.

[8] 李德平，潘自强．辐射防护手册（第五分册 辐射危害与医学监督）[M]．北京：原子能出版社，1991.

第 4 章

国际原子能机构及相应国际公约

国际原子能机构（International Atomic Energy Agency，IAEA）在核与辐射事故应急响应，国际救援中起协调、咨询和指导作用。《及早通报核事故公约》《核事故或辐射紧急情况援助公约》《核安全公约》等国际公约有效地规范缔约国的核事故或辐射事故处理程序。

4.1 IAEA 基本概况

为了回应由于发现和各种核技术的用途而产生的深切恐惧和期望，1953 年 12 月 8 日，美国总统艾森豪威尔在联合国大会上发表的题为“和平利用原子能”的讲话，并提议建立国际原子能机构。在 1954 年 12 月第九届联合国大会通过决议，要求成立一个专门致力于和平利用原子能的国际机构。经过 2 年筹备，82 个国家参加的规约会议于 1956 年 10 月 26 日通过了 IAEA 的《规约》[1]。IAEA 办公总部设置在奥地利维也纳国际中心，还在加拿大多伦多（1979 年以来）和日本东京（1984 年以来）设有两个区域办事处，在美国纽约（1957 年以来）和瑞士日内瓦（1965 年以来）设有两个联络处。

4.2 IAEA 机构宗旨

IAEA 是世界上在核领域进行科学和技术合作的中央政府间论坛。它致力于核科学与技术的安全、可靠与和平利用，为国际和平与安全以及联合国的可持续发展目标作出贡献。IAEA 旨在谋求加速和扩大原子能对全世界和平、健康及繁荣的贡献，确保由其本身、或经其请求、或在其监督或管制下提供的援助不用于促进任何军事目的。

4.3 IAEA 机构设置

IAEA 的组织机构主要包括：向总干事汇报的办公室、管理事务部、技术合作、核能、核安全与保障、核科学与应用、保障措施。

4.3.1 向 IAEA 总干事汇报的办公室

有 5 个办事处向原子能机构总干事报告：协调厅、各决策机构秘书处、内部监督事务厅、法律事务厅和新闻和通讯厅。

4.3.2 管理事务部

管理事务部为 IAEA 成功地执行其科学和技术方案提供了一个服务平台。它在广泛的财政、人力资源管理、行政、信息技术和一般事务方面提供解决办法，以满足秘书处和会员国的需要。管理事务部下设：预算和财务司、总务司、会议和文件事务司、人力资源司、资讯科技司、采购事务司。

预算和财务司提供支助原子能机构所有方案的服务。这包括方案预算；支付和会计；并向高级管理层、理事会和成员国报告财政资源的使用情况。该司还负责执行和管理工程处的财务资料系统。该司的工作旨在确保理事会和各会员国对原子能机构的财务管理继续保持信心。

总务司为原子能机构提供服务职能，例如旅行和运输支助、设施管理、档案和记录管理以及维也纳国际中心物资供应处的管理。它还在所有技术问题上向奥地利塞伯斯多夫的原子能机构实验室提供支助。

会议和文件事务司促进秘书处与会员国之间以及会员国之间交流和传播与原子能机构工作和任务有关的资料。为此目的，该司组织各种会议，并以六种联合国正式语文编辑、印刷和分发文件和科学和技术出版物。

人力资源司提供的服务范围从人力资源规划、征聘、工作人员发展和职业管理到薪酬和福利，以及与医疗和保健有关的服务。

资讯科技司提供安全、可靠和可持续的信息通信和技术解决方案和服务。

采购事务司采购货物和服务是为了支助原子能机构的任务，以便向非洲、亚洲、欧洲和拉丁美洲各成员国的对应机构运送货物，并运送到原子能机构在奥地利维也纳的总部及其外地实验室和办事处。

4.3.3 技术部

技术部负责拟订和执行原子能机构的发展任务。原子能机构与各会员国的技术合作旨在促进切实的社会经济影响，支持利用核科学和技术在国家、区域和区域间各级处理重大的可持续发展优先事项。

4.3.4 核能部

核能部通过支持世界各地现有和新的核方案来促进可持续的核能发展。它在核燃料循环和核设施生命周期方面提供技术支持，并在能源规划、分析、核信息和知识管理方面建立本国能力。

4.3.5 核安全与保障部

保护人民、社会和环境免受电离辐射的有害影响是核安全与保障部工作的核心。无论原因是不安全行为还是安全漏洞，它的目标都是提供一个强大、可持续和可见的全球核安全和安全框架。

4.3.6 核科学与应用部

本部门涉及广泛的社会经济部门，从保健、粮食和农业到环境、水资源和工业。它通过核科学、技术和创新帮助成员国满足其发展需要。它还通过原子能机构合作中心计划与世界各地的实验室、大学和研究设施合作。

4.3.7 保障部

保障部履行原子能机构作为世界核监察机构的职责和责任，支持全球制止核武器扩散的努力。该部的主要作用是管理和实施原子能机构保障监督。它还通过回应与相关协定和安排有关的核查和其他技术援助请求，为核军备控制和裁军作出贡献。

4.4 IAEA运行机构

国际原子能机构的组织机构包括大会、理事会和秘书处。大会由全体成员国代表组成，每年召开一次会议；秘书处为执行机构，由总干事领导，下设政策制定办公室与技术援助及合作司及核能和核安全司以及行政管理司、研究和同位素司以及保障监督司。

35名成员中，11个成员由国际原子能机构大会指定，任期一年。这11个成员按地区分配，由各地区内核工业最发达的国家担任。其他24名成员由大会选出，任期两年，每届固定。

4.4.1 运行机构的组成

国际原子能机构的组织机构包括大会、理事会和秘书处。它的法定原子能机构的决策机关是大会和理事会。这两个机关共同决定原子能机构的方案和预算并任命原子能机构的总干事。

4.4.2 大会

由全体成员国组成。大会每年召开一次，一般在9月，为期一周。大会下设全体委员会和总务委员会，后者兼有证书委员会的职能。由原子能机构的全部127个成员国的代表组成，每年召开一次会议；理事会由35名成员组成，每年举行4次会议；其中13名由理事会指定，22名由大会选出。理事会由43个国家的代表组成。

4.4.3 理事会

由35国组成的理事会为该组织最高执行机构；秘书处由总干事领导下的专业人员和工作人员组成，总干事由理事会任命，6名副总干事负责6个独立的部门；下设科学咨询委员会、技术援助委员会、行政和预算委员会和保障委员会；每年召开一次由全体成员国代表组成的大会。由35个理事国组成，其中13个为指定理事国，22个为选举理事国。指定理事国由世界核技术（包括原材料生产）最先进国家（10 个）和 1 有关地区最先进国家（3 个）担任，任期一年。但事实上除了西欧（不包括英、德、法）和拉丁美洲两个地区的指定理事国有轮流担任的情况外，其他指定理事国都是常任的，因为这些国家每年都被指定为理事国。中、英、法、俄、美均为指定理事国。选举理事国按地区平衡分配的原则由大会选举产生，每年改选一半，任期两年。理事会于每年举行四次会议。

4.4.4　秘书处

秘书处是执行机构，由总干事领导，下设政策制定办公室、技术援助及合作司、核能和核安全司、行政管理司、研究和同位素司以及保障监督司。机构总部设于奥地利维也纳国际中心。它共有 137 个成员国。最近的第 49 届大会（2005 年 9 月 26 日至 9 月 30 日）在该机构总部附近举行。

为日常执行办事机构，由总干事领导。下设技术援助及合作司、核能与核安全司、行政管理司、研究和同位素司、保障监督司，分别由五个副总干事领导。此外还设有三个研究单位：塞伯斯道夫实验室（奥地利）、的里雅斯特国际理论物理研究中心（意大利）、国际海洋放射性实验室（摩纳哥）。总干事由理事会任命、大会批准，任期四年。

4.5　IAEA 机构职能

为了履行职责，IAEA 设有一个应急响应中心，该中心拥有 24 小时的应急响应能力，训练有素的工作人员以及与全世界 220 个联络点通信能力。该中心还是对付核事故问题机构间委员会的秘书处，这个秘书处是联合国系统协调核事故和辐射紧急情况对付措施的中心点。

成员国一直鼓励原子能机构编拟指导性的意见，以协助各国对未来可能的重返事件作出规划，并就对付此种情形提供国际上协商一致的指导意见。据此，原子能机构于 1996 年在其《安全丛刊》中发表了一份对核动力源卫星重返的紧急情况规划和防范措施的文件。这份文件的目的是以全面综合概述当空间系统使用的核动力源意外地重返地球大气层并对地球表面产生影响时可能出现的事故或紧急情况的管理情况。该文件的主要对象是负责对潜在的放射性紧急情况作出规划的政府组织，而且，在即将出事而又尚未作出任何规划的情况下，这份文件可以为迅速采取行动提供宝贵的参考。

鉴于原子能机构的法定和法律职责、经验以及久经考验的基础设施，理应由原子能机构作为联合国系统内一切涉及辐射安全的活动，包括那些与外层空间活动有关的活动的参照点。此外，原子能机构致力于在《援助公约》和《规约》为其规定的职责范围内，利用各种资源来促进、便利并支持缔约国之间的合作。为此，原子能机构准备提供下述方面的援助。

收集下述方面的资料并传播给缔约国和成员国：

①发生核事故或辐射紧急情况时可提供的专家、设备和材料；

②可用来对付核事故或辐射紧急情况的方法、技术和研究成果；

③收到请求时在下述任何方面或其他适当的方面向缔约国或成员国提供援助：

④发生核事故和辐射紧急情况时编拟应急计划以及适当的法规；

⑤为处理核事故和辐射紧急情况人员制订适当的培训方案；

⑥发生核事故或辐射紧急情况时转达援助请求及有关的资料；

⑦拟订适当的辐射监测方案、程序和标准；

⑧对建立适当的辐射监测系统的可行性进行调查；

⑨发生核事故或辐射紧急情况时向缔约国或请求援助的成员国提供为初步评估事故或紧急情况而拨出的适当资源；

⑩在出现核事故或辐射紧急情况时为缔约国和成员国斡旋；

⑪为获得并交换有关的资料和数据而与有关的国际组织建立并保持联络，并将这些组织的清单提供给缔约国、成员国和上述各组织。

4.6 核事故或辐射紧急情况的国际公约

针对核事故可能产生的广泛影响，国际社会很早就加强了对核事故应急的准备、处理以及核事故损害赔偿等问题的重视程度。为此，国际原子能机构等机构就核事故先后通过了多个国际公约，从而进一步规范核行为，避免核事故发生，统一国际社会关于核事故处理和赔偿的相关做法。

国际上对核和辐射应急的准备与响应十分重视。在苏联切尔诺贝利核事故后不久，国际原子能机构大会特别会议通过了有关核应急的两个国际公约，即《及早通报核事故公约》和《核事故或辐射紧急情况援助公约》。

4.6.1 《及早通报核事故公约》

《及早通报核事故公约》（Convention on Early Notification of a Nuclear Accident）于1986年9月24日在维也纳国际原子能机构特别大会通过，1986年10月27日生效[2]。该公约是在国际原子能机构主持下制定的，其宗旨是加强安全发展和利用核能方面的国际合作，通过在缔约国之间尽早互通有关核事故的信息，以使可能跨越国界的放射学后果降低到最低限度。1986年，中国参与制定并签署了该公约。

《及早通报核事故公约》共十七条，主要内容是：①缔约国有义务对引起或可能引起放射性物质释放、并已经造成或可能造成对另一国具有辐射安全重要影响的超越国界的国际性释放的任何事故，向有关国家和机构通报。但对于核武器事故，缔约国可以自愿选择通报或不通报。②核事故的通报内容，应包括核事故及其性质、发生的时间、地点和有助于减少辐射后果的情报。③事故发生国可以直接，也可以通过国际原子能机构间接地向实际受影响或可能受影响的国家或机构（包括缔约国和非缔约国）通报。④各缔约国应将其负责收发核事故通报和情报的主管当局和联络点通知国际原子能机构，并直接或通过机构通知其他缔约国。这类联络点和机构内的联络中心应连续不断地可供使用。⑤国际原子能机构在本公约范围内，有义务立即将所收到的核事故通报和情报通知所有缔约国、成员国和有关国际组织。

4.6.2　《核事故或辐射紧急情况援助公约》

《核事故或辐射紧急情况援助公约》（Convention on Assistance in the Case of a Nuclear Accident or Radiological Emergency）是在国际原子能机构主持下制定的，于 1986 年 9 月 24 日在维也纳国际原子能机构特别大会上通过，1986 年 10 月 27 日生效，其宗旨是加强安全发展和利用核能方面的国际合作，建立一个有利于在发生核事故或辐射紧急情况时迅速提供援助以尽量减轻其放射学后果的国际援助机制[3]。1986 年，中国参与制定并签署了该公约。

《核事故或辐射紧急情况援助公约》共十九条，其主要内容是：①在核事故或辐射紧急情况下，缔约国有义务进行合作、迅速提供援助，以尽量减少其后果和影响。②若一缔约国在发生核事故或辐射紧急情况时需要援助，它可以直接或通过国际原子能机构向任何其他缔约国和向国际原子能机构或酌情向其他政府间国际组织请求这种援助。被请求的缔约国，应迅速决定并通知请求国，它是否能够提供所请求的援助及其范围和条件。③国际原子能机构在本公约范围内的职责。④请求国应给予援助方的人员必要的特权、豁免和便利，以便执行其援助任务。⑤当援助是以全部偿还或部分偿还为基础提供时，请求国应向援助方偿还因此而发生的有关费用。⑥人员、设备和财物的过境各缔约国应请求国或受助方的请求，应设法为经正式通知的援助所涉人员、设备和财物通过其领土出入请求国时提供过境便利。

4.6.3　《核安全公约》

美国“三哩岛”核事故和苏联“切尔诺贝利”核事故，使核安全成为国际社会普遍关注的问题，国际上要求共同加强核设施安全的呼声越来越高。为此，1994 年 6 月 17 日，国际原子能机构制定并通过了《核安全公约》（Convention on Nuclear Safety），1996 年 10 月 24 日生效[4]。截至 1998 年底，共有缔约国 49 个。该公约旨在提高核设施安全，以保护人员、社会和环境免受核事故危害的鼓励性国际公约。中国参与了本公约的起草工作，为第一批签署国，并已成为缔约国。

《核安全公约》的目的是通过加强缔约国自身核设施的安全和国际合作，在适当情况下包括与核安全有关的技术合作，实现和保持世界范围的高水平的核安全；保护个人、社会和环境免受电离辐射的伤害，防止发生具有辐射后果的事故，一旦发生此类事故，则减轻其后果。《核安全公约》声明，核安全的责任在于拥有核设施的国家。《核安全公约》适用于缔约国管辖下的任何陆基核电厂，包括设在同一场址内与核电厂的运行直接有关的储存和处理放射性材料的设施，直至所有的燃料元件永久移出堆芯并按批准的程序安全地存放。缔约国的主要义务有：在本国的法律框架内，采取立法、监督和行政等措施以及一切必要的步骤，确保其核设施的安全性，就履约所采取的措施向缔约方审评会议提交报告；对已有核设施的安全状况进行审查，采取必要的措施提高其安全性，如难以提高，必要时关闭之。

4.6.4 《核损害民事责任维也纳公约》

国际社会在关注核事故应急处理的相关举措之外，对核事故之后的损害赔偿处理也制定了相关国际公约供各国参考适用。

《核损害民事责任维也纳公约》（The Vienna Convention Civil Liability for Nuclear Damage）是一项有关核损害第三方责任的国际公约[5]。1963 年 5 月 19 日，在维也纳举行的关于核损害民事责任的国际大会通过了该公约，1977 年 11 月 12 日生效，截至 1993 年底，共有 20 个缔约国。中国尚未加入该公约。

《核损害民事责任维也纳公约》的主要内容：①在发生核事故对第三方造成核损害时，核设施的经营者负有绝对的赔偿责任，核设备的供应者或造成事故的操作人员不承担任何赔偿责任。②对于一次核事故所造成的核损害，核设施的经营者对全体受害人的损害赔偿额度是有限的。赔偿的责任期为 10 年。③核设施的经营者必须用保险费或其他财政保证金承担其责任。④对核损害的应赔总额如果超过经营者的最高赔偿额，国家应提供有限的财政补偿。

4.6.5 《核损害补充赔偿公约》

苏联“切尔诺贝利”事故使国际社会认识到，在严重核事故的情况下，仅凭一个国家的能力可能难以对所有的受害者给予充分的赔偿，故再次签订了《核损害补充赔偿公约》(Convention on Supplementary Compensation for Nuclear Damage)[6]。该公约是一项保护“因核事故而导致核损害的受害者”的国际公约，1997 年 9 月 12 日通过，9 月 29 日开放供签署。截至 1999 年 3 月 10 日，已有 13 个签署国家，1 个国家批准，但尚未满足该公约生效条款的要求，迄未生效。中国派代表参加了本公约的制订和审议过程，但未签署本公约。

《核损害补充赔偿公约》旨在建立一个补充和加强国家立法所规定的核损害赔偿措施的世界范围的责任体制，以提高核损害的赔偿额。《核损害补充赔偿公约》适用于缔约方领土内和平用途的核装置的运营者依据有关公约或法律负有责任的核损害。《核损害补充赔偿公约》的主要规定为：①对每一核事件所造成核损害的赔偿，先由核装置所有国提供 3 亿特别提款权（Special Drawing Right，SDR），或对于临时有困难的国家，从公约开放签字之日起的 1 年内生的核事件，可减少为至少 1.5 亿 SDR；当应赔额超出上述装置国赔偿额时，则由各缔约方按本公约的规定提供的公共资金来补充赔偿。②公共资金的筹集方案为，绝大部分按缔约国所拥有的核装机容分摊（每兆瓦热功率为 300 SDR)，小部分按缔约国应缴的联合国会费比率分摊，同时为装机容大国规定了一个分摊上限，即其分摊额占公共资金总数的百分数不超过其联合国会费比率加 8 个百分点。③一旦发生核事件，看起来其损害将超过或可能超过装置国应赔额而需公共资金来补充时，装置国即将该核事件通知其他缔约方，后者即应按实际要求的数量和时间提供所分摊的公共资金。④公共资金 50％和装置国的应赔额一起用于装置国内、外所受核损害的索赔，另 50%应只用于装置国领土外所受核损害的索赔。⑤装置国的立法可规定：如果核损害是由运营者方面的过错所造成，可从该运营者那里收回依据本公约提供的公共资金。

4.7　响应和援助网络

如果一个国家在发生核或辐射事件或紧急情况时需要援助，它可以请求从 IAEA 或通过 IAEA 获得援助。为此，国际原子能机构设有应急响应和援助网络（Response and Assistance Network，RANET）。RANET 是一个协调国际援助的综合系统，以最大限度地减少核或辐射事件或紧急情况对健康、环境和财产带来的实际或潜在放射后果[7]。该系统还允许就应急现场采取的行动向请求国提供建议和援助，以减轻其影响。

响应和援助网包括已确定国家援助能力的《核事故或辐射紧急情况援助公约》缔约国。这些能力包括有合格的专家、设备和材料，可用于援助另一个国家。这些国家根据请求有能力并愿意通过提供经适当培训、装备精良的合格人员，能够及时而有效地应对核或辐射紧急情况，来提供专业援助。

RANET 并不取代国家在应急准备和响应方面的责任，也不影响各国之间的双边或多边协议中所确定的合作。从最初的请求到 IAEA 的援助。一旦 IAEA 收到来自一个国家的正式援助请求，其便成为促进和协调国际援助的中心。IAEA 的核事件和应急中心（Incident and Emergency Centre，IEC）对请求进行评估，向请求国提供初步建议。在此之后，原子能机构可能会迅速派出一个实情调查团，收集和评估现场信息，对情况进行初步评价。这个调查团也会根据需要提出即时建议，并建议是否需要派出进一步的援助工作组，包括涉及响应和援助网团队的工作组。如果决定原子能机构将派出这类援助工作组，其响应将根据当时的具体情况而定制。这可能包括通过 RANET 提供设备和建议，或者从 RANET 位于另一个成员国的外部基地向请求国提供援助。

参考文献

[1] IAEA. The Statute of the IAEA [EB/OL]. Vienna: International Atomic Energy Agency, 2019-08-26 [2019-09-06]. https://www.iaea.org/about/overview/statute.

[2] IAEA. Convention on Early Notification of a Nuclear Accident [EB/OL]. Vienna: International Atomic Energy Agency, 2019-07-02 [2019-09-06]. https://www.iaea.org/topics/nuclear-safety-conventions/convention-early-notification-nuclear-accident.

[3] IAEA. Convention on Assistance in the Case of a Nuclear Accident or Radiological Emergency [EB/OL]. Vienna: International Atomic Energy Agency, 2019-07-02 [2019-09-06]. https://www.iaea.org/topics/nuclear-safety-conventions/convention-assistance-case-nuclear-accident-or-radiological-emergency.

[4] IAEA. Convention on Nuclear Safety [EB/OL]. Vienna: International Atomic Energy Agency, 2019-08-06 [2019-09-06]. https://www.iaea.org/topics/nuclear-safety-conventions/convention-

nuclear-safety .

[5] IAEA. The Vienna Convention Civil Liability for Nuclear Damage [EB/OL] . Vienna: International Atomic Energy Agency, 2019-08-12 [2019-09-06] . https://www.iaea.org/topics/nuclear-liability-conventions/vienna-convention-on-civil-liability-for-nuclear-damage.

[6] IAEA. Convention on Supplementary Compensation for Nuclear Damage [EB/OL] . Vienna: International Atomic Energy Agency, 2019-08-12 [2019-09-06] . https://www.iaea.org/topics/nuclear-liability-conventions/convention-supplementary-compensation-nuclear-damage.

[7] IAEA. Response and Assistance Network (RANET) [EB/OL] . Vienna: International Atomic Energy Agency, 2019-07-20 [2019-09-06] . https://www.iaea.org/services/networks/ranet.

第 5 章

2000 年泰国北揽府医用^{60}Co源辐射事故概况与分析

^{60}Co源的半衰期为 5.27 a，衰变过程中发射 0.31 MeV 的 β 射线、1.17 MeV 和 1.33 MeV 的两种 γ 射线。高活度的^{60}Co源主要用来治疗癌症患者[1]。含源医疗设备使用高活度^{60}Co源以可受控方式为患者输送高辐射剂量。由于放射源活度随时间衰减，因此需要更换新源以避免治疗时间过长。含源医疗设备供应商的服务内容主要包括倒源、换源、销售、维护设备[2]。截至 2000 年 2 月，泰国已创建了 20 个放射治疗中心，共拥有 25 个远距离治疗设备[3]。一家位于泰国曼谷的含源医疗设备供应商（KSE 公司）未经泰国原子能和平利用办公室（Thailand Office of Atomic Energy for Peace，OAEP）授权，持有多台远距离治疗设备。1999 年 9 月，该公司未经 OAEP 授权，将^{60}Co治疗机头从租赁仓库转运、搬迁到无安全保卫措施的临时储存点，也未将本次放射源转运告知 OAEP[4]。

2000 年 1 月下旬，几名垃圾捡拾者进入了无安保措施的放射源储存点；拆卸了一个远程治疗机头的部分组件；把这个治疗机头带到了其中一个人的住所；4 人试图进一步拆解它。远程治疗机头虽贴有三叶形电离辐射警告标签，但此标签未使用当地语言文字表述。因此，4 人并未意识此符号代表放射源。2000 年 2 月 1 日，其中 2 人将已部分拆卸的含源设备带到泰国北揽府的一个废品收购站（简称废品站），以便将医疗设备的金属切割开单独出售。

2000 年 2 月中旬，几个人开始感到不适，并向当地医疗机构寻求救助。医师根据几名患者的症状和体征，怀疑病因系患者受到了无安保措施放射源的照射，立刻向监管机构（OAEP）报告了此事。OAEP 工作人员在当地公共卫生人员的协助下，寻找放射源；当检测到废品站附近的高辐射水平时，封锁了该区域以阻止其他人员进入受照；组建了一个应急响应小组；2000 年 2 月 20 日，成功回收放射源，并运往安全的贮存区，终止应急响应。检测结果表明：放射源包壳完好无损；未发生环境的放射性污染；所回收放射源为 15.7 TBq（425 Ci）的^{60}Co源[5]。

5.1 背　　景

5.1.1 泰国辐射安全与防护的监管机构

OAEP 是泰国原子能委员会（Thai land Atomic Energy Commission，AEC）的常设办事机构，主要职责为 AEC 的秘书处；对泰国电离辐射和放射源安全开展监管；制定和颁布泰国和平利用原子能的政策、规划、行政法规准则和规范；为与原子能有关的国家安全问题提供技术支持；对核与辐射事故开展应急响应、调查处理和定性定级工作；负责原子能和平利用安全相关国际公约的国内履约；开展原子能和平利用安全技术的国际科学研究与合作[6]。AEC 是根据泰国原子能和平利用法建立的核与辐射安全政府监管机构。其监管任务涉及若干部委、委员会和办公室，其结构设置导致了某些监管活动出现空白或重叠。AEC 由 8 个小组委员会组成，其中一个委员会涉及放射性同位素和核材料许可证的颁发事项；不仅负责促进原子能和平利用事业的发展，还负责监管。由 OAEP 履行 AEC 的所有职责。科学、技术和环境部不仅负责人事劳资、经费预算和设施的管理，还负责 OAEP 开展的科学研究和技术开发活动。放射性同位素和核材料许可证颁发小组向 AEC 直接报告工作情况。该小组由 OAEP 成员组成。OAEP 物理保健部通过其下设的行政许可科和辐射防护科开展电离辐射安全监管工作。OAEP 负责泰国境内 650 家放射源生产、销售、使用、运输、贮存、处置单位的电离辐射安全许可证（简称许可证）的审核和颁发。许可证有效期为一年。许可证的颁发，由监管机构通过对拟持有放射源单位的场所设施的安全性和适用性，以及从业人员的资格进行评估和审核决定。OAEP 电离辐射安全监督检查一般每年开展一次，监督检查的优先级主要由放射源的风险水平和开展监管人力和资源的可用性决定。此外，OAEP 还颁发放射源进、出口许可证。事故发生时，由 8 名监管员负责核查所有许可证。由于其人力资源与工作量的原因，OAEP 每年对受检单位设施的安全检查、资质审查工作，未能得到有效开展和妥善完成，监管和控制程序也未能严格执行。

根据《泰国原子能和平法》，OAEP 对放射源持有单位（简称持有单位）的行政许可不收取费用。若撤销许可证后，持有单位仍持有放射源，OAEP 为持有单位提供了两种合法处理放射源的方案。方案一，持有单位可将闲置、废弃的放射源保存于 OAEP 授权的贮存地点，将其转让给经授权许可的法人；方案二，持有单位将放射源交给 OAEP 处置。无论哪种方案，持有单位都必须向 OAEP 支付用于回收、贮存放射源的额外费用。但根据 OAEP 规定，持有单位不得在未经 OAEP 授权许可的情况下，将放射源转让。20 世纪 80 年代后期，OAEP 开始对辐射安全法律法规及对许可证申请者的要求进行了审查和修订。从 1989 年开始，OAEP 对持有单位提出 3 点新要求：①加强辐射安全从业人员的培训和考核，要求从业人员持证上岗；②加强放射源安全保卫措施和改善放射源储存条件；③推广辐射监测仪表设备的使用，加强个人剂量监测。OAEP 已经将国际原子能机构（IAEA）准则作为泰国开展电离辐射监管工作改革的基础。

5.1.2　持有许可证的医院

涉及辐射事故的^{60}Co远距离治疗设备于1969年安装在曼谷的一家医院（简称RT医院）。1981年，因放射源活度减少，病人治疗时间延长到不符合实际要求，RT医院为该设备安装了一枚初始活度为196 TBq（5 300 Ci）新^{60}Co源[7]。自从1981年更换一次放射源之后，该医院未从西门子公司（远距离治疗设备制造商）获得任何售后和维护服务。当时授权对该设备进行维护的西门子代理商已宣布破产。因源活度的减少，该远距离治疗设备已不能满足放射治疗的要求，于1994年停用。

5.1.3　未获得授权的供应商

当该设备停止使用时，西门子代理商已不再生产^{60}Co远距离治疗设备。RT医院通过其在泰国的医疗设备供应商（简称KSE公司）与加拿大远距离治疗设备制造商诺迪安公司（Nordion）联系，希望其能提供新的远距离治疗设备。但诺迪安制造商不接受将非本厂生产的废弃源退回加拿大的要求[8]。因此，根据监管机构要求，RT医院将承担管理和控制一枚废弃放射源的责任。由于该医院无足够存储空间用来存放（含废弃源的）旧式远距离治疗设备，将该设备和放射源一起出售给KSE公司，并未将放射源转让活动告知OAEP。KSE公司也未将其拥有废弃远距离治疗设备的信息告知OAEP。此时KSE公司已经拥有了一台1974年从加拿大进口的放疗设备，由一位加拿大医生负责管理。在获知公司收购了一枚废弃放射源时，该医生要求KSE公司将废弃源安全存储起来，直到找到合适的设施安装它为止。1988年，OAEP为KSE公司颁布了新许可证，准许该公司将远程治疗设备存放于曼谷地区租用的仓库内。1993年，KSE公司向OAEP提交了“关于要求扩大KSE公司在曼谷的仓库，以存放更多废弃的远距离治疗设备”的书面申请。在OAEP对此申请作出回应之前，KSE公司临时修改了申请书内容，希望将已获得的废弃放射源转移至位于曼谷以北约400 km处的碧差汶省（Petchaboon）。修改后的申请书将存储放射源地点描述为，空地上建造的仓库建筑。OAEP认为该地点不够安全，做出不准予许可的决定，并建议该公司在曼谷或周围储存放射源；向KSE公司宣传了泰国辐射防护指导方针；建议该公司申请、并获得临时储存闲置、废弃放射源的许可证或将该放射源转让给OAEP进行贮存。但KSE公司并未采纳建议。1996年，KSE公司向OAEP申请了将2枚^{60}Co源出口返回给制造商诺迪安公司的许可证。这2枚放射源来自于远距离治疗设备，将运回加拿大处置。在运送放射源前，OAEP对KSE公司开展了例行的监督检查。检查结果显示，KSE公司除了拥有属于加拿大医生获得许可的放射源之外，还拥有其他3枚放射源。因此，KSE公司在其仓库中拥有4台远距离治疗设备。1台属于加拿大医生，自1974年以来一直储存于仓库中。其他2台分别来自日本和德国的远距离治疗设备，已在政府医疗机构中使用，并在医疗机构停用时，转移回KSE公司仓库。第4台放疗设备属于1969年从西门子公司进口的远距离治疗设备（含有1981年新更换的^{60}Co源）。1999年初，KSE公司得知其仓库租赁合同即将到期，需重新安置4枚放射源。该公司搬迁后，把属于加拿大医生的^{60}Co源交还给加拿大远距离治疗设备制造商诺迪安公司处置，并书面告知 OAEP。然而，在未获得 OAEP 允许的情况下，KSE 公司将其他 3 枚^{60}Co 源转移到 KSE 母公司的停车场。这些放射源于 1999 年 10 月搬到停车场。其中 1 枚放射源已经被盗。KSE 的母公司停车场的一部分用于停放车辆，另一部分用于存放放射源。放射源存放在屋顶区域下。停车场的围栏虽由镀锌钢板制成，但不安全。围栏出现空隙，街对面公寓的部分居民经常在停车场附近的空地上踢足球。在事故发生时，停车场恰好处于闲置状态。

5.1.4 远距离治疗设备及其放射源

涉及辐射事故的设备为德国西门子公司制造的 γ-3 型远距离治疗设备；于 1969 年出口到泰国；1981 年完成最后一次换源，所换^{60}Co 源活度为 196 TBq（5 300 Ci）；2000 年辐射事故发生时，^{60}Co 源活度约为 15.7 TBq（425 Ci）。在 IAEA 2003 年 7 月颁布的放射源分类标准文件（IAEA-TECDOC-1344）中，将远距离放疗设备中的^{60}Co 源归类为具有最大活度和最高风险的Ⅰ类放射源[9]。该密封^{60}Co 源由源芯体、贫化铀屏蔽层、不锈钢密封层，铅屏蔽层组成，其结构如图 5-1 所示[10]。放射源安装在远距离放疗机头的圆柱形源室内。源室由不锈钢包裹，高 42 cm，直径 20 cm，质量为 30 kg。铅厚 5 cm，质量为 97 kg。

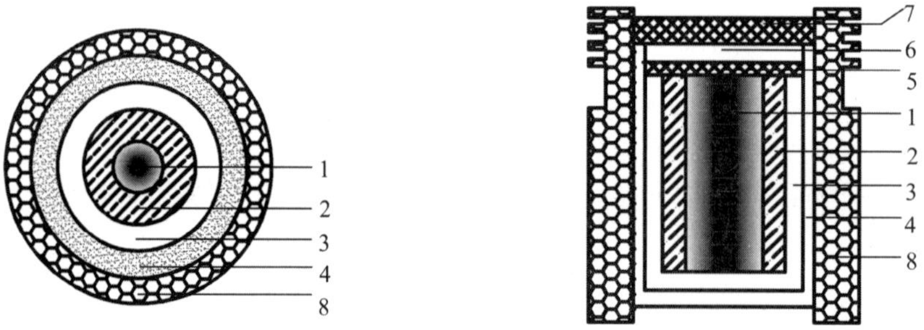

(a)^{60}Co源径向结构图　　(b)^{60}Co源轴向结构图

图 5-1　远距离治疗设备密封^{60}Co 源结构示意图

1—圆柱形^{60}Co 源芯体；2—贫化铀屏蔽层；3—内层不锈钢罐；4—外层不锈钢罐；5—内层不锈钢盖；6—不锈钢盖之间的空气；7—外层不锈钢盖；8—带固定螺纹的铅屏蔽层

5.2 辐射事故

5.2.1 辐射事故发生过程

将 2000 年泰国北揽府医用^{60}Co 源辐射事故发生过程列于表 5-1。事故中 10 名受害者分别用大写英文字母 A-J 表示，其身份代码，年龄，性别等信息列于表 5-2。

表 5-1 辐射事故发生过程（数据来自参考文献［5］）

时间	事件
2000 年 1 月 24 日	拾荒者 A（40 岁男性）和 B（25 岁男性）购买废金属（包括远距离治疗机头），使用三轮车将远距离治疗机头运回 A 住所，准备拆解，并存放于距离 A 住所 100 m 处空地上
2000 年 1 月 24 日至 31 日	远距离治疗机头存放于距离 A 住所 100 m 处的空地上
2000 年 2 月 1 日	(1) 拾荒者 A、B、C（19 岁男性）和 D（23 岁男性）4 人在 A 的住所试图拆除由不锈钢覆盖的远距离治疗机头的圆柱形金属部分；利用锤子和凿子将不锈钢和铅分开，B 和 D 工作了约 1 h，大部分工作由 B 完成；只将焊缝撬开，随后发现油状液体渗出；拆开焊缝后可见不锈钢盒内的铅柱。 (2) 拆解失败后，A 和 C 将铅柱和其他金属运往位于北揽府的索瓦特马哈翁（Soi Wat Mahawong）废品站；从 A 住所出发大约需要 30 min 到达废品站。C 全程坐在车厢里，（右）腿放在圆柱形金属（放射源组件）上。 (3) 抵达废品站后，A 要求废品站工作人员 E（23 岁男性）用氧乙炔焊切开圆柱形金属。另一名废品站员工 F（18 岁男性）在 E 焊切地点附近工作。E 成功切开不锈钢盒和铅柱，并见黄色烟雾，闻到臭味；还看到圆柱内掉落出两枚金属碎片；捡起这些碎片并在自己手中称重；在处理这些碎片时，手部并没有感觉到“痒”；将从圆柱体上拆下的金属片存放在废品站。因黄色烟雾感到不安，并未完全拆除不锈钢和铅材料。患者 G（45 岁女性，废品站老板）观看到了整个过程，要求 A 将圆柱形金属带回其住所完成切割、分解后再来出售。 (4) A 取回金属，并将其放置于三轮车中过夜；当天返回住所时，感到头痛难忍；出现浑身乏力、恶心的症状。C 也感到恶心，腿发痒。E 和 F 开始感到头晕，头痛难忍，之后不久就开始呕吐
2000 年 2 月 2 日	A 和 C 将金属分割成 40 kg 不锈钢和 72 kg 铅后，A 将金属带到废品站出售
2000 年 2 月 3 日至 4 日	E 和 F 休春节假期。F 假期回家探望父母，出现了食欲不振，体重减轻，晒伤型皮肤烧伤的症状
2000 年 2 月 7 日	虽然 E 和 F 感到不舒服，但再次从事废品站的工作
2000 年 2 月 12 日	G 要求 A 到另一地方出售铅；认为 A 带来的金属可能是引起废品站雇员生病的主要原因；还要求另一个拾荒者扔掉那两枚圆柱形金属碎片。此时，A 感觉手如火烧，手指肿胀，手掌发痒，随后去私人诊所就医
2000 年 2 月 15 日	A 到北揽府医院（Samut Prakarn Hospital）门诊部进行检查。医院采集了 A 血液样本，要求其第二天复查血液检查结果
2000 年 2 月 16 日	A 到北揽府医院住院；烧伤的手变得又黑又肿，并出现了恶心，呕吐和头发脱落的症状。与此同时，E 和 F 出现腹泻症状，正在接受药物控制治疗。E 感到十分虚弱，并伴有发烧症状；体重减轻，头发脱落，手指烧伤；到北揽府医院门诊部就诊；经过身体检查和血液样本采集后，于同日入住北揽府医院
2000 年 2 月 17 日	废品站老板 G 把出现身体虚弱，体重减轻和脱发症状的 F 带到北揽府医院就诊，并安排其住院；当医生询问患者情况时，G 把废品站发生的事情全部告诉了医生；随后，将 I（33 岁女性）带到北揽府医院照顾 F。I 是 G 和 H 的女仆，也是废品站兼职工人。G 和丈夫 H（44 岁男性）都感到虚弱，到曼谷总医院（Bangkok General Hospital）就诊。采自 G 和 H 的血液样品均显示白细胞计数过低。院方随后对 G 和 H 开展了骨髓取样。此时，医生决定不让 G 住院，但因 H 鼻子严重出血，允许住院。住院期间，G 向医师提到一只经常在废品站的流浪狗已经死亡

表 5-2 事故受害者身份代码，年龄，性别和早期临床症状（数据来自文献［5］）

患者代码	年龄/岁	性别	关系	临床症状和体征
A	40	男	废品回收人员	灼伤，恶心，呕吐，脱毛，截肢
B	25	男	A 的同事	灼伤，恶心，呕吐，脱毛
C	19	男	A 的同事	灼伤，恶心，呕吐，脱毛
D	23	男	A 妻子的弟弟	灼伤，恶心，轻度呕吐
E	20	男	废品站工人	灼伤，恶心，呕吐，脱毛，腹泻，鼻衄，发烧；于2000年3月18日死亡
F	18	男	废品站工人	恶心，呕吐，脱毛，腹泻，发烧；于2000年3月9日死亡
G	45	女	废品站老板	恶心，呕吐，脱毛，腹泻
H	44	男	G 的丈夫	恶心，呕吐，脱毛，鼻衄；于2000年3月24日死亡
I	33	女	G 的女仆；废品站工人	恶心，呕吐，头痛，脱毛
J	75	女	G 的母亲	恶心，呕吐

5.2.2 发现和通知

患者 A 和 E 曾在北揽府医院的外科病房就诊，两人手指严重肿胀，并伴有恶心和呕吐的症状。E 白细胞计数很低。F 也出现恶心和呕吐症状，白细胞计数也很低。医师发现这 3 名患者表现出相似症状；于 2000 年 2 月 18 日 11：10 时意识到 3 名患者受到了放射源的照射；向 OAEP 打电话汇报了 3 名患者的情况，并声明怀疑当地可能存在一枚泄漏放射源的观点。

OAEP 接到院方通知后，立即派出 2 名保健物理学家（员工）于 2000 年 2 月 18 日 12：30 分抵达北揽府医院，进一步调查此事件。OAEP 员工会见了主治医师以及 E、F、G 以询问事件情况。根据 G 提供的信息，OAEP 员工与当地公共卫生部门员工一起开始寻找放射源；找到另一名拾荒者捡到的两块小金属片，确认小金属片之一来自于放射源。OAEP 员工会见了拾荒者，并与其一起去搜寻"拾荒者扔掉金属片的地方（一个 U 形混凝土排水口处）"；找到了一些小金属碎片，但辐射剂量测量结果显示金属碎片无放射性。由于这两块金属不是放射源，OAEP 员工去检查废品站；前往废品站的途中，将辐射探测器置于开启状态；2 月 18 日 19：00 时，当沿着北揽府某一条街道向废品站方向行驶时，发现电离辐射水平明显增加（测量值为 6 μSv/h，约为天然本底辐射水平的 20 倍）；继续在另外两条小街道上行驶了大约 150 m，到达了废品站；在院子侧面入口处测得辐射水平约 1 mSv/h，证明废品站内存在强 γ 源；此时已意识到辐射事故的严重性，并呼吁有关机构提供帮助。

5.2.3 应急响应和回收放射源

意识到辐射事故的严重性后，OAEP 立即组建了应急响应小组；随后，在废品站附近建立了一个指挥和协调中心；除开展电离辐射水平测量外，还开展了放射性污染测量，结果没有发现污染。根据检测调查结果，应急小组认为辐射事故涉及未知活度的密封放射源，可能来自于工业探伤设备或医疗设备。辐射水平测量结果显示，废品站内放射源所在金属废料堆周围的剂量率高达 10 Sv/h。由于事故源产生的电离辐射场是孤立的，仅限于废品收购站内，且撤离会造成人员的混乱或社会恐慌，OAEP 和公共卫生部门在检测辐射水平后，认为无撤离的必要。因此，泰国当局首要任务为迅速采取行动缓解事故后果；在废品站外约 10 m 范围内，以 300 μSv/h 辐射水平为基准，封锁、警戒高于此辐射水平的区域，限制进入废品站的人员；禁止废品站外面邻近街道的通行。高辐射水平对应急小组靠近放射源，从废品堆中确定放射源的具体位置、形状、大小但有一定困难。

为了进一步确定放射源的位置，应急响应小组的现场作业从 2000 年 2 月 18 日晚上一直持续到 2 月 19 日凌晨 04：00 时；用摄像机记录下全部过程；决定暂停现场作业。2 月 19 日 12：00 时，警方已经控制了整个区域。2 月 19 日早晨，当地公共卫生部门启动了回收废品站内放射源的行动。距废品站约 150 m 处，剂量率为 1.7 μSv/h，距废品站放射源 20 m 的人行道上剂量率为 200 μSv/h。废品站及附近建筑、道路的辐射水平监测结果与平面分布图分别如图 5-2 和图 5-3 所示（数据来自参考文献［5］）。

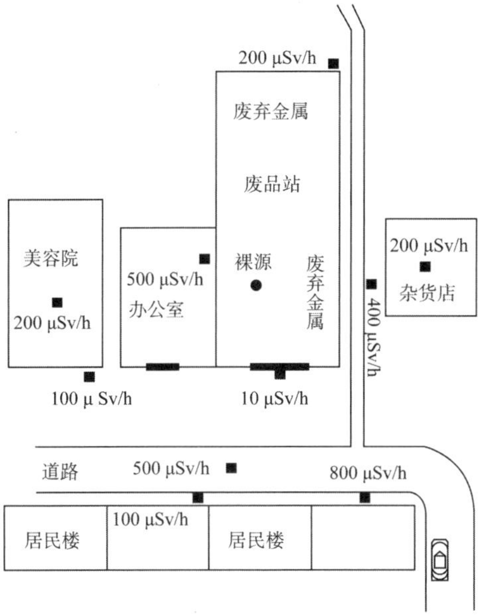

图 5-2 废品站及附近辐射水平

在 OAEP 的指挥下应急小组重新启动回收放射源行动。应急响应小组成员观看了前一天晚上拍摄的录像带，并制订了回收放射源计划；配备回收放射源所需的长柄工具和机械手等设备；随后，应急小组于 2 月 19 日 14：00 时返回废品站，与当地公共卫生部门和省民防部门讨论后，商定、修改了回收放射源计划。实际回收放射源操作于 2 月 19 日 16：00 时开始。回收放射源计划包括了使用虚拟对象（假源）开展回收放射源的演练，以达到应急小组成员熟练地掌握回收放射源所使用工具和技术的目的。北揽府民

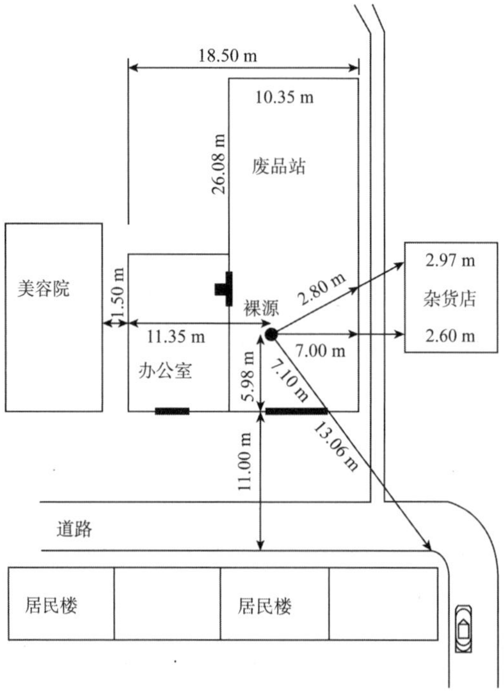

图 5-3　废品站及附近平面图

防部门为应急响应提供了挖掘机、推土机、铲车和大功率探照灯等机器和设备。当地消防队也为回收行动提供了人力和设备支持。为了清理通往废品站内放射源处的杂物，应急小组使用挖掘机移除了重型铁栅栏门和部分废品；利用装载机（铲车）在靠近 ^{60}Co 源的位置放置一个厚 5 cm，宽 1 m，高 2 m 的铅墙，为寻找和回收放射源的操作人员提供屏蔽，此铅墙可使剂量率降低 20 倍以上；安装了大功率探照灯和两台闭路电视摄像机和显示器，以方便回收放射源工作的开展[11]。铲车移动铅墙示意图如图 5-4 所示。

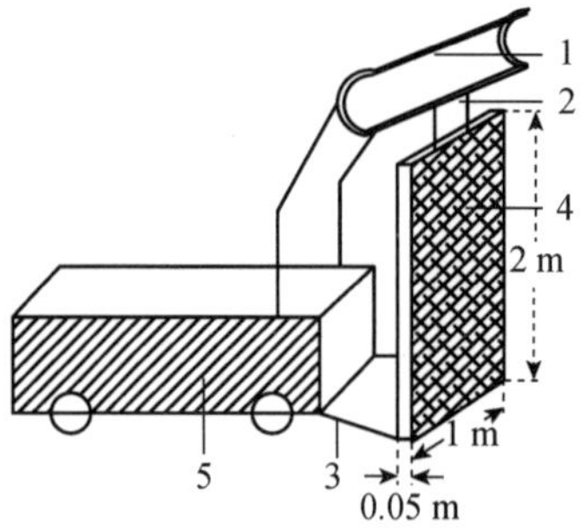

图 5-4　铲车移动铅墙示意图

1—推铲；2—铅墙上方的固定支撑架；3—铅墙下方的固定支撑架；4—铅墙；5—铲车

由于部分回收放射源操作人员，坚持要穿铅围裙以阻止放射源发出的 γ 射线对身体的照射。一些操作人员获准并穿上了用于放射诊断的铅围裙。但铅围裙并不能完全屏

蔽 ^{60}Co 源发射的高穿透能力 γ 光子，甚至可能会减慢操作人员的移动速度和降低动作的灵敏性，导致受照时间增加。OAEP 起初并不同意回收放射源操作工使用铅围裙，但为了消除、减轻操作工人的恐惧，最终还是默许了。为了接近可疑放射源位置，工人们使用长柄工具将放射源位置附近的大块废料移走。在这个过程中，每块废料都使用远程探测器进行测量，以确保每块废料的辐射水平都在可控范围之内。作为分拣过程的一部分，附近地面上较小的金属碎片需要筛选，因此应急小组专门建立了一个临时废品筛选系统。工作人员使用一支长 5 m，顶端绑有电磁铁的竹竿将金属碎片一一移除，并放入大型洗涤盆中，盆中放置了宽量程的剂量率探针。探测器输出端通过一条 30 m 长的电缆连接辐射测量仪表。操作工通过观察辐射仪表读数，可判断其是否拾取到了放射源。应急小组在事前演练中校准了临时废品筛选；在洗涤盆附近放置了一个厚 8.5 cm 的铅制屏蔽容器，以供临时盛装、转运放射源使用；经过 6 次移除废金属操作后，已移除了大部分覆盖的金属，仍未找到放射源。由于附近仍存在金属块，无法确定放射源的确切位置。为了准确定位放射源位置，应急小组使用了荧光屏。荧光屏的尺寸与医用 X 射线机的荧光屏尺寸大小一样。荧光屏与长竹竿组合工具如图 5-5 所示。在探照灯关闭的情况下，明亮的月光导致无法通过荧光屏确定放射源位置。因此，只有等到月光减弱到合适的亮度下才能精确地操作荧光屏。直到 2 月 19 日 21：00 时，才准确地确定了放射源位置。此时仍有许多废金属覆盖在放射源上。在确定放射源的准确位置之后，考虑到抓取工具的长度不足以提供足够的距离防护，且用钳子抓住放射源的时间内，会使操作人员在强电离辐射场中受到超剂量照射，OAEP 应急小组人员提出了“利用 5 m 长干竹竿上连接的电磁铁来回收放射源”的方案。电磁铁与长竹竿组合工具结构如图 5-6 所示。2 月 20 日 00：20 时，应急小组成功回收了一枚高 4.0 cm，直径 2.5 cm 的圆柱形放射源；采用 2 m 长柄钳子夹住放射源，将其放入铅屏蔽容器内；把放射源和容器转移出废品站后，再次对废品站的辐射水平进行了测量。长柄钳子工具如图 5-7 所示。测量结果显示废品站及附近辐射水平与天然本底辐射水平大致接近，证实已将放射源成功回收和移走。通过开展原位 γ 能谱测量，鉴定此枚放射源系活度为 15.7 TBq（425 Ci）的 ^{60}Co 源[12]。该放射源于 2 月 20 日运往 OAEP 贮存点。装有 ^{60}Co 源的铅屏蔽容器放置在 4.5 m 深的核废料贮存池水中。^{60}Co 源贮存示意图如图 5-8 所示。应急小组使用热释光剂量计（TLD）对回收放射源操作期间操作工的个人剂量开展监测，并且将剂量测定的结果记录在表 5-3 中，最大个人剂量为 32 mSv。

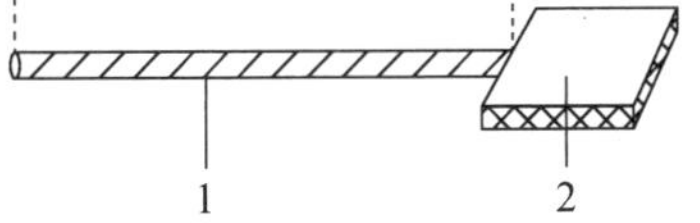

图 5-5　用于准确地确定放射源位置的荧光屏与长竹竿组合工具

1—5 m 长竹竿；2—荧光屏

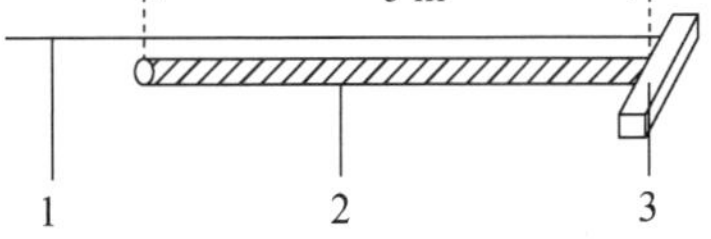

图 5-6　电磁铁与长竹竿组合工具

1—导线；2—5 m 长竹竿；3—电磁铁

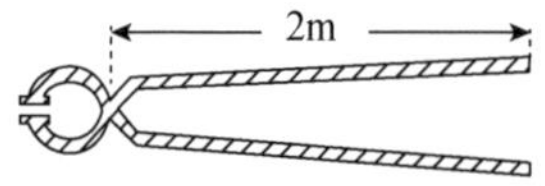

图5-7　长柄钳工具示意图

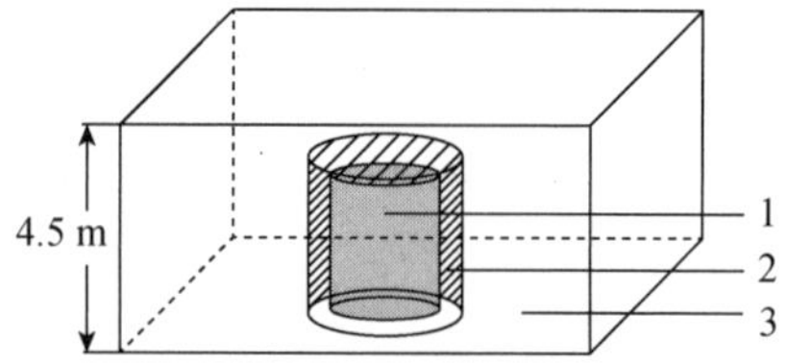

图5-8　^{60}Co源贮存示意图

1—铅屏蔽容器；2—^{60}Co源；

3—核废料储存水池

在回收放射源的行动中，应急小组获悉KSE公司在曼谷郊区一个停车场储存了3台含放射源医疗设备；派人到该处核查、评估情况；经外表检查和辐射水平监测后，鉴别为3台^{60}Co远距离治疗设备，其中1台设备已丢失装有放射源的铅缸，经证实正是辐射事故中涉及的铅缸；2月21日，将3台放疗设备（其中2台含有放射源）全部转移到OAEP临时储存点。

5.2.4　国际原子能机构的参与

2000年2月21日，OAEP与IAEA取得了联系，并根据“核事故或辐射应急情况援助公约”（简称援助公约）条款；向IAEA报告了泰国北揽府医用^{60}Co辐射事故的概况，并汇报了成功回收事故放射源的结果；此外，分别于2000年3月31日和4月26日向IAEA提交了详细的辐射事故书面报告，提供了以前无安全保卫措施、闲置、废弃放射源的总数，事故受害者总人数及其医疗救治状况等信息。第二份报告还向IAEA通报了随后发生的3名受照者死亡的情况，以及公共卫生部对辐射事故现场附近人口进行筛查的结果。

2000年2月24日，泰国政府常驻维也纳代表团，代表泰国政府请求IAEA派遣一支辐射事故专家小组到曼谷指导专业知识和技术。IAEA收到泰国政府请求后，根据“援助公约”规定，组建了一个辐射事故专家小组。该小组于2月26日抵达泰国，开展为期一周的技术指导与事故调查工作；由2名经过辐射防护和应急响应培训的IAEA工作人员和3名来自日本专门从事电离辐射损伤治疗的医生组成；与OAEP和其他相关人员讨论了事故情况，并针对辐射应急响应、受照工作人员的医疗救治方面提供了反馈意见和建议；此外，在OAEP和拉贾维蒂医院（Rajavithi）主治医师的协助下撰写了辐射事故报告。

5.3　放射病理学事项

5.3.1　概况

由于事故发生在人口稠密的地区，且事故从发生到发现、回收放射源经历了较长时间，几组居民受到照射。接触源人员（A-D 分为第 1 组）和废品站工人以及亲属（E-J 分为第 2 组）受照的全身辐射剂量最大。几名废品站工人出现了严重的局部辐射损伤症状，全身受照剂量约为 2 Gy。由于长时间受裸露 ^{60}Co 源照射，废品站 22 人中 4 人（E-H）受照剂量值达 6 Gy 以上。其中 3 人因严重电离辐射损伤，在事故发生后 2 个月内死亡。第 1 组和第 2 组多名患者到北揽府医院门诊部就诊，主要症状为虚弱、头发脱落、放射性灼伤、恶心、呕吐或腹泻。本次辐射事故受照者信息与早期临床症状如表 5-2 所示。第 3 组受照人群由居住在废品站附近的居民组成，其受照剂量值远不及在裸露放射源附近工人的剂量值。第 4 组受照人群包括 OAEP 员工和辐射事故应急响应、回收放射源工作人员，该人群在事故发生期间的全身有效剂量不超过 32 mSv（监测结果如表 5-3 所示）。

表 5-3　操作人员在回收放射源过程中受照剂量（数据来自文献 [5]）

剂量范围/mSv	操作人员数量
＜1	11
1～5	18
5～10	11
10～20	6
20～32	6
＞32	0

受照者早期症状和体征的评估结果表明，第 1 组人员受到了明显的全身非均匀照射。A、B、C 和 D 受照剂量估计值分别为 2 Gy、2 Gy 、2 Gy 和 1 Gy。然而，A 和 C 均表现出严重的局部放射性灼伤。A 灼伤主要集中在双手。C 手部灼伤，右腿后侧膝盖附近放射性灼伤面积较大（ C 右腿覆盖在装有放射源的金属圆筒上)。患者 A 手部受到最严重的放射性灼伤，所有手指和一半手掌表面受到影响。B、C、D 三人也患有严重的放射性灼伤，B 的手掌和手指，C 的两个手指和右膝盖区域以及 D 的手指。

第 3 组受照人群由 1 872 名居住在废品站 100 m 范围内的居民组成。应急小组为该受照人群组提供了包括体检（862 人，占 46％），血液检查（782 人，占 42％），信息咨询和提供建议（907 人，占 48.5％）在内的服务。公共卫生部对居住于距离放射源 50 m 范围内的 258 人开展潜在影响的调查。距放射源 50 m 范围内生活的 5 名孕妇，在向泰国皇家放射医学学院专家咨询后，其中 1 名孕妇决定堕胎。

第 1 组患者先到北揽府医院接受住院治疗。该医院可为患者提供血液治疗、恢复性整形手术，以治疗严重的局部放射性损伤。第 2 组患者全身受到了严重照射，先送往北揽府医院或曼谷总医院住院治疗，随后转院到拉贾维蒂医院，以获得更先进医疗设备和技术的治疗。拉贾维蒂医院是泰国唯一的电离辐射损伤专科治疗医院。

5.3.2 第1组患者的治疗和临床进展（A-D）

（1）患者A

A于2000年2月16日到北揽府医院住院治疗，手上灼伤；2000年2月23日（受照后第23 d）手掌和手指出现肿胀、硬水泡，手掌和掌背侧分界线明显现象；普通临床症状和全血细胞计数正常；灼伤的手采用静脉注射抗生素氯唑西林（cloxacillin）4 g/d，己酮可可碱（trental）400 mg和敷料剂方式治疗；偶尔低烧，白细胞计数和血小板计数逐渐减少，于2000年2月29日开始使用粒细胞集落刺激因子（granulocyte colony stimulating factor，G-CSF）（500 μg/d，10 μg/（kg・d^{-1}）；于2000年3月2日转院到拉贾维蒂医院治疗，伴有发烧，双手皮肤脱落症状，白细胞计数和血小板计数低。拉贾维蒂医院对A采用了粒细胞集落刺激因子（1000 μg/d，3月3日和4日每天接受20 μg/kg，500 μg/d，2000年3月5日，接受10 μg/kg）和粒细胞-巨噬细胞集落刺激因子（granulocyte macrophage colony stimulating factor，GM-CSF）300 μg/d的药物治疗。其他治疗方式与北揽府医院的一样。当A血小板和白细胞计数分别增加至230 $\times10^9$/L和110 $\times10^9$/L，于2000年3月6日停用G-CSF和GM-CSF。

由于患者A发热，将抗生素药物由氯唑西林（cloxacillin）改为头孢唑林（cefazolin）3 g/d此后，发烧症状减轻。A因放射性灼伤感觉剧烈疼痛。医院继续对其伤口区域采取清创和敷料治疗措施。2000年3月2日，A双手第1至4根手指上出现湿性脱皮，双手拇指和食指的远端部分形成干焦痂，左手食指焦痂更严重。采用磺胺嘧啶银（sulphadiazine）和头孢菌素（cephalosporin）敷药后，于2000年3月15日利用其左大腿皮肤进行植皮。除左手食指移植物脱落和屈肌腱暴露外，大部分皮肤移植成功。A在未治愈情况下，坚持要求出院，且不听从医疗劝告，于2000年3月24日出院；由于出院后皮肤移植区域持续疼痛，于2000年3月27日重新入住拉贾维蒂医院，左手第二和第三根手指的移植失败，第二根手指已经完全坏死；2000年3月28日清创后，左手第二手指中间指骨处屈肌腱暴露，且邻近的软组织坏死，右手的伤口干燥脱皮。2000年3月30日，院方尝试着在A左手移植一块腹部皮瓣。该皮瓣于2000年4月20日脱落分离。右前臂和手的数字减影血管造影图显示脉管系统和染色正常，因此采用物理治疗。

（2）患者B

B的辐射灼伤不太严重，于2000年2月20日到北揽府医院住院治疗，血小板计数较低，头发脱落和低烧，双手指骨末端和手掌表面有灼伤迹象，右侧小鱼际上有一大的硬水疱；口服氯唑西林（cloxacillin）（2 g/d），注射己酮可可碱（trental）；2000年2月29日，白细胞计数降低，注射G-CSF（500 μg/d）；由于血小板计数低于20$\times10^9$/L，接受了血小板浓缩（10个单位）治疗；于2000年3月2日转院到拉贾维蒂医院治疗，双手受伤，右手小鱼际隆起的伤口（直径4 cm）破裂，左手红肿脱皮；白细胞计数低至1.8$\times10^9$/L，入院后开始使用GM-CSF（300 μg/d）；2000年3月3日，两只手掌上出现许多水泡，右侧小腿部区域最大（约5 cm$\times$6 cm）；当B的白细胞计数增加时，停止使用G-

CSF和GM-CSF；2000年3月9日，大多数水泡自发愈合；3月19日（受照7周后）右手小鱼际上发生湿性脱皮（巨大的水疱破裂）变为慢性伤口；2000年3月11日出院，每两周接受一次复诊；2000年4月7日，右手伤口尺寸大小和范围缩小到直径约1 cm；2000年4月19日复查发现双手肿胀。

（3）患者C

由于前一天检测的血小板计数较低，患者C于2000年2月20日入住北揽府医院；右手第2和3根手指指骨末端处灼伤，右膝盖附近灼伤长30 cm；2000年2月23日，膝盖正上方的右大腿外侧表皮延伸坏死，膝盖以下5 cm×8 cm区域出现湿性脱皮；口服氯唑西林抗生素（cloxacillin）（2 g/d），注射己酮可可碱（trental）和G-CSF；当血小板计数降至20×10^9/L以下时，接受了输注（10个单位）血小板治疗；2000年3月3日，到拉贾维蒂医院住院治疗，右手食指和中指二级灼伤，右膝腘窝区域湿性脱皮长达30 cm；注射G-CSF（250 μg/d）和GM-CSF（300 μg/d），直到白细胞和血小板计数增加为止；于2000年3月12日出院，每两周进行一次复诊；3月17日（受照后7周），右膝腘窝以下的延长伤口感染；于2000年3月24日重新到拉贾维蒂医院住院治疗，手指伤口已经愈合，但右侧腘窝28 cm × 30 cm区域受照伤口加深，接受清创手术；2000年3月27日用左大腿的皮肤对该伤口进行皮肤移植；尽管移植似成功，但2000年4月2日伤口裂开。4月5日，要求出院；两周后，腿部剧烈疼痛；该区域出现大量感染和早期坏死迹象，再次返回医院接受清创手术治疗。

（4）患者D

D入住北揽府医院接受治疗，右手第2根和左手第4根手指灼伤；于2000年3月3日与C一起转院到拉贾维蒂医院，接受口服氯唑西林（cloxacillin）抗生素（2 g/d），注射己酮可可碱（trental）和伤口敷料等治疗措施；2000年3月7日出院，每两周进行一次复诊。2000年3月31日和5月3日复查结果显示，D伤口已经痊愈。由于辐射灼伤了手指，D右手第2和第4根手指的指甲脱落。2000年5月3日的复诊显示，色素沉着不足和指甲缺失。

5.3.3 第2组患者的治疗和临床进展（E-J）

（1）患者E

2000年2月16日，E入住北揽府医院，手上灼伤和肿胀；2月17日至18日，白细胞计数为0.1×10^9/L，血小板计数在（40～50）$\times10^9$/L范围内，且发高烧；口服用抗生素头孢匹罗（cefpirome）（2 g/d）；2月19日转院到拉贾维蒂医院时，出现脱发，疲劳和高烧症状；双手，面部和前胸出现“像阳光灼伤”的辐射灼伤症状；继续使用抗生素和G-CSF（500 μg/d：10 μg/（kg・d^{-1}））, 灼伤部位敷料治疗；发烧得到了控制，但开始鼻衄，对鼻腔填塞；2000年2月22日（受照后3周），嘴唇和舌头严重肿胀。因患者E的白细胞计数无法上升，数量接近零，院方将G-CSF剂量增加到1000 μg/d（20 μg/（kg・d^{-1}））。2000年2月23日骨髓穿刺结果显示，E患有严重的造血功能障碍。由于细胞中期分裂不明显，无法开展染色体研究。2000年2月24日，E开始发烧，舌头尖端严重溃疡；因白细胞计数仍然非常低，将抗生素改为头孢他啶（ceftazidime）3 g/d 加奈替米星（netilmicin）300 mg/d 和 GM-CSF（300 μg/d），还使用了预防性抗真菌药物；2000 年 2 月 25 日灼伤的双手开始肿胀，2 月 28 日皮肤脱落，3 月 2 日腹泻；2000 年 3 月 6 日无法口服食物且发烧，血培养肠球菌阳性，通过鼻胃管提供营养素；根据灵敏性检验结果，改变抗生素；血小板和白细胞计数保持低计数，范围分别为（150～350）$\times10^9$/L 和（4.3～11）$\times10^9$/L，每天需要单个血小板供体；2000 年 3 月 15 日，呼吸急促，肺部湿啰音，使用呼吸器辅助呼吸；2000 年 3 月 17 日，失去知觉，血压下降；因感染性休克，于 2000 年 3 月 18 日（受辐照后第 47 d）死亡；心脏血培养肠球菌呈阳性。

（2）患者 F

F 于 2000 年 2 月 17 日入住北揽府医院时，出现了脱发，黏膜炎和双手肿胀症状；白细胞计数为 0.1×10^9/L，使用抗生素头孢匹罗（cefpirome）（2 g/d）；2 月 19 日转院到拉贾维蒂医院治疗时，身体虚弱，脸部和胸部皮肤灼伤；用类固醇乳膏涂抹在灼伤皮肤上；继续使用相同的抗生素，以及注射 G-CSF（500 μg/d）；发烧得到了控制，但仍继续脱发；2000 年 2 月 22 日骨髓穿刺结果显示，患有严重的造血功能障碍；耳朵上方出现了脱发和溃疡，口腔溃疡；因无细胞中期分裂，无法开展染色体研究；2 月 25 日，仍很虚弱，发低烧。

由于患者 F 持续发烧，改变了治疗方案，使用抗生素，添加了抗真菌药物，抗病毒药物和 GM-CSF；2000 年 3 月 6 日，无法进食，通过鼻胃管给予营养液；3 月 7 日，呼吸困难，胸部 X 射线显示右叶肺发炎，血气检查结果显示代谢性酸中毒，戴上呼吸器以帮助呼吸；血压下降，上消化道出血。尽管 F 曾服用多巴胺（dopamine）来提高血压，但 2000 年 3 月 8 日心阻塞型心动过速，以及急性肾衰竭；于 2000 年 3 月 9 日 13：20，全身阵挛性癫痫发作，瞳孔固定扩大。因心动过缓，院方开展两次心肺复苏，但未能成功。由于感染性休克，F 于受照后第 38 d 晚上 19：38 死亡，心脏血培养肠球菌呈阳性。

（3）患者 G

废品站主人 G，女性，于 2000 年 2 月 17 日到曼谷总医院门诊就诊时，表现出虚弱、脱发、厌食和低白细胞计数等症状；骨髓穿刺结果显示全血细胞减少；活组织切片检查显示骨髓中的细胞较少；于 2000 年 2 月 20 日转院到拉贾维蒂医院，白细胞计数很低，血小板计数低于 20×10^9/L，注射 G-CSF（500 μg/d）。由于月经过多，采取输注血液、血小板和荷尔蒙治疗；当白细胞计数降至 0.1×10^9/L 时，将 G-CSF 剂量增加至 1 000 μg/d，并口服预防性抗生素环丙沙星（ciprofloxacin）1 g/d；白细胞计数仍然很低，使用 GM-CSF（300 μg/d）。2000 年 2 月 29 日开展外周血液细胞的染色体分析，未见细胞中期分裂。同日患者 G 发烧伴随着发抖，脸色苍白。因体检发现直肠壁存在疑似血肿现象，院方对患者 G 开展败血症评估；使用了浓集红细胞，血小板的单一供体和广谱抗生素——头孢他啶（ceftazidime）、奈替米星（netilmicin）、甲硝唑（metronidazole），GM-CSF 剂量增加至 600 μg/d（上限），G-CSF 剂量降低至 750 μg/d。患者

G白细胞和血小板开始慢慢恢复；2000年3月11日至14日，G-CSF和GM-CSF使用量逐渐减少；由于左上肺舌段的血培养呈阳性和肺炎，连续使用抗生素超过了两周；于2000年3月28日出院，每两周接受一次复诊。

（4）患者H

H于2000年2月17日入住曼谷总医院，鼻衄，腹痛，腹泻，口腔黏膜炎和唇炎；同日完成骨髓穿刺和活组织检查，结果显示患有严重的造血功能障碍；白细胞和血小板计数非常低，入院时开始使用G-CSF（300 μg/d）。2000年2月20日，在开展败血症评估后，使用抗生素头孢他啶（ceftazidime）和阿米卡星（amikacin）。2月20日，患者H转院到拉贾维蒂医院，表现出发烧，虚弱，脱发以及脸部和胸部皮肤灼伤症状；将G-CSF剂量增加至1000 μg/d，继续使用抗生素；2000年2月25日，诊断为丘疹性皮疹，带状疱疹在背部下部蔓延、扩大，腋下底部出现真菌感染；连续3 d使用抗病毒药物阿昔洛韦（zovirax），200 mg，6次/d，后减少到400 mg，2次/d，直到2000年3月17日；并连续3 d使用抗真菌药物（sporal，100 mg，2次/d），然后接受两性霉素B脂质体注射剂（ambisome）静脉注射2 d，100 mg/d，使用抗真菌药物作预防给药；持续低烧，后恶化为高烧40 ℃，高烧持续至3月中旬；尽管持续静脉注射GM-CSF（600 μg/d）和G-CSF，但白细胞计数并未得到改善（增加）。2000年3月18日，铁锈色痰；3月19日，胸痛；3月21日，呼吸急促，使用辅助呼吸机；2000年3月22日，呼吸更急促，粉红色的泡沫痰，归因于肺水肿；转移到重症监护病房，戴上呼吸机；2000年3月23日，氧气辅助呼吸使患者H生命得到维持，但不省人事，对口头指令无反应；血压下降，心率和呼吸频率增加；2000年3月24日10：30时（受照后第52 d），心跳停止，于10：50分宣布死亡。心脏血培养摩氏摩根菌呈阳性，左肺尸检培养嗜麦芽窄食单胞菌呈阳性。

（5）患者I

I曾在废品站工作，是患者G和H的女仆；患有恶心，呕吐，食欲减退和头痛症状，于2000年2月19日到北揽府医院就诊，于当天转院到拉贾维蒂医院，入院时患有脱发和轻微发烧症状；2月22日骨髓穿刺和活组织检查结果显示患有严重造血功能障碍；每天接受全血细胞检查以观察白细胞计数变化情况；尽可能快地增加G-CSF和GM-CSF剂量以达到白细胞计数增加的目的；2000年2月19日至23日使用G-CSF，250 μg/d，2月24日提高至500 μg/d；2月25日至3月17日提高至1 000 μg/d，直到停药；2月26日至3月5日，使用了300 μg/d的GM-CSF；3月6日至15日增至600 μg/d，3月16日停药；在2月29日开展染色体分析，未发现中、后期分裂；此外，2000年2月24日至3月16日，每天2次使用环丙沙星（ciprofloxacin）500 mg，作为中性粒细胞减少症患者的预防性抗生素；住院期间，由于上呼吸道感染引起了暂时低热；由于月经，接受了几个单位血小板和荷尔蒙治疗；于2000年3月25日出院，每两周开展一次复诊。

（6）患者J

J是G的母亲，于2000年2月22日入住北揽府医院；出现恶心、呕吐、虚弱和轻微发烧症状；白细胞计数很低；于2月25日转院到拉贾维蒂医院，没有任何特殊症状；

2000年2月29日开展的外周血的染色体研究显示复杂染色体异常，一些细胞具有环状染色体；2000年3月1日在骨髓抽检期间发现骨髓细胞轻度减少，以淋巴细胞为主，巨核细胞、红细胞和骨髓细胞略有减少；每天根据白细胞计数对G-CSF和GM-CSF剂量作出调整；从2月25日开始接受250 μg/d的G-CSF的治疗，3月2日和3日为500 μg/d，3月4日和5日为1 000 μg/d，3月6日和7日为500 μg/d，3月8号至18号又回到1 000 μg/d，3月19日和20日减至500 μg/d，3月21日至23日再减至250 μg/d，直至3月24日终止；2月26日至3月5日接受300 μg/d的GM-CSF治疗，3月6日至10日为600 μg/d，3月11日至18日为500 μg/d，3月19日和20日为300 μg/d，3月21日终止GM-CSF治疗；于2000年3月28日出院，每两周进行一次复诊。

5.3.4 染色体研究

2000年2月22日对患者E和F的骨髓染色体和骨髓穿刺涂片的研究显示无中期分裂。当天从患者I采集的骨髓样品显示，正常的雌性染色体（46，XX）仅有3个中期分裂。2000年2月29日从患者E-J抽取外周血样本。分析表明患者E-I的白细胞无中期分裂。因此，这些个体受照辐射剂量足以消退白细胞的生成。2000年3月1日，患者J受照后第4周，其骨髓显示复合染色体异常，呈现7种不同的图形，包括环状和双着丝粒染色体。3月14日采集了患者B-D的外周血样本。患者C和D呈现正常（46，XY）染色体组型，而患者B呈现8种不同的异常图样，包括三环染色体（受照后第6周）。部分细胞表现出不明显的染色体组型。外周血中显示的各种异常以及正常染色体组型可归因于严重的局部辐射损伤。尽管大多数血液或骨髓样品的培养淋巴细胞无中期分裂，但可检测到严重的染色体畸变（多环，双着丝粒）。若实验室已建立了体外校准曲线，则可对剂量进行生物学评估。

5.4 调查结果、结论与经验教训

IAEA对该事故开展调查的目的主要包括：查明事故原因；评价辐射事故应急响应的有效性；根据调查结果得出结论；吸取辐射事故经验教训。

5.4.1 辐射事故原因

泰国北揽府医用^{60}Co源辐射事故的原因如下：

1）泰国监管部门、含源医疗设备生产商与供应商在处置废弃放射源方面存在困难。

泰国当局对处于寿期末的放射源无明确、有效的报废、处理条文规定。原医用放射源生产商在该国终止提供含源医疗设施设备或售后服务后，不愿意回收已售出的放射源。当地含源医疗设备供应商（KSE公司）面临财务困难，更换设备时不愿或无资格接收、临时储存闲置、废弃的放射源。

2）泰国放射源监管部门的人力资源配备不足、工作量大限制了其对持有放射源单位开展监督检查和执法工作。

在 OAEP 的监督检查和执法工作不能有效开展的情况下，含源医疗设备持有单位（RT 医院）在未告知监管机构 OAEP 的情况下，转让了一枚废弃的放射源。KSE 公司未获得接收、临时储存放射源的行政许可，将放射源转运到无安全保卫措施的公共场所，为未经授权的废品收购员接触放射源提供了可能。放射源容器未曾贴有使用本地语言文字的电离辐射警告标志。废品收购员将含源医疗设备当做普通废金属进行拆解、转运、出售。

5.4.2　营运机构

1）持（放射源）许可证的 RT 医院在更换远距离治疗设备时，无合适场所存放该设备；未按规定将已处于长期闲置、废弃状态的放射源返回给制造商。

2）KSE 公司未获得 OAEP 授权许可，持有放射源；未制定对废弃源及时处理的合规方案。

5.4.3　泰国当局

1）泰国现有国家辐射安全法律法规，自颁布以来未作重大修改或更新，若能坚决贯彻和充分执行，足以对经授权的放射源生产、销售、使用、运输、贮存、处置法人（简称授权法人）进行控制、监督和管理。

2）泰国辐射安全法律法规，对授权法人的职责和义务方面缺乏明确的规定条款。监管当局需要制定和颁布合法、妥善处置，处于寿期末的废弃放射源许可制度，以确保放射源在整个寿期中监管和控制的连续性[13]。

3）泰国当局未向授权法人提供放射源长期贮存或处置废弃的明确法律条文规定，也未与授权法人针对废弃放射源的处置开展交流和沟通。

4）辐射事故发生时，泰国的放射源台账记录不完整。授权法人需建立本单位的放射源明细台账，做到账物相符。泰国监管部门需在其职责和权限内建立、保存经授权法人的放射源台账记录；充分借鉴和参考《IAEA 安全标准——保护人类与环境（放射源分类安全导则 RS-G-1.9）》开展放射源的分类工作[14]。

5）泰国监管当局人员编制的不足，难以使其对放射源持有单位开展必要的例行年度安全检查，以及对已发现的辐射安全隐患开展严格的限期整改和充分的后续督查工作。

6）废品站未能检测、发现放射源的存在。废品站工人采取破拆方法可能破坏密封放射源的完整性，或将放射源转移到金属冶炼、加工处理设施。泰国当局需制定检测和处理“无主源”的规定。放射源经销商，废品收购工、处理商，出口商、海关人员和边境警察在工作期间可能受到意外照射，因此，需为此类工作人员开展电离辐射安全与防护知识的培训，提供适当的信息和指导。

7）此次辐射事故与 1998 年 12 月至 1999 年 1 月，土耳其伊斯坦布尔发生的^{60}Co治疗设备辐射事件存在很多相似之处[15]。若认真吸取了伊斯坦布尔^{60}Co治疗设备辐射事故的经验教训，则可避免泰国北揽医用^{60}CO治疗设备事故的发生。泰国当局应利用媒体广泛宣传有关辐射事故的信息，经验教训，以防止将来类似辐射事故的发生。

8）泰国当局根据IAEA辐射应急响应文件（IAEA-TECDOC-953和IAEA-TECDOC-1162）的要求已制订了科学、有效的国家应急计划，用于处理辐射应急情况。应急计划涉及警察、消防队、公共卫生部等当地应急服务机构[16-17]。

9）泰国应急响应小组在回收放射源中的协调工作包括：与地方当局协调，使公众认识到严重电离辐射的危害，使局面得到控制；与监管当局、地方公共卫生办公室、当地消防队和省民防事务部之间的协调合作，快速为辐射应急响应提供了必要的人员、工具和设备，以便立即采取行动；与事故发生地的地方当局之间进行协调和合作，组建一支准备充分、训练有素、装备精良的医疗救援和回收放射源队伍。

10）组建回收放射源应急响应小组的准备工作主要包括：召集具有“处理高剂量水平辐射场和控制已知污染源”的丰富操作经验和资格的工作人员；使用录像技术协助辐射事故专家研判、分析事故情况；对应急响应人员开展培训和回收放射源演练；制定回收放射源方案。

11）泰国应急小组对回收放射源的措施和方法进行创新，以实现在复杂地点快速回收放射源。主要包括：夜间使用荧光屏精确定位放射源位置；采用轻竹竿代替沉重的金属杆快速移动和筛选金属废料；在应急响应和回收放射源过程中使用较厚的铅屏蔽层，以减少工作人员受照剂量。

12）公众对辐射事故的关注和误解主要为：泰国应急响应小组未认识到电离辐射危害的严重性；小组成员不专业，缺乏必要的训练；辐射事故受害者的尸体具有“放射性”。泰国监管当局应通过定期举行新闻发布会，向新闻媒体介绍辐射事故应急进展的方式，与新闻媒体进行充分、有效的沟通，加强电离辐射安全的宣传和科普，让公众清楚和有效地理解辐射事故信息。

13）新闻媒体记者干扰、妨碍了放射源回收工作的开展。在应急响应和回收放射源的情况下，需指定唯一的新闻媒体联络点，以防止记者从多个来源获取信息时产生误解和混淆。

5.4.4 国际合作

1）泰国向IAEA通报了辐射事故情况，并以《核事故或辐射应急援助公约》的签署国名义请求援助，并提交了其他报告。

2）IAEA在《援助公约》框架内，应会员国要求向其提供援助，以应对辐射应急情况，并尽快获悉辐射事故情况。建议使用放射源的所有国家政府加入“及早通报核事故公约”以及“核事故与辐射紧急情况援助公约”签署国。

3）IAEA协助泰国当局做好了本次辐射事故放射源和医疗管理的全面记录。泰国当局与IAEA、其他国家一起分享了本次辐射事故报告的资料，以防止今后此类事故的发生或减轻事故后果。

4）源容器上的“三叶草型”电离辐射符号未能传达潜在的电离辐射危害。接近源容器的人不了解在现场的电离辐射警告标志和警告标签。有必要对三叶形“三叶草型”

的电离辐射符号的有用性开展国际审查，并需要为第Ⅰ类或第Ⅱ类放射源提供更直观、易懂的警告标志。警示语除了符号之外，还需要用当地语言文字来表达，以便于当地公众和工人理解。

5.4.5 含源医疗设备供应商

1）因难以获得放射源或含源医疗设备的类型、形状和尺寸的信息，增加了在大量废金属中寻找一枚体积较小的丢失放射源的难度。此信息，有助于应急响应人员识别放射源，以便及时开展搜索和回收放射源的工作。IAEA 在会员国、放射源制造商和供应商的协助下，正在编制一份放射源的简要介绍，旨在提供有关放射源制造商、放射源实物尺寸大小、制作材料和活度范围、生产年份及其销售、使用分布情况等信息[18]。

2）利用相对简单的工具，可轻易拆除用于远距离治疗设备的外壳，使个人受到放射源产生的高剂量水平电离辐射场的照射。在设计、建造用于远距离治疗放射源包壳的运输容器过程中，采取的纵深防御原则和工程控制措施，有助于防止未经授权、擅自拆除屏蔽层，提取放射源或受放射源照射。

3）没有将废弃放射源退还给不同设备制造商的法律条文规定。在含源医疗设备制造商和供应商的合作方面，国家监管部门要保障将废弃放射源安全返回给原设备制造商或不同设备制造商的选择权[19]。

5.4.6 医学界

1）泰国北揽府辐射事故受患者向医院和门诊部就诊时，院方最初并未将患者的腹泻、恶心和呕吐症状诊断为受电离辐射照射的症状。医生需要接受电离辐射损伤诊断与治疗知识的培训，了解急性放射病的体征和基本临床症状，包括全身和局部照射，以及可产生此影响的放射源类型[20]。IAEA 与世界卫生组织合作，印发了一张海报和一张宣传单，上面印有“如何识别，并初步应对意外电离辐射伤害”，旨在告知医生如何从患者体征和临床症状识别出电离辐射损伤。

2）泰国未建立设施齐全、条件有保障的实验室，用来开展生物剂量测定工作，以评估辐射事故中个体所受照辐射剂量的范围。因此，需建立细胞遗传学实验室作为国家级生物剂量学实验室，以便在发生严重辐射事故时承担生物剂量的测定工作。该实验室需为最常见的引起超剂量急性照射的 ^{60}Co 、^{192}Ir 和 ^{137}Cs 等放射源，建立校准曲线[21]。

3）采用合适、充分、有保障的医疗救助和护理，血小板输注和白细胞谱系刺激（G-CSF 和 GM-CSF）等治疗措施，使许多辐射事故受害者的血小板和白细胞计数恢复到安全水平。本次辐射事故的临床治疗进展证明，因全身受几 Gy 照射造成严重的造血综合征，无开展骨髓移植的必要。

4）尽管治疗电离辐射损伤专科医院尽力提供了所有可用的治疗措施，但 3 名受照者在 2 个月内死于感染性并发症。若医师判断患者疑似受到全身的严重外照射，需立刻对患者进行保护性隔离，并使用抗病毒、抗菌和抗真菌药物。

参考文献

[1] Wikipedia. Cobalt-60 [EB/OL] . California, U. S. A: Wikipedia. 2018-07-22 [2018-08-15] . https: //en. wikipedia. org/wiki/Cobalt-60.

[2] Radiology Oncology Systems, Inc. Cobalt-60 System Removals [EB/OL] . California, U. S. A: Radiology Oncology Systems, Inc. 2018-01-12 [2018-08-15] . https: //www. oncologysystems. com/services/cobalt-60-system-removals. php.

[3] Health-tourism. Radiotherapy in Thailand [EB/OL] . California, U. S. A: Health-tourism. 2018-05-19 [2018-08-15] . https: //www. health-tourism. com/radiotherapy/thailand/.

[4] Nanthavan Ya-anant, Kanokrat Tiyapun, Kittiphong Saiyut. Radiological accident and incident in Thailand: lesson to be learned [J] . Radiation Protection Dosimetry, 2011, 146 (3): 111-114.

[5] IAEA. The Radiological Accident in Samut Prakarn [R] . Vienna: International Atomic Energy Agency, 2002.

[6] OAEP. Thailand Office of Atomic Energy for Peace [EB/OL] . Office of Atoms for Peace, Thailand: Thailand Office of Atomic Energy for Peace. 2016-09-26 [2018-08-15] . http: //www. oap. go. th/en/about-us .

[7] Wikipedia. Samut Prakan radiation accident [EB/OL] . California, U. S. A: Wikipedia. 2018-07-19 [2018-08-15] . https: //en. wikipedia. org/wiki/Samut _ Prakan _ radiation _ accident.

[8] Nordion (Canada) Inc. Environmental Health & Safety [EB/OL] . Ottawa, Canada: Nordion (Canada) Inc. 2018-05-02 [2018-08-15] . https: //www. nordion. com/social-responsibility/environmental-health-safety/.

[9] IAEA. Categorization of radioactive sources (IAEA-TECDOC-1344) [R] . Vienna: International Atomic Energy Agency, 2003.

[10] Wikipedia. Diagram of a generic teletherapy source unit. [EB/OL] . California, U. S. A: Wikipedia. 2018-07-19 [2018-08-15] . https: //en. wikipedia. org/wiki/Samut _ Prakan _ radiation _ accident#/media/File: Teletherapy _ Capsule. jpg.

[11] T. Thongpraparn, P. Chaudakshetrin, P. Buranapong. Lesson learned from ^{60}Co accident in Thailand [J] . Australasian Physical & Engineering Sciences in Medicine, 2002, 25 (4): 172-174.

[12] Jean-Claude Nénot. Radiation accidents over the last 60 years [J] . Journal of Radiological Protection, 2009, 29 (3): 301-320.

[13] IAEA. DISPOSAL OPTIONS FOR DISUSED RADIOACTIVE SOURCES (TECHNICAL REPORTS SERIES No. 436) [R] . Vienna: International Atomic Energy Agency, 2013.

[14] IAEA. CATEGORIZATION OF RADIOACTIVE SOURCES (Safety Guide No. RS-G-1. 9) [R] . Vienna: International Atomic Energy Agency, 2005.

[15] IAEA. The Radiological Accident in Istanbul [R] . Vienna: International Atomic Energy Agency, 2000.

[16] IAEA. Method lor the development of emergency response preparedness for nuclear or radiological accidents (IAEA-TECDOC-953) [R] . Vienna: International Atomic Energy Agency, 1997.

[17] IAEA. Generic procedures for assessment and response during a radiological emergency (IAEA-TECDOC-1162) [R] . Vienna: International Atomic Energy Agency, 2000.

[18] IAEA. sealed radioactive sources (Information, resources, and advice for key groups about preventing the loss of control over sealed radioactive sources) [R] . Vienna: International Atomic Energy Agency, 2013.

[19] IAEA. Management of spent high activity radioactive sources (SHARS) (IAEA-TECDOC-1301) . [R] . Vienna: International Atomic Energy Agency, 2002.

[20] 李小华，李俊杰，陈维，等. 2000年泰国北揽府医用^{60}Co源辐射事故介绍 [J] . 核安全，2018，17 (5) : 80-94.

[21] Khaled Al-HadyanSara ElewisyBelal Moftah, et al. Establishing cytogenetic biodosimetry laboratory in Saudi Arabia and producing preliminary calibration curve of dicentric chromosomes as biomarker for medical dose estimation in response to radiation emergencies [J] . Journal of Radiological Protection, 2014, 4 (6): 635-345.

第 6 章

2001 年波兰医用电子加速器辐射事故概况与分析

2001 年 2 月 27 日，波兰比亚韦斯托克肿瘤中心（Bialystok Oncology Centre，BOC）发生了一起超剂量照射辐射事故[1]。5 名手术后接受放射治疗的患者受到超剂量照射。在患者接受放射治疗期间，因电力短暂停止供应，导致一台波兰国内生产的 NEPTUN10P 型直线加速器自动停机。恢复电力供应后，加速器控制系统检查完毕重新启动。在停电时接受放射治疗的 5 名患者重新接受了治疗。

因 2 名患者在照射期间出现瘙痒和烧灼感，BOC 工作人员停止了进一步的放射治疗。随后的剂量测定结果表明：该加速器的剂量输出明显高于预期值。进一步的检查结果显示：加速器的剂量监测系统运行异常，安全联锁系统的一个电子元件 D29 二极管损坏[2]。

随后，5 名患者均出现不同程度的局部皮肤反应。应波兰卫生部的要求，国际原子能机构组建了 2 个援助专家小组，对每位患者开展医学评估，针对未来的治疗提出建议，并通过重建加速器故障情况来评估患者受照的辐射剂量，检查治疗记录和进行物理测量。

6.1 辐射事故背景

6.1.1 波兰比亚韦斯托克肿瘤中心

BOC 是波兰 21 个拥有放射治疗设施的医疗机构之一；服务于波兰东北部的波德拉斯基地区（Podlaskie Voivodship），人口约 130 万，邻近的米德尔堡地区（Mazursko-Warmiskie Voivodship），人口约 30 万；2001 年为 44 640 名肿瘤患者提供医疗咨询和 5 894名患者提供住院治疗服务；是波兰典型的区域中心，医疗设备和医务人员配备齐全；治疗的患者数量（放射治疗患者/MV）均在波兰平均水平之内；设有放射治疗部门，每年为 1 000 多名患者提供远距离放射治疗机，为 200 多名患者提供妇科近距离放射治疗，详细情况见表 6-1。该中心有 3 台远程治疗机：①一台 COLINE 型 4 MV 光子加速器，由波兰艾普机泽达公司（IPJ-ZdAJ，Swierk，Poland）制造，于 1998 年安装。②一台 NEPTUN10P 型 10 MV 直线加速器，由波兰艾普机泽达公司制造，取代 2001 年发生辐射事故的加速器，可输出 9 MV 光子束和 6、8、10 MeV 电子束。③一台

1000E型^{60}Co远距离放射治疗机，由加拿大史若强克公司（Theratronics）制造，于1998年安装[3]。放射治疗部于1998年购买并安装了波兰艾普机泽达公司制造的SIMAX模拟器。事发当时BOC并无CT扫描装置，但每周4 d可在另外2家比亚韦斯托克的医院中使用2台CT。

表6-1 BOC每年接受放射治疗患者的数量（数据来自文献［1］）

年份	远距离治疗/人	近距离治疗/人
1999	907	276
2000	1 242	205
2001	1 124	207

BOC还配备两种近距离治疗装置：SELECTRON型^{137}Cs中剂量率（medium-dose rate，MDR）近距离治疗装置和GAMMAMED型12i高剂量率（high-dose rate，HDR）近距离治疗装置。每年每兆伏电压治疗单位的平均患者人数位于455至500之间；低于全国平均水平560。每天使用NEPTUN10P型加速器治疗的患者人数约为40。治愈性治疗与姑息性治疗的比例约为2∶1。目前BOC拥有25名放射肿瘤物理师，其中12名获得了放射物理学第一专业学位，13名获得了放射物理学第二专业学位。BOC通过轮班方式确保放射肿瘤物理师每天24 h在岗，5 h为一班；安排远距离治疗患者轮班接受照射，将治疗安排在07：30至18：00之间进行。

BOC为每台照射装置配备了2名放射治疗技师。放射肿瘤学专家和物理师在第一部分放射治疗期间以及在治疗过程中改变照射计划时，均在工作现场。放射治疗部的模具室，为大多数治愈性治疗患者准备了单独的屏蔽块。治疗方案遵循波兰参考中心——华沙肿瘤中心（肿瘤中心）的治疗方案。BOC医学物理系的监测设备齐全，配有3个放射治疗剂量计：①2个由西门子公司1970年制造的电离室，仅用于相对测量；②6个由波兰核工业企业公司1985年制造的IONEX型2500/3电离室；③3个由PTW制造的UNIDOS型电离室（1999年购置）。IONEX和UNIDOS型静电计和电离室具有波兰国家二级标准剂量学实验室（Polish Secondary Standard Dosimetry Laboratory，SSDL）颁发的有效校准证书[4]。医学物理部拥有1998年购置的WP700型水体模型系统。该系统由斯肯迪琼克思公司（Scanditronix）制造，配有IC-70电离室和2个半导体探测器。

BOC使用多种治疗计划系统：①1989年购买的西门子公司治疗计划系统MEVAPLAN；②1998年购买的加拿大治疗计划系统THERAPLANPlus（Theratronics）；③1998年购买的波兰二维治疗系统ALFRAD；④2000年购买的近距离放射治疗系统ABACUS（GAMMAMED）。医学物理系的工作人员包括6名医疗物理师和2名为放射治疗设备提供维护服务的工程师。其中2名物理师具有波兰监管机构国家原子能机构（National Atomic Energy Agency of Poland，NAEA）颁发的资格证书，担任单位辐射安全与防护负责人。

6.1.2 本次辐射事故中涉及的临床医用电子加速器

本次辐射事故中的NEPTUN10P型加速器是法国NEPTUNE加速器的波兰版；获

得了法国设计师和制造商的许可，由波兰艾普机泽达公司制造。虽然法国 NEPTUNE 型加速器已不再生产和销售，但许多此类型的加速器仍在很多国家为患者提供放射治疗服务。

电子加速器主要包括：电子枪、加速结构、束流导向与聚焦系统、束流输运分析系统和高频功能源或高压电源 5 个基本部分[5]。电子加速器的基本结构示意图如图 6-1 所示。

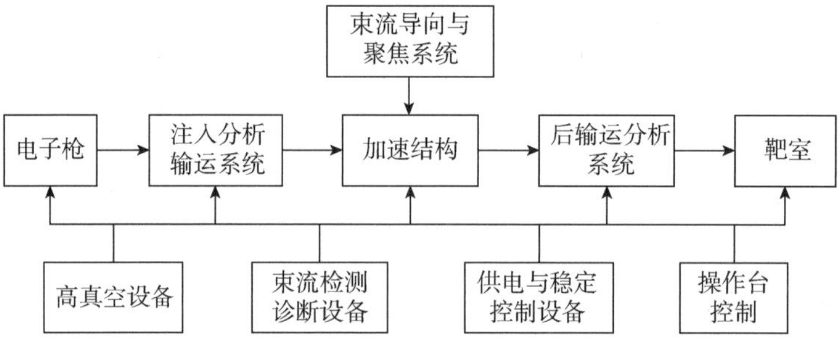

图 6-1 电子加速器的基本结构

IAEA 援助小组获悉：BOC 除了更换了一些具有类似特性的部件外，未对波兰版 NEPTUN 型加速器的设计、控制系统和安全电路进行修改，使用完全相同的原理图。NEPTUN10P 型加速器能够提供 6、8 和 10 MeV 的电子束，以及 9 MeV 的光子束。

1. 产生较高电流的可能性

设计产生电子束和光子束的加速器，具有在加速导管中产生电流的能力。为了产生光子束，在产生 X 射线的过程中，撞击 X 射线靶上的电子电流损失了大量能量，因此该电流远高于用于产生电子束操作模式的电流。在用于平坦 X 射线束轮廓的滤波器中，为了进一步减小光束强度，并补偿这些损耗，即获得与电子束类似剂量率的光子束，电子流可以高 3 个数量级。

由于电子以脉冲形式加速，通过增加脉冲频率和脉冲电流可以获得增加的平均电流。在 NEPTUN10P 型加速器中，光子束流工作模式的脉冲频率增加了 3 倍，即平均电流增加 3 个数量级，需要将脉冲电流增加 300 倍以上。换句话说，加速器设计成产生光子束流的脉冲电流比产生相同剂量率电子束流的脉冲电流高 300 倍。

2. 剂量监测系统及其电源供应

与电子加速器一样，NEPTUN10P 型加速器的束流由两个输运室监测。输运室设置于束流出口处的辐射头中，确保准确和安全地输送剂量。监测室向束流稳定系统提供电信号，以控制光束平坦度和对称性，并控制剂量率。电信号与剂量率成正比，并且当与时间积分时，与剂量成正比。医院通过建立传输室的监测单位（monitor units，MU）与参考点灰度的比率，并根据外部参考电离室校准医院电离室[6]。

放射治疗处方剂量（MU）在固定源皮距（source surface distance，SSD）照射的情况下可用公式（6-1）计算[7]。

$$MU=\frac{D_{\mathrm{d}}\times 100}{\mathrm{PDD}\ (\mathrm{TMR})\ \times S_{\mathrm{C}}\ (r_{\mathrm{c}})\ \times S_{\mathrm{p}}\ (r_{\mathrm{d}}\text{或}r)\ \times K_{\mathrm{C}}\times f_{\mathrm{SSD}}\ (f_{\mathrm{SAD}})} \tag{6-1}$$

式中：D_d是靶区剂量；PDD，TMR分别是靶区深度处百分深度剂量和组织剂量比；S_P，S_C分别为体模和准直器的散射因子；K_C为楔形因子与挡块托架因子的乘积；f_{SSD}（f_{SAD}）为治疗机剂量刻度因子。故其值主要与源皮距SSD和射野面积有关，在源皮距SSD为100 cm，射野面积为100 cm^2时，1 MU=1 cGy=10^{-2}Gy。

剂量率信号反馈到控制电路，该控制电路确保实际剂量率与预选值（标称值）匹配。对于NEPTUN10P型加速器可选择5种不同的剂量率值。此外，将2个电离室均分成2个相等的扇区，并且通过比较它们的信号，以校正和控制束流的对称性。两个输送室所需的高压由单个电源（+ 300 V）提供。电源通过保险丝接收其连接交流电源。这些设计在本次活动的发展中起到关键作用。

3. 国际电工委员会对加速器的安全要求

国际电工委员会（International Electrotechnical Commission，IEC）的标准对此事件中加速器的安全要求可归纳如下：

1）剂量监测系统。①应由2个监测系统以主要、次要组合或冗余组合1排列；②一剂量监测系统的故障不应影响另一剂量监测系统的正常功能；③导致任一系统响应超过5%的故障都应终止辐射；④当使用单独电源时，任何一个电源故障都应终止辐射[8]。

2）剂量率控制。若在故障条件下，设备能够在正常治疗距离超过技术规程规定的最大值10倍的情况下提供吸收剂量率，则应使用独立于剂量率监测系统电路的辐射束监测装置。该装置应安装在辐射束分配系统的患者一侧，并将辐射场中任一点的超剂量吸收剂量限制在4 Gy以下。IEC标准规定“在能够产生X射线和电子束的设备中，终止辐射需在产生下一个辐射脉冲之前完成 ”。

3）计时控制器。应提供一个计时控制器和实现控制计时器的方法，以将计时器设置在不大于预定MU数的120%时间或0.1 min。以较大者为准，计算该组剂量和预期剂量率。

4）安全联锁的设计。设备的设计和制造应满足在单一故障条件下，不存在安全隐患的要求。

在NEPTUNE和NEPTUN10P型加速器的设计完成时，IEC并未颁布上述标准。

4. 相关联锁及其失效后果

NEPTUN10P型加速器需要遵循启动程序才能启动照射过程[9]。该过程需要按顺序按下一系列按键启动检查和控制功能。必须完成启动检查和控制功能才能进入下一步。绿灯表示每个阶段的完成情况良好。

控制面板的一按键可启动剂量监测系统的检查。检查参数包括为剂量监测系统电路提供的电压。若此键不能正常工作，则向联锁装置发出信号，阻止调制器、磁控管和电子枪的工作，从而阻止辐射束的产生[10]。信号通过D29二极管传输到联锁系统。当剂量监测系统正常工作时，不触发联锁信号，亮绿灯，允许进入操作规程中的下一步骤。

由于剂量监测系统的输入电压由传输室的电源提供，因此该测试还用于验证是否存在高压（通过降压器将电源电压+300V降至1%），即将3 V电源用于测试的剂量监测系统。在D29二极管“断开”的情况下，电路变为“断开”，并且指示束流监测系统故障的信号未能传输到联锁系统。剂量监测系统的测试对于D29二极管的断开是无效的，因为尽管该二极管断开，绿灯仍亮。D29 二极管的功能如图 6-2 所示。因此，即使剂量监测系统不工作，启动程序也可进行照射。

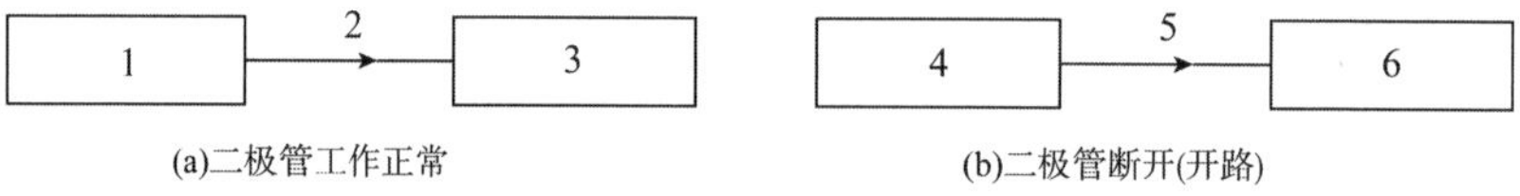

图 6-2　D29 二极管的功能

1—束流监测系统故障信号；2—信号通过二极管传输；3—联锁装置激活，阻止照射；
4—束流监测系统故障信号；5—二极管发生故障（开路），信号未传输；6—联锁装置未激活；未能阻止照射

5. 电子枪电流的控制与限制

来自剂量监测系统的信号通过比较电路对电子枪进行控制，如图 6-3 所示。此电路将一个与实际剂量率成正比的信号和一个与预先选择的剂量率（即标称值）成正比的恒定电压进行比较。由于变压器与电子枪的灯丝相连，当剂量率高于标称值时，加速器通过控制变压器初级电流来减小电子枪灯丝电流。反之亦然。

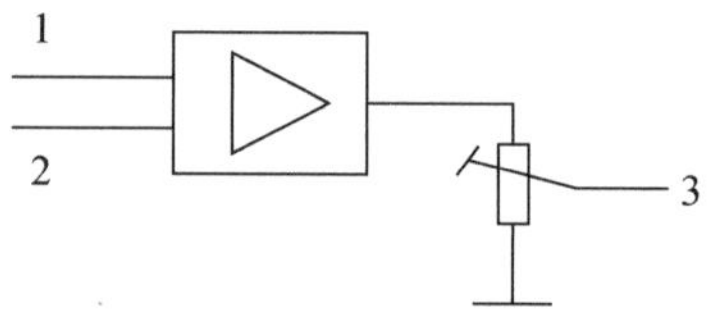

图 6-3　利用电位计限制灯丝电流

1—来自预选剂量率的信号；2—来自监测室的信号（实际的剂量率）；3—控制灯丝电流

电流控制电路具有一个附加的功能，与此事件最为相关，对电子枪的灯丝电流设置一个限值；通过限制控制灯丝电流信号的电压来实现对电流的限制。例如，当使用能量为 8 MeV 的电子束时，灯丝电流的正常值约为 1.10 A，电流限值的设置可略高于正常值，例如 1.12 A。这对电子枪电流增加了限制，即在控制系统发生故障的情况下，电子枪可以将电流提高到一个更高的值。

6.1.3　质量保证（QA）与放射治疗部门近期剂量测定的历史

波兰 BOC 放射治疗单位的质量保证体系遵循了 SSDL 编制和出版的关于兆伏加速器的国家标准。该标准明确要求每天、每周、每月、每季度都对医用电子加速器进行检查；与 IEC、欧洲放射肿瘤治疗学会（European Society of Therapeutic Radiation Oncology，ESTRO）和 IAEA 提出的国际标准一致。BOC 正在尽一切努力遵循放射治疗领域的国家级质量保证标准。自 1991 年以来，BOC 参加了由 SSDL 外部审计小组组织的全国热释光剂量计（thermo luminescent dosimetry，TLD）审计会议。SSDL 与 IAEA、世界卫生组织二级标准剂量实验室的网络相连，其测量方法遵循 IAEA 的标准。表 6-2 列出了 BOC 提供的剂量与 SSDL 测量剂量之间的偏差。只有一种情况的偏差超出了 5%的可接受限值，并且已经阐明了其原因。

表 6-2 BOC 提供的剂量与 SSDL 测量剂量之间的偏差（数据来自文献［1］） 单位：%

年份	^{60}Co	直线光子加速器	直线电子加速器
1991	−0.7	−6.4	−2.1
1994	1.6	0.9	
1999	−1.3		
2000		−2.9	

BOC 的治疗计划程序由波兰国家外部审计小组利用一个人体模型于 2001 年通过现场测量开展验证。测量结果在参考值的 3%以内。

6.1.4 波兰电离辐射安全监管

NAEA 是由波兰议会 1986 年 4 月 10 日颁布的《原子能法》（AEA86）授权的政府机构；负责制定核设施、放射源、核技术利用装置的辐射防护法律法规；负责通过对核设施、放射源、核技术利用装置单位颁发执照、许可证和登记等方式批准活动，并开展现场监督检查和执法工作。

根据 AEA86 第 13.2 条和 1988 年 5 月 21 日关于 NAEA 主任权限的规定，经过波兰卫生部同意，NAEA 主任有权确定辐射危害的剂量限值和指标，为医用电子加速器设定可接受的电离辐射水平。对于涉及电离辐射实践的活动，NAEA 主任发出授权许可；规定了执行电离辐射医学实践的具体条款和条件；进行检查以确保辐射实践遵守法律法规（AEA86 第 22.1 条）。卫生部负责通过制定法规（AEA86 第 13.1 条）为医疗电离辐射应用和实践提供保障。管电压在 300 kV 以下的 X 射线机属于波兰卫生部和卫生检疫部的管辖范围（AEA86 第 22.2、22.3、33.4 条）。

1986 年《原子能法》（AEA86）已经修订了好几次。新原子能法（AEA2000）于 2000 年 11 月 29 日由议会审议通过。自 2002 年 1 月 1 日起生效。新法案和旧法案一样，赋予 NAEA 充分的权力，使其作为辐射防护和核安全领域的独立国家监管机构来履行职责，其中还包括对电离辐射技术和医疗实践、行政管理方面的管理和控制。AEA2000 第 4 条涵盖了所有涉及工作人员或公众的电离辐射实践活动：①含放射源设备的制造、安装、使用、维护和贸易。②产生电离辐射设备的制造、购买、调试和使用。对于使用电离辐射源（含 X 射线机）实验室的调试，根据 AEA2000 第 5.2 条规定，此类实验室及化验室须由 NAEA 主任发出授权许可或执照，并接受国家 NAEA 工作人员的检查。可从此项规定豁免的是：①额定电压在 300 kV 以下医用 X 射线机，此类设备由卫生部和省卫生厅开展监管。②根据 AEA2000 第 5.3 条，国防部实体组织由军事卫生检查员控制和管理。根据 AEA2000（第 10 条）规定，对于涉及电离辐射诊断或治疗的医疗程序，其带来的益处必须超过可能对健康产生的危害。

1. 医疗照射的管理和控制

卫生部负责对医疗照射进行管理和控制。AEA2000 第 15.3 条规定，卫生部应制定法规并规定出于医疗目的使用电离辐射的安全标准和控制遵守标准的规程。卫生部在发布法规时，有义务考虑那些自愿帮助、支持和安慰正在接受医疗照射患者的陪同或照料人员的剂量限制和优化原则。特殊规定适用于接受检查和治疗的儿童、孕妇和哺乳期妇女的医疗照射。在事故预防方面，也特别考虑用于X射线诊断程序、核医学和放射治疗的质量保证系统。当患者受照剂量远远超过指导水平的剂量，或发生医疗照射意外事故时，必须开展调查。

2. 波兰当局在BOC辐射事故后采取的措施

2001年3月，波兰放射肿瘤学学会（Polish Society for Radiation Oncology，PSRO）质量保证部门为波兰所有放射治疗部门的代表举办了一次专题讨论会。在会议上，提出了基于国际认可的体外放射治疗建议的质量保证规程。波兰所有癌症中心都收到了该放射治疗规程。

根据卫生部指令，国家放射治疗顾问、卫生部顾问，编写了波兰放射治疗现状报告和2010年对放射治疗基础设施、设备的升级和更换、癌症中心需求以及工作人员教学和培训的发展规划。2002年，卫生部部长组建了一个由NAEA成员组成的专家委员会，该委员会负责执行关于防止个人受到与医疗照射相关的电离辐射危害的健康保护规程《欧洲原子指导规程97/43》[11]。委员会制定了“关于出于医疗目的安全使用电离辐射的条件和内部控制遵守本条例各项规定的方式”的条例。该条例于12月24日由卫生部部长批准，并于2002年12月31日在官方公报上公布（NR. 241第2098项）。该条例适用于所有出于医疗目的使用电离辐射源与射线装置的机构；包括了与核装置、放射源的辐射防护有关的规定和要求；授权监管机构批准涉及电离辐射实践的活动，并开展监督检查和执法；规定了医用电离辐射应用技术和行政方面的内容。欧洲放射肿瘤治疗学会（European Society of Therapeutic Radiation Oncology，ESTRO）的建议详细地说明了对设备的最低要求。质量保证规程以及内部和外部审核具有强制性作用。第241号条例明确规定NAEA、卫生检查计划和国家放射治疗顾问的责任和权限。

6.2 超剂量辐射事故

6.2.1 辐射事故过程

2001年2月27日，一台BOC用于放射治疗的NEPTUN 10P型直线加速器在突然断电后发生故障。在乳腺癌手术后，手术创口正在接受电子束照射的5名患者受到了超剂量照射。用8 MeV电子束照射规定的照射剂量为2～2.5 Gy/次。当患者A在治疗床上接受治疗时，由于停电导致加速器关闭，只接受了规定的155 MU中的5 MU，相当于规定治疗剂量2.5 Gy中的0.08 Gy的照射。

操作这台加速器的辐射技术专家联系了首席物理师。物理师重新启动了加速器，预热至少5 min；检查了加速器的控制装置，包括电源面板的电压，发现运行正常。NEPTUN10P型加速器的用户手册要求：在加速器系统故障引起加速器紧急关闭后，要进行包括输出测量在内的详细加速器检查，但因断电引起设备关闭的情况未列入本手册的紧急停机列表中。以前已经发生了很多次因断电而导致的设备停机。医院的交流电源电压非常不稳定，有时一天会发生2次停电。据辐射技术专家以前的停电经验，加速器在恢复运行后，束流参数无任何变化。预热结束后，患者继续用剩余的150 MU进行治疗。加速器控制台的模拟剂量率指示器显示在100 MU/min左右，而不是通常的290～300 MU/min。MU计数器工作缓慢，与加速器控制台的低剂量率指示相对应。物理师将控制台上辅助定时器的时间从1.3 min调整到1.5 min（150 MU/（100 MU/min）＝1.5 min)，以便完成治疗。

在患者A治疗结束时，辐射技术专家观察到NEPTUN 10P的控制台显示的辐射场不对称，并对其进行了调整。当患者B正在接受治疗，由于紧急情况，物理师应同事要求，来到体模室。之后接受治疗的3名患者（患者C、D和E）均存在异常的皮肤反应。患者D在治疗过程中出现异常感觉，患者C在治疗后反映在受照区域出现瘙痒和灼烧感。患者E接受治疗后，值班的放射肿瘤医师对3名患者进行了检查，观察到患者E的放射反应不是由治疗过程中规定接受的几个Gy的剂量引起的。物理师与首席放射肿瘤医师讨论了这个问题，并停止使用这台加速器做进一步治疗。

6.2.2 问题的发现

由于这台加速器运行异常，物理师团队对临床使用加速器的辐射束，即8 MeV、10 MeV电子和9 MV光子，进行了输出剂量测量。最初，使用一个开展定期质量控制测量的老式西门子剂量计进行输出剂量测量。其读数超出了300 MU的标准，这是在参考条件下，水体模进行输出测量通常预设的MU数。随后使用了由NE2581电离室和2500/3 AIONEX型静电计组成的局部剂量监测系统开展测量。同样，首次读数也超出了300 MU的标准。在低MU设置（8MeV电子为25 MU，10MeV电子为50 MU，光子为100 MU）和未对较低的离子收集效率和MU计数器的非线性进行校准的情况下，剂量率是8 MeV电子束产生正常剂量率的37倍，比10 MeV电子束产生的剂量率高17倍，比9 MV X射线剂量率高3.5倍。对于每一种束流，各个测量值大约在10%范围内波动。物理师观察到加速器模拟显示器上电子枪灯丝电流的增加：对于8 MeV电子，灯丝电流是1.46 A而不是1.20 A，对于10 MeV电子，灯丝电流是1.20 A而不是1.00 A，而对于9 MV光子束，灯丝电流是1.60 A而不是1.50 A。首席物理师将所测得的剂量告知了加速器制造商和销售商（售后服务）并请求帮助。

在事故后第二天，即2月28日，BOC工程师对加速器进行了检查，发现了一根损坏的保险丝将交流电压电源连接到加速器剂量监测系统的直流电源面板，并且加速器安全联锁系统中的D29二极管处于断路。更换故障部件后，加速器“恢复正常”。物理师对光子束和电子束的特性进行了基本参数的测量，例如百分深度剂量，束流剖面和输出剂量。尽管8 MeV电子束的能量略低，但所有束流的结果均接近正常值。首席物理师向医院院长报告了事发当天（2月27日）测量加速器的异常输出值，并启动了通知监管机构辐射源控制办公室应急响应部门的程序。根据提供给IAEA援助小组的信息，2月27日在BOC开展的剂量测量的可靠性受到了制造商的质疑。制造商表示NEP-

TUN10P 型加速器的构造可防止其产生事故当天所测量的高剂量率。

6.3 辐射事故的响应

6.3.1 发现故障时采取的行动

2001 年 3 月 2 日获悉事故后，NAEA 应急小组责令 BOC 立即停止 NEPTUN 10P 型直线加速器的使用，直到查清事故原因和落实整改措施为止；要求 BOC 对事故后果进行分析，加速器制造商的维修人员对加速器进行检查和修理。巧合的是，在同一时间，NEPTUN 10P 型直线加速器所在的 BOC 计划中的重建工作开始了。由于重建包括搬迁办公室、控制室，装修墙壁和更换地板，加速器机房里的部件用塑料覆盖。在加速器机房外，控制台断开连接，转移到了一个“安全”的地方。通常位于控制台附近的加速器调制器柜锁住，外部电缆也断开。这台加速器将一直保持这种状态，直到重建工作完成，在此期间，未对加速器进行使用或改造。

3 月 6 日，由 NAEA 组建的第一个援助小组抵达 BOC。其中包括 NAEA 的 2 名检查员和加速器制造公司的负责人。根据向 NAEA 援助小组提供的资料，这台加速器并未开展测量或改装。检查人员询问了当地的工作人员，并与 BOC 主管举行了会谈。NAEA 检查员建议，一旦医院的重建工作完成，制造商应仔细检查这台加速器。

2 月，比亚韦斯托克肿瘤中心的物理师将电离室送到华沙的 SSDL 重新进行校准，旨在确认局部剂量测量系统在事故发生当天运行正常。SSDL 对 BOC 的剂量监测系统进行了验证，检测结果表明其运行状况良好。校准证书的校准系数与 1999 年颁发的上一份校准证书中所述值非常接近。

6 月 1 日，一个由卫生部 10 名专家组成的援助小组抵达 BOC。援助小组包括外交部的代表、华沙和波兹南癌症中心的医学物理师和工程师，1 名 NAEA 监管控制检查员和 1 名医生。根据卫生部报告估计，患者的受照剂量约为 8 Gy。但无人针对如何确定受照剂量为 8 Gy 向 IAEA 援助小组做出解释。

医院的重建工作已于 6 月 4 日完成。6 月 5 日，2 名来自加速器制造商的售后服务工程师赶来重新组装和连接加速器，将其投入运行，并对其故障原因进行调查。加速器恢复正常工作，但此次维修既未确定束流特性，也未进行剂量测量。

6 月 6 日，加速器制造商的 2 名代表在 2 名 NAEA 工作人员的陪同下检查了加速器，并试图重现事故情形。BOC 工作人员为此提供的协助包括：1）对安全联锁进行检查，发现安全联锁系统都符合加速器运行规程要求。2）为了再现控制台上显示的低剂量率和治疗距离处的实际高剂量率的不相符的情况，开展了 2 个实验：①使加速器失谐；②拆卸将交流电源连接到剂量监测系统的直流电源单元的保险丝，并通过断开 D29 二极管来禁用“联锁系统 I”。加速器的失谐使加速器控制台上显示的剂量率达到约 100 MU/min，但治疗距离处的实际剂量率相对较低。显然，当加速器失谐时，加速器无法产生更高的剂量率。此外，为了保持“束流开启”状态，需要操作人员持续干预。

援助小组成员认为；意外失谐并不是加速器故障的原因。第二项实验通过拆下保险丝来检查加速器故障会导致加速器无法启动；因“缺少 dD”联锁禁止，加速器无法进入“束流开启“状态。缺少 dD 联锁功能在剂量监测系统的信号低于 0.2 Gy/min 的剂量率限值时，加速器就停止工作。当监测室的电压大幅降低时，就出现这种情况。在一次保险丝失效、同时 D29 二极管断开的仿真实验中，电子枪灯丝中的电流大幅度增加，导致加速器剂量率显示器呈现较低值。当剂量监测系统发出的信号超出 6.0 Gy/min 的限值时，由于无 D29 二极管引起“联锁系统 I”断路，通过使束流失效的方式阻止系统正常工作。对于 8 MeV 电子束，电子枪的灯丝电流手动调节到 1.4 A，与 BOC 工作人员记录的事故状况很接近。随后在由物理师制作、与事故当天具有相同几何形状的水体模开展了输出剂量的测量。当地物理师也为此使用了 2581 型电离室和 IONEX 2500/3 A 型静电计（弱电流放大器）。监测单位 MU 设定为 150（与 5 名患者相似），随后进行了 15 次剂量测量。2 次测量之间的时间间隔接近于患者受照时间间隔，即 5～6 min。当 D29 二极管断开情况下，开启束流，随机选择时间取出保险丝。测量获得的散射率很高，测量剂量在 5.4～17.0 Gy 之间，其中 2 次剂量测量值超标，平均值为 11.4 Gy，标准偏差为 4.9 Gy。

IAEA 援助小组编写的报告指出不可能准确地确定患者受照剂量，并强调个别患者受照剂量不应超过 25 Gy；建议把可疑的电路板带回工厂进行更仔细的检查。制造商售后维护人员拆除了与加速器联锁的 4 块电路板和剂量监测系统的电源面板；对电路板进行识别标记；联锁系统Ⅰ（含 D29 二极管）送往华沙技术大学进行检查。制造商和华沙技术大学的检验报告显示电路板状况良好，符合原出厂技术规格，但一些电子元件已更换，其中包括 D29 二极管。此外，制造商和华沙技术大学均表示，若同一块电路板中无其他电子元器件损坏，D29 二极管在断电或恢复供电过程中不太可能损坏。制造商推测，二极管上处于开路损坏状态，可能是在板上焊接或在极性相反的情况下，焊接时意外机械损坏造成的。损坏的二极管在一段时间内未被工作人员发现，但当保险丝也失效时，导致加速器以不受控制的剂量率运行。6 月 6 日接受检查的电路板，直至 12 月 5 日才交回给 BOC。根据向 IAEA 提供的资料，在将上面提到的受损元件更换后，这台加速器仍然保持原样。

6.3.2 IAEA 的响应与救援概况

“核事故或辐射紧急情况援助公约”（简称“援助公约”）和“及早通报核事故公约”（简称“及早通报公约”）是建立在国际框架内的主要法律文书，旨在促进在发生核或放射性紧急情况时迅速提供援助和交换信息，并且将影响降到最低。与缔约国一道，联合国粮食及农业组织（简称粮农组织）、世界卫生组织和世界气象组织成为了正式的缔约方。

IAEA 根据“援助公约”和“及早通报公约”承担了具体的职能，例如负责将核或辐射紧急情况通知缔约国、会员国和其他国家。IAEA 收到一个国家有关当局关于紧急情况的报告，负责核实关于紧急情况未经证实的报告；与报告国和可能受影响的国家建立联系；与各个国家的应急协调机构进行直接沟通；还与维也纳办事处、粮农组织、世卫组织、气象组织和其他组织建立联系。

为了履行“援助公约”和“及早通知公约”规定的责任，IAEA于1986年在其秘书处设立了一个24 h预警中心和业务协调中心——应急响应中心（Emergency Response Centre，ERC）[12]。该中心设立在奥地利维也纳的IAEA总部，在当时，由应急准备和响应部门，辐射安全部门，核安全部门的辐射部及废物安全部管理。

2001年3月2日，NAEA主任正式告知IAEA的ERC发生于波兰的超剂量辐射事故简要概况；提供了2月27日发生在BOC超剂量辐射事故的大概经过，并表示期望ERC能为辐射事故提供咨询协助。6月22日，波兰当局任命卫生部副部长为该援助请求的官方联络人员。ERC即与卫生部以及波兰常驻维也纳IAEA的代表团联系，并表示在收到正式请求后，IAEA愿意派遣专家援助小组前往波兰提供技术咨询与指导。

ERC于2001年11月27日收到波兰卫生部的正式请求。该请求要求提供以下方面的专业知识：①对超剂量辐射引起的病变开展治疗评估，并为每名受超剂量照射的患者提供治疗计划；②评估每名患者受照剂量。

ERC与波兰卫生部针对提供援助的问题进行了讨论，并对IAEA访问期间需获得受超剂量照射患者，所涉及的人员及所需数据做出安排。IAEA的访问旨在协助波兰政府满足其咨询和援助的请求，以应对放射治疗过程的超剂量照射情况。波兰卫生部把2001年11月30日定为IAEA访问日期。波兰当局保证向IAEA提供：①与意外辐射事故有关的影像和文字记录；②所有涉及的医务人员；③华沙癌症中心的维修工程师。

IAEA援助小组由2个专家组构成：①医疗专家小组对每名患者进行一次对超剂量辐射所引起损伤的评估，并就今后的治疗计划提出建议；②医学物理和辐射安全专家小组，将通过重现加速器的故障状态来评估患者受照剂量。在切实可行范围内，开展物理测量和分析治疗记录。

医疗专家小组由4名专家组成：吉姆科斯特（J. M. Cosset）来自世卫组织辐射应急医学响应和援助网络中心法国分部；路皮特（R. U. Peter）来自世卫组织辐射应急医学响应和援助网络德国分部；福米特（F. Mettler）来自新墨西哥大学医学院；艾土莱（I. Turai）来自IAEA。医疗物理和辐射安全小组由3名专家组成：吉色柏G. Sernb，来自瑞典达尔格林医院；吉泽斯客（J. I żewska）皮欧梯兹（P. Ortiz-López）都来自IAEA。2001年11月30日，医疗专家小组抵达波兰。医疗物理和辐射安全小组于12月2日抵达波兰。

2001年12月14日，经波兰卫生部的允许，IAEA向根据“及早期通报公约”和“援助公约”确定的所有联络点发送了“咨询信息资料”，以便在发生类似情况的条件下，防止其他超剂量辐射事故的发生。此咨询资料特别强调，需注意：①加速器因电源故障和其他异常特性关闭后，必须对包括相关剂量测量在内的加速器质量控制程序进行检查；②有关电子枪灯丝和其他重要安全装置的电流设置必须在维修和使用说明书中进行警告说明。

6.4 剂量评估

剂量评估是在正常情况下对加速器进行测试，并模拟事故情况。直到2001年12月5日，NEPTUN10P型加速器部分联锁板仍然处于拆卸状态，才允许接受检查。应IAEA医疗物理和辐射安全小组的要求，在小组抵达BOC之前，NEPTUN 10P型加速器已重新投入运行。这台供IAEA援助小组检查的加速器，电路板全部安装就位，系统工作正常。剂量评估的方法是在正常情况下对加速器进行测试，并尝试模拟事故情况。为了达到这一目的，专家组进行了正常临床模式下的运行、模拟故障状态下的运行等加速器设置，并开展了大量测试。华沙癌症中心的电子工程师和操作该加速器的制造商的工程师一同协助小组开展测试工作。

6.4.1 加速器正常工作条件

在临床治疗运行模式下，吸收剂量率为4.46 Gy/min。2001年12月7日，在接近为受照患者的治疗条件下（源皮距（SSD）=100 cm，射野14 cm×12 cm，最大剂量深度（d_{max}）= 1.9 cm）测量到8 MeV电子束的剂量率为300 MU/min。300 MU/min对应的束流输出为1.49×10^{-2}Gy/MU，在规定的150 MU水平下可获得2.24 Gy的剂量。表6-3给出了100 MU/min、200 MU/min和300 MU/min的剂量率和相应的束流输出值。本次测量是在一个水体模中进行的，带有Roos型平行板电离室，再加上UNIDOS型静电计，并在根据IAEA对水的吸收剂量标准进行校准。剂量按照IAEA技术报告第398号《基于水吸收剂量标准的国际剂量测定规范》进行计算[13]。

表6-3 吸收剂量率与加速器束流输出值（数据来自文献[1]）

加速器剂量率/（MU/min）	吸收剂量率/（Gy/min）	束流输出/（Gy/MU）
100	1.46	1.39×10^{-2}
200	2.93	1.45×10^{-2}
300	4.46	1.49×10^{-2}

注：源皮距SSD=100 cm、射野14 cm×12 cm、d_{max}=1.9 cm的条件下，在NEPTUN10P型加速器控制台上选择剂量率为100 MU/min、200 MU/min和300 MU/min的8 MeV电子束。

事故发生前，在SSD=100 cm，射野10 cm×10 cm，d_{max}=1.6 cm的条件下，医院物理师测量的8 MeV电子束的标准输出为1.61×10^{-2}Gy/MU。与IAEA援助小组2001年12月测量的数据非常接近。然而，自从辐射事故发生的第2 d以来，物理师所测得的束流能量特性发生了变化。水体模表面平均能量从6.6 MeV增加到7.7 MeV，最大剂量深度从1.6 cm增加到1.9 cm处，并且束流的实际射程从3.6 cm增加到4.1 cm。12月，在IAEA访问任务期间设置的束流参数与事故前非常接近，但并不相同。加速器已经拆卸了几个月，在IAEA医疗物理和辐射安全小组抵达前一天才投入使用。

6.4.2 故障状态重建

首先测试了 8 MeV 电子束在正常治疗距离下的剂量率与电子枪丝电流的关系，如图 6-4 所示。在加速器内部剂量测量系统和联锁系统失效时，即在联锁系统Ⅰ的 D29 二极管和连接交流电压与直流电源剂量监测系统的保险丝移除的情况下，灯丝电流依靠手动调节。在正常工作条件下（灯丝电流为 1.10 A），吸收剂量率由 4.46 Gy/min 提高到 100 Gy/min（灯丝电流上限 1.50 A 对应值）以上。结果表明，在故障状态下，当电子枪的灯丝电流限值处于较高水平时，该加速器能产生非常高的剂量率。

为了重现事故发生时加速器的状况，根据当时医学物理师所做的剂量测量记录对加速器运行参数进行设置。即：预选剂量率为 300 MU/min，电子枪灯丝电流为 1.40～1.46 A，加速器控制台剂量率显示器约为 100 MU/min。

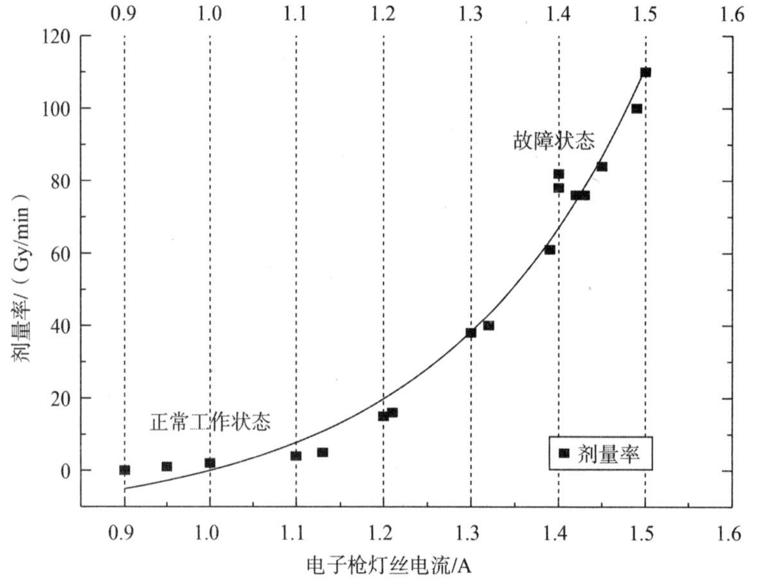

图 6-4 在接近患者治疗方案条件下（SSD＝100 cm，射野 14 cm×12 cm，d_{max}＝1.9 cm）输出 8MeV 电子束的 NEPTUN10P 型加速器电子枪灯丝电流与剂量率的关系曲线

1. 故障状态下 MU 计数器的非线性剂量响应

由于 BOC 剂量测量系统的量程有限，物理师测量所选择的参数为 25 MU 而不是为治疗受影响的患者规定的 150 MU。然后将剂量值从 25 MU 外推到 150 MU。由于 NEPTUN10P 型加速器的计数器出现错误，此值具有很大的不确定性。计数器错误是由在极低的极化电压下工作的监测系统触发错误信号引起的。IAEA 医疗物理和辐射安全小组使用罗兹肿瘤医院、艾普机泽达公司生产基地（简称艾普机泽达基地）以及 BOC 3 台不同的 NEPTUN10P 型加速器对 MU 计数器进行了测试。

在正常治疗距离内水体模剂量率为 300 MU/min 的条件下开展测量。NEPTUN10P 型加速器监测单位 MU 计数器的响应非线性如图 6-5 所示。实线对应于正常工作状态

(罗兹肿瘤医院测量的正常值)，而散点分别对应于在 BOC 故障条件 1 和艾普机泽达基地故障条件 2。对于每次测量，在控制台预设不同 MU 数，每 MU 的测量剂量归一为 150 MU 的单位 MU 剂量。在移除保险丝，断开了 D29 二极管的故障状态下开展测量。BOC 灯丝电流限值分别设置为 1.48 A（故障 1）和 1.46 A（故障 2），艾普机泽达基地的灯丝电流限值设置为 1.10 A（故障 3）。该加速器的结构与 BOC 加速器在监测系统和安全电路方面类似，但使用了最新设计的电子枪。

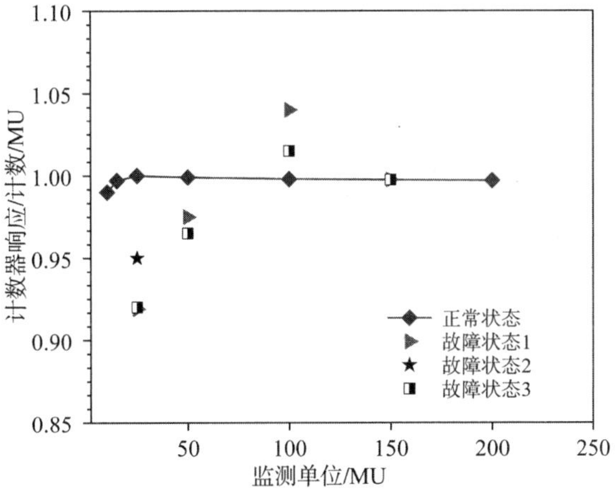

图 6-5 NEPTUN10P 型加速器监测单位 MU 计数器的响应非线性（数据来自文献 [1]）

在正常工作条件下，特别是在低 MU 时，MU 计数器的单位 MU 剂量响应非线性并不明显（小于 1%）。在故障状态下，线性响应的偏差较大，在 25 MU 时为-8%，在 100 MU 时为 5%。这意味着将低 MU 测量剂量线性外推到高 MU 剂量，将产生对高 MU 剂量的低估。该因子可根据图 6-5 所示的数据估算。

在故障状态下，根据 25 MU 剂量外推到 150 MU 剂量，其非线性校正值如表 6-4 所示，大约按 150 MU 与 25 MU 之比乘 6 来估算。故障状态下的平均 MU 非线性校正为 1.08±0.02，相当于剂量外推的不确定度为 8%。

表 6-4 25 MU 外推到 150MU 的非线性校正值（数据来自文献 [1]）

测试条件	150 MU 与 25 MU 的剂量之比×6
正常条件	1.00
故障状态 1	1.09
故障状态 2	1.05
故障状态 3	1.09
故障状态 1-3 平均值	1.08

2. 电离室的离子收集效率

为了弥补高强度脉冲电子束收集效率的降低，须对事故当天电离室的读数进行修正。据博格（Boag）所述，加速器脉冲辐射电离室的收集效率取决于有关因素的复合机制，修正系数是与电离室结构、电极分离、极化电压和电离室内离子密度有关的复杂函数[14]。对于离子加速器束流，离子密度取决于每次脉冲产生的剂量。在典型工作条件下，临床电子束每次脉冲产生的剂量小于 2×10^{-3}Gy。对于典型的电离室，复合效应一般小于几个百分点。但在高强度束流中，自由电子成分和空间电荷效应更为显著，基于一般复合机制的理论模型不再适用。事故当天，加速器故障状态下的剂量估计值为（$1.3\times10^{-2}\pm0.2\times10^{-2}$）Gy。此估计值是根据 IAEA 援助小组测量到 1.43 A 灯丝电流的电子枪特性得出的（见图 6-3），并且考虑了在 8 MeV 电子束工作模式下，NEPTUN10P 型加速器以每秒 100 次脉冲状态运行的情况。

使用双电压技术开展测量：利用 Boag 公式导出确定电离室复合校正的简便实验方法，并通过理论计算验证了该实验方法在高强度脉冲束流中的有效性。对于每次脉冲剂量值的测量，均在 Roos 电离室和 2 个体积为 0.6 cm^3的（NE2581 和 PTW 30010）圆柱体电离室内进行。在罗兹肿瘤医院、艾普机泽达基地以及 BOC 3 台 NEPTUN10P 型加速器上的校正系数的测量结果如图 6-6 所示。

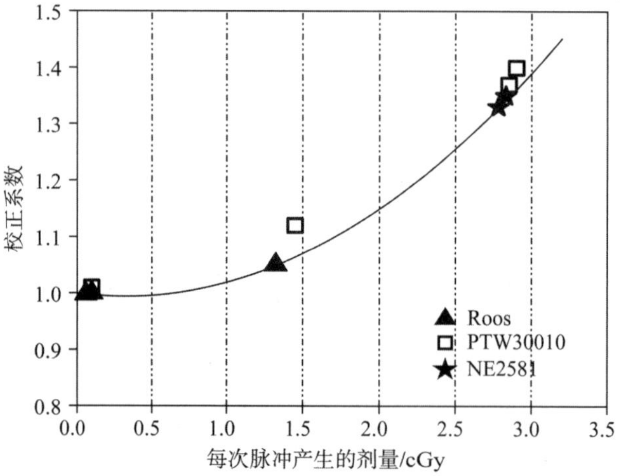

图 6-6　用双电压技术测量脉冲剂量的电离室复合校正系数（数据来自文献［1］）

对于 Roos 电离室，根据 IAEA 技术报告第 398 号对测量结果进行了核实，并与采用 Boag 公式计算的平行板电离室的离子收集效率 f 进行了比较：

$$f=\frac{1}{u}\ln\ (1+u) \tag{6-2}$$

式中：$u=\mu md^2/V$；μ 是取决于离子复合系数和离子迁移率的常数；m 是每次脉冲产生的剂量；d 是平板间距；V 是极化电压。

利用 Hochhäuser 改进的 Boag 公式，研究了自由电子成分对离子收集效率的影响：

$$f=\frac{1}{u_0}\ln\ \{\ [\exp\ (pu_0+p-1)\ ]\ /p\} \tag{6-3}$$

式中：p 是自由电子份额，u_0是照射变量。

表 6-5 给出了 Roos 电离室的复合校正系数 $K_S=f^{-1}$分别对使用：①双电压技术；

②Boag 公式；③考虑了自由电子成分的 Boag 修正公式，得到的结果进行了比较。

表 6-5 结果表明：双电压技术得到的复合校正值与理论值接近；双电压技术仍然适用于 1.3×10^{-2} Gy/脉冲的束流。

从图 6-6 中估计，与事故当天物理师所使用相似的 2581 型电离室的复合校正系数为 1.08±0.02。

表 6-5 在脉冲电子束中，ROOS 型电离室在 300 V 和 1.3×10^{-2} Gy/脉冲参数下运行的复合校正系数 K_S（数据来自文献 [1]）

计算方法	校正系数（K_S）
双电压技术插值法（Boag）	1.078
双电压技术插值法（IAEA①）	1.078
Boag 经典公式②	1.088
Boag 修正公式③	1.068

注：①IAEA 第 398 号系列技术报告。

②$\mu=10.7$ V mm^{-2}cGy^{-1}，$m=1.27$cGy/脉冲，$d=2$ mm，$V=300$ V。

③$P=0.23$，其他参数如上[15]。

3. 验证事故当天的测量剂量

2 月 27 日，物理师在 25 MU，SSD=100 cm，射野 10 cm×10 cm，水中 $d_{max}=1.6$ cm，加速器剂量率为 300 MU/min 的条件下，测得 8 MeV 电子束的未校正剂量为 15.2 Gy。用双电压法估计 NE2581 电离室的复合校正值为 1.08±0.02，事故当天每 150 MU 的剂量为（99±9）Gy。剂量测量的不确定度是无电压工作时监测室的非线性不确定度（8%），标准实验室对电离室的校准不确定度（3%），使用的剂量测定方案固有不确定度（3%）以及与临床剂量测量其他因素的不确定度（>1%）的平方和。

BOC 物理师测量的剂量值与 IAEA 医疗物理和辐射安全小组测量 115～127 Gy 剂量值相接近。12 月 7 日，IAEA 辐射安全小组（见表 6-5）使用了组装复原后的加速器设置参数，即灯丝电流为 1.42～1.46 A。输送 150 MU 所需的照射时间为 1.5～1.8 min，根据 BOC 工作人员向小组提供的资料，事发当天的治疗时间设定为 1.5 min。计算机控制台模拟显示器上的剂量率在 100 MU/min 左右波动。该小组用固态剂量计，例如丙氨酸剂量计和 GAFChromic 胶片（见表 6-6），对电离室的测量进行了验证。

几个月后不可能完全重现 2001 年 2 月 27 日的加速器故障，尤其是自 2001 年 6 月以来该加速器已被部分拆卸。在 IAEA 调查期间，BOC 对加速器进行了组装和复原，使其具有与事故期间相同的配置。尽管束流能量略高于 2001 年 2 月 28 日测量的能量值，但所有参数均表明，复原工作非常接近实际事故情况，从表 6-5 可以知，物理师测量的剂量值略低于 IAEA 援助小组的测量值。

表 6-6 模拟故障条件下水的吸收剂量（数据来自文献［1］）

加速器参数设置	剂量学方法	每 150 MU 的剂量/Gy
IAEA 援助小组队测量实验（2001 年 12 月 7 日至 8 日）		
灯丝 1.45 A，300 MU/min，照射时间 1.5 min	Roos 电离室	127 ± 4
灯丝 1.46 A，300 MU/min，照射时间 1.7 min	丙氨酸	122 ± 4
灯丝 1.45 A，300 MU/min，照射时间 1.8 min	GAFC 胶片	115 ± 3
物理师的测量实验（2001 年 2 月 27 日）		
灯丝 1.45 A，预先设定 300 MU/min，照射时间 1.8 min，电离室深度 1.6 cm	NE2581 电离室 0.6 cm^3	99 ± 9

注：测量参数：在 NEPTUN10P 型加速器上设置 150 MU 条件下的 8 MeV 电子束，SSD=100 cm，射野 14 cm×12 cm，水中 d_{max}= 1.9 cm，丙氨酸和 GAFC 胶片。

IAEA 援助小组测量的数值应看作估计值，而不是事故发生时实际输出的剂量值。该小组认为，事故发生后 BOC 测定的剂量值是正确的，在前面讨论的不确定性限度内。

6.4.3 剂量评估

在不同故障条件下，IAEA 援助小组使用加速器 8 MeV 的电子束照射假定患者开展模拟测试。

1. 模拟方案 1：保险丝在治疗开始时熔断

第一个模拟测试方案在治疗阶段开始时模拟保险丝熔断，以便降低每次治疗过程中加速器监测系统的电压。在每次测量开始时，将 300 V 电压接到监测室，结束时为35～45 V。在下一次放射治疗开始之前重新插入保险丝，并对电子枪灯丝的各种设置重复该步骤。本次测试旨在模拟测量停电后重新启动加速器照射第一名患者受照的剂量。采用 Roos 电离室和水体模测量水对每次照射的吸收剂量。在 NEPTUN10P 型加速器控制台上设置 150 MU 的条件，SSD=100 cm，射野 14 cm×12 cm，d_{max}=1.9 cm，将每个环节的灯丝电流设置在 1.10～1.42 A 范围内。后续治疗期的剂量如图 6-7 所示。照射次数 1 表示正常的治疗条件（保险丝就位）和完全可操作的监测系统。在模拟故障条件下（照射次数 2-10）测量的剂量范围为 3.3 Gy 至 4.6 Gy，平均值为 3.6 Gy。在相同条件下用 GAFChromic 胶片开展的测量导致 5 次后续照射的累积剂量为 15 Gy。该模拟测试在每个治疗期开始时移除保险丝。

当在模拟治疗期间随机移除保险丝时，即在 0 MU 和 150 MU 之间，剂量从在治疗开始时保险丝断开时（0 MU）的 3.3～4.6 Gy 变化至治疗结束时（100 MU 或更多）的 2.3 Gy 。2.3 Gy 接近于在正常操作条件下获得的剂量值，监测室具有最高（但不是最大）电压。

2. 模拟方案 2：保险丝在治疗期开始时熔断

第二个测试方案：在同时断开 D29 二极管的情况下模拟保险丝熔断故障。在每次测量开始时，将保险丝拆除。将 MU 数设定为 150 并测量剂量。每 2 次测量的时间间隔接近于前一名患者和后一名患者受照治疗之间的时间间隔，即 4 min。根据 BOC 工作人员回忆，手动调节电子枪灯丝的电流，在 1.22 A（正常）到 1.46～1.48 A（接近事故

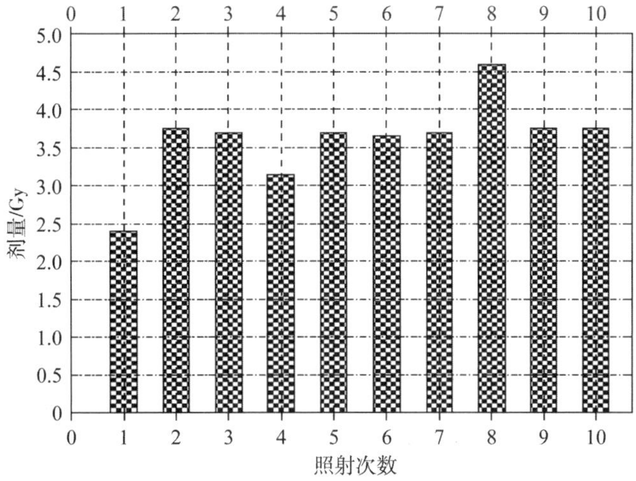

图 6-7 模拟方案 1 的照射次数与剂量关系（数据来自文献 [1]）

工况）的范围内。水体模中的后续输出测量结果与第一次模拟中的几何形状相同。所测剂量如图 6-8 所示。图 6-8 中的第一组条对应于第一次治疗期，在此期间模拟了保险丝熔断。照射次数为 2～6 的每个后续组对应于随后的治疗期，其在 4 min 休息后依次恢复治疗。

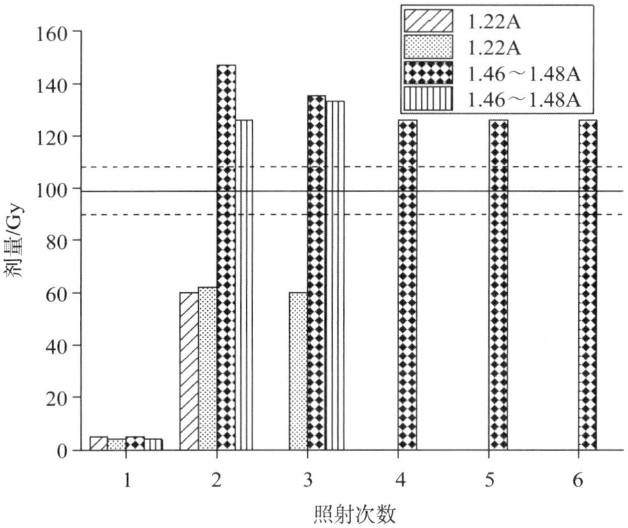

图 6-8 模拟方案 2 中保险丝熔断后患者的剂量（数据来自文献 [1]）

如图 6-7 所示，第 1 次照射的剂量为 3.3～4.6 Gy（图 6-7），而照射次数为 2 至 6 的治疗过程的剂量从 58 Gy 到 147 Gy 不等，取决于灯丝电流的预选限值：较低的剂量对应于 1.22 A 的限值，较高的剂量对应于 1.46～1.48 A 的限值。照射次数 2 至 6 的治疗的高剂量是由于监测室工作电压大幅降低，大约为 5V。该实验中观察到时间是从第 1 次治疗的 0.5～0.8 min 到后续治疗的 1.5～3.4 min 不等。

若加速器计时器为 BOC 工作人员所记录的设置值 1.5 min，并且在 1.5 min 之后和预设的 150 MU 完成之前停止照射，则照射次数 2 至 6 的治疗期间的剂量将在 1.22 A 时减少到 25 Gy。在灯丝电流为 1.46～1.48 A 限值内产生的剂量为 100～110 Gy，而加速器显示的相应剂量率为 80～110 Gy。

治疗次数 1 至 6 代表病人的连续治疗，每一次治疗间隔 4 min 后继续进行。不同的颜色对应于电子枪中灯丝电流不同设置的限值：1.22 A，1.46～1.48 A。在 SSD=100 cm，照射野为 14 cm×12 cm，d_{max} = 1.9 cm 条件下，用 Roos 电离室测得水体模中水的吸收剂量为 150 MU。水平线表示物理师在事故发生当天测量的剂量。

3. 模拟方案 3：反向剂量重建

自从先前已检查过存在问题的加速器工作报告，显示剂量水平低于 25 Gy，NAEA 小组 2011 年 6 月通过确定可能导致低于模拟方案 2 中剂量的照射条件，对加速器运行参数进行设置，以开展反向重建。手动将电子枪灯丝的电流限值调节至 1.22 A（正常设定值），然后降至 1.20 A，1.18 A 和 1.15 A。对于每种设置，在保险丝断路时进行测量，并在 4 min 后再次进行测量。第 1 次治疗的测量在保险丝熔断时进行，第 2 次治疗对应于间隔 4 min 后开始的后续治疗。用 Roos 电离室测得水体模中水的吸收剂量为 150 MU，SSD = 100 cm，射野为 14 cm×1 2 cm，d_{max} = 1.9 cm。

在模拟故障条件下以及在所选参数设置范围内，NEPTUN10P 型加速器在最大深度 d_{max}处提供剂量大约为 30～60 Gy/150 MU，模拟保险丝熔断后患者受照剂量如图 6-9 所示。这些剂量可能是由于将灯丝电流限值从 1.15 A（刚好高于 1.10 A 的工作水平）重置为 1.22 A（8 MeV 光束的典型限值）导致的结果。加速器控制台上的相应剂量率将从约 40 MU/min 变化到 100 MU/min，并且照射时间将为 2～4 min。这些设置与 BOC 工作人员向 IAEA 援助小组报告的观察结果不同。但是，若加速器计时器设置为 1.5 min（根据 BOC 工作人员的回忆）并且在 1.5 min 后停止照射，而未完成预设的 150 MU，则第 2 次治疗期间的剂量降低到 10 Gy 和 45 Gy 之间的水平。

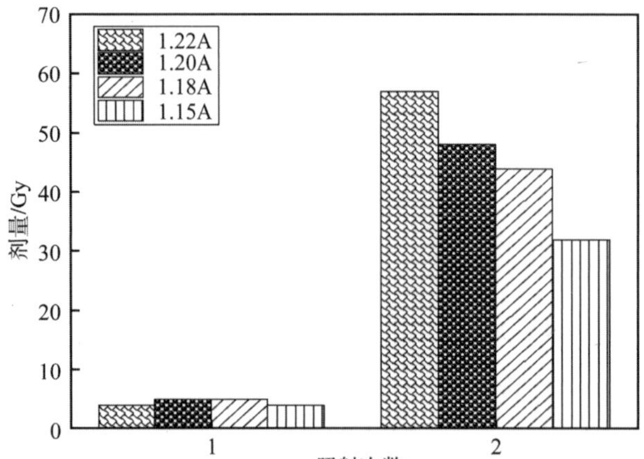

图 6-9　模拟方案 3 中保险丝熔断后患者受照剂量（数据来自文献［1］）

6.4.4 对患者剂量的可追溯测量

1. 可追溯生物剂量学的原理

可追溯电子顺磁共振（electron Paramagnetic Resonance，简称 EPR）生物剂量学是一种物理分析方法，用于测量人体钙化组织（如骨骼）中稳定的辐射诱导自由基。它提供了辐射事故发生后，患者受电离辐射的剂量信息，EPR 信号“储存”于骨骼中。因此，需使用从受照者身上采集骨样本开展剂量重建。

骨中含有的羟基磷灰石［Ca_{10}（PO_4）$_6$（OH）$_2$］含有稳定的辐射诱导自由基，是用于剂量重建的合适材料。由羟基磷灰石中的辐射诱导的 EPR 信号与在几百个 Gy 范围内的吸收剂量成正比。信号随时间增长逐渐稳定，可在照射发生后较长时间内进行分析。

EPR 追溯性生物剂量学已用于辐射事故中涉及的 3 名患者受照射剂量的估算。2002 年 5 月至 10 月，在对患者 C、D 和 E 实施外科手术期间，从肋骨取出骨样品。

使用后照射技术确定 3 名患者的剂量。通过对同一骨样本进行具有明确剂量的照射，并试图建立剂量与 EPR 响应之间的关系（通常是线性关系）。通过线性回归外推确定初始未知剂量。

由于羟基磷灰石中的 EPR 信号表现出对光束质量的依赖性，因此电子束用于样品的后照射，具有与 BOC 的 NEPTUN10P 型加速器 8 MeV 光束相似的能量和剂量分布。使用与 BOC 患者相似光束几何形状的塑料模型照射样品。用巴黎居里研究所的临床加速器进行照射。EPR 测量工作由法国辐射防护与核安全研究所（Institute for Radiological Protection and Nuclear Safety，简称 IRSN）承担。

2. 利用 EPR 测量重建患者受照剂量

EPR 测量的剂量代表样品接收的累积剂量，即事故前放射治疗剂量与意外照射剂量之和。对于患者 C、D 和 E，治疗计划和参考点的剂量总结在表 6-7 中。

表 6-7 参考点的剂量（数据来自文献［1］）

患者	射野/cm	每份剂量/Gy	计算值/MU	事故发生前的放射治疗次数	事故之前的剂量/Gy
2	17×13	2.5	157	10	25
3	15×14	2.0	125	11+10（推注）	22+20（推注）
4	18×12	2.5	156	2	5

注：3 名患者的 d_{max}= 1.9 cm，电子束 8 MeV，SSD = 100 cm（准直器和构台角度与本表格无关）。推注又称快速注射。

为了将治疗计划与肋骨接收的实际剂量相关联，需要知道患者取出骨样品的确切位置。知道样品的深度是至关重要的，因为对于 8 MeV 光束剂量分布沿电子束轴快速下降；即与 1.9 cm 深度的剂量（剂量最大值的深度 d_{max}）相比，组织深度约 3 cm 的剂量减少了 30%以上。

将重量为 20～30 mg 薄片硬骨层用于 EPR 测量。由于每名患者的轮廓和去除样品的肋骨上方组织的厚度在照射后的几个月里已经发生改变，在患者体内重建的位置（皮下深度）存在几毫米的误差。

根据2001年11月CT扫描结果，分别对每名患者肋骨的位置（深度）及其厚度进行测量。尚不清楚每名患者骨样本是来自肋骨正面，还是肋骨的远端部分。对骨样本原始位置判断的几毫米误差，可能导致剂量重建的不确定性达20%～30%，这取决于肋骨的厚度及其在皮下的位置（皮下深度）。

骨样品的EPR测量结果及估算事故剂量列于表6-8。将它们与事发当天物理师从患者治疗方案中测得的剂量进行比较。所有剂量转换为剂量最大深度 d_{max} = 1.9 cm。

根据EPR剂量对患者剂量计算应用不均匀性校正，因为对于相同的电子注量，由于骨中的氢含量较低，肋骨材料中的剂量低于肌肉的剂量[16]。校正量由位于阿姆斯特丹的荷兰癌症研究所放射治疗科和安东尼·范·吕温霍克医院（Antoni van Leeuwenhoek）采用密歇根大学开发的三维治疗计划系统（UM-Plan）开展精确的三维剂量计算确定。

表6-8 骨样品的EPR测量结果及估计事故剂量（数据来自文献［1］）

参数	患者C	患者D	患者E
IRSN采用EPR测量样品剂量/Gy	83±7①	98±10	75±3
样品深度/cm			
正面位置	1.9±0.2	1.4±0.2 2.4±0.2（推注）	1.9±0.2
远端位置	2.3±0.2	1.8±0.2 2.8±0.2（推注）	2.3±0.2
事故发生前样品深度的累积剂量/Gy			
正面位置	25±0.3②	39±1	5.0±0.3
远端位置	23±1	35±1	5
样品深度处的事故剂量/Gy			
正面位置	58±0.2	59±1	70±0.3
远端位置	60±1	63±2	70±0.1
d_{max}=1.9 cm的事故剂量/Gy			
重建正面位置	59±7	64±11	71±3
重建远端位置	67±8	84±19	78±5
事故后测量的剂量，为每名患者重新计算MU设置	103±9	83±9	103±9

注：① EPR剂量的不确定性对应于一个标准偏差。

② 剂量的不确定性来自样本原始位置的不确定性，并且不包括正常工作条件下临床剂量测定的不确定性。对于电子束，临床剂量测定的不确定性约为3.5%。推注：快速注射[16]。

表6-8显示来自3名患者的EPR生物剂量学的剂量高达60～80 Gy。不确定性范围从微乎其微到20 Gy。最高的不确定性随剂量和深度的增加而快速减少。对于患者D的病情采用推注方法来增加采集样本的深度，从而增加剂量重建的不确定性。通过EPR确定患者D的剂量与物理师测量的剂量一致，但患者C和E的剂量较低，在重建故障

条件的不确定性范围内。

6.4.5 IAEA 医学组物理与辐射安全小组提供的调查结果概要

IAEA 医学物理和辐射安全小组重建了 BOC 的 NEPTUN10P 型加速器的故障情况；将电子枪灯丝的限制电流设定在高水平范围内，例如 1.40～1.50 A（图 6-4），则对于 8 MeV 电子束条件下的剂量率为 100 Gy/min。在此条件下，治疗方案为 150 MU，加速器可以输送大约 100 Gy 或更高的剂量（见图 6-8）。

在故障情况下，物理师在事故发生当天开展的测量已得到 IAEA 医学物理和辐射安全小组的验证。尽管该加速器在事故发生后第二天早上已维修好，并拆除数月，事故发生后几小时测得的剂量仍非常接近 IAEA 援助小组 2001 年 12 月测试获得的数值（见表 6-6）。在 IAEA 援助小组抵达 BOC 前一天，加速器已经重新组装并投入运行。

3 名患者的 EPR 生物学剂量高达 60～80 Gy，低于物理师在事故发生当天所测量并重建的剂量，差异并不明显，且在 EPR 测量的不确定性和与故障条件重建相关的不确定性之内。

根据在访问 BOC 期间收集的信息，考虑到事故和处理工作之间的长时间延迟，以及当地工程师对 NEPTUN10P 型故障加速器的重新组装，IAEA 医学物理和辐射安全小组已细致地重建了意外照射事故场景，以便记录本次辐射事件的情况、从中吸取经验教训并开展宣传教育。IAEA 援助小组对所输出的剂量的重建并未考虑准确地再现意外照射的条件，也未对患者受照的剂量进行合理的解释。

6.5 超剂量照射患者的临床过程

6.5.1 概述

BOC 辐射事故的 5 名患者均以不同严重程度的烧伤形式发展为局部放射性损伤，在 BOC 和其他医疗中心接受过治疗。以下为患者个体的临床病况演变过程的描述。

BOC 肿瘤科医师与居里纪念研究所（M. Skłodowska-Curie），华沙肿瘤中心，斯迈罗外斯来克（Siemianowice Slaskie）烧伤专科中心和罗德兹（Łód ż）职业健康研究所的同事进行了讨论。

在此次沟通的基础上，确定了给所有受意外超剂量照射患者口服维生素和局部施用素高捷疗眼膏（Solcoseryl）的处方。此外，患者 B、C 和 D 使用皮质类固醇药物治疗，即口服恩克托隆（Encortolon）和局部肌肉注射地塞米松（Dexa-methasone）。2001 年 5 月中旬，华沙军事医院烧伤科检查了受超剂量照射患者后，建议无需手术治疗，但随着浅表溃疡的发展，将来可能需要进行外科手术。

6 月 4 日，华沙肿瘤中心专家对 5 名患者进行了检查后，认为 BOC 采用的治疗方法较为合理，并建议采用以下治疗方案：

①对所有患者进行长时间的保守治疗，时间约一年，以评估局部并发症进展；

②继续对患者B、C、D和E进行激素类固醇治疗；

③为华沙肿瘤中心的所有患者提供康复治疗；

④定期重新评估方案和治疗结果。

2001年8月初，5名患者均接受了注射己酮可可碱（血管扩张剂）和口服生育酚（维生素E）药物治疗，继续使用酶软膏爱疗素（iruxol mono）、胶原酶与蛋白酶和纤溶酶脱氧核糖核酸酶软膏（fibrolan Salbe）局部治疗。

患者A、B和E送入华沙肿瘤中心康复科并入住中心病房治疗；在门诊治疗期间，接受了肩部锻炼和手臂按摩等主要康复治疗。

3名患者由一组医学专家进行检查，局部皮肤损伤趋向日常性。专家们认为，为患者提供的治疗有效，决定于2001年8月底安排3名患者出院。

由于肿瘤标志物CA125计数的升高以及CT扫描检测到的一些胸膜液的存在，以及其纵隔腔和肺部的密度异常，患者C和D到BOC住院治疗；治疗一个月后，于9月入住华沙肿瘤中心，接受了与其他3名患者相似的康复治疗。虽然2001年9月和10月在接受BOC检查时，患者A和B病情得到部分改善，但10月底，局部损伤明显恶化并且逐渐坏死。

2001年10月31日，华沙肿瘤中心医学专家决定下周到格丁尼亚的海洋和热带医学研究所（格丁尼亚医学研究所）对患者A、B、C和E开展高压氧治疗（hyperbaric oxygen，HBO）[17]。

对接受放射治疗前的患者的血液学数据进行收集、分析和利用。放疗后，从受照患者采集血液样本并分析比较血液计数。患者A和E的白细胞计数在正常水平之内。患者B和D，在放疗后1～2周内白细胞计数小幅下降。患者C在放疗开始前患有白细胞减少症。所有患者均检测到淋巴细胞减少症；截至2001年底，患者B、C、D的血细胞计数呈稳定下降趋势。

6.5.2 患者A

患者A，女性，1957年6月9日生，于2000年12月12日切除右乳房肿瘤，未切除乳房；术后病程为T1N0（15个淋巴结阴性）M0，分级不详；既未曾接受化学治疗，也未接受激素治疗。

放射治疗于2001年1月22日开始。最初，通过两个切向场将总剂量为50 Gy（25次，2 Gy/次，5次/周）的4 MV X射线照射到整个乳房。然后，使用2.5 Gy的8 MeV电子束进行局部增强治疗。计划的治疗部位面积为11 cm×7 cm，照射剂量设定为155 MU。意外照射从2001年2月27日第2次放疗期间开始。因此，胸壁受到了剂量为50 Gy的4 MV X射线（治疗计划部分）和2.5 Gy的8 MeV电子束（意外部分）的照射。

意外照射后几小时，患者A受照射区域出现轻微红斑；接受局部用亚麻酸软膏（亚麻酸、亚麻酸与花生四烯酸的复合物）治疗3周（直到3月19日）；从2月28日开始使用素高捷疗眼膏（solcoseryl）进行局部治疗；红斑持续6周，于3月7日出现

2 cm×2 cm 局部湿性脱屑；3 月 19 日拍摄的胸部 X 射线片显示肺部无病理症状。

患者 A 于 3 月 23 日使用肿瘤标记物 CA125（12.31 mIU/mL），CEA（1.88 mIU/mL），CA15（3～4.58 mIU/mL）；3 月底，感到右肩运动受限，开始使用泛醇（维生素 PP）和维生素 B_1 进行全身治疗，并使用局部泛醇喷雾和软膏，以缓解疼痛、瘙痒和右肩运动受限的症状；3 月 27 日入住 BOC，以治疗受照射区域出现越来越多的皮肤脱屑；于 4 月 6 日出院。

5 月 7 日，经检查发现患者 A 表面溃疡位于照射中心的（乳房肿瘤切除）手术疤痕处，表面溃疡边缘内有 3 cm 的白色边界。当患者 A 拒绝住院时，医生为其提供了一种新霉素喷雾和亚麻酸无菌纱布，以便在家进行局部治疗。6 月检查显示溃疡面积为 4.5 mm×18 mm。

患者 A 在家中开展局部治疗期间，溃疡面积大小在 7 月之前保持不变。7 月 11 日从溃疡中采集的细菌培养物显示葡萄球菌，绿脓杆菌＋＋＋（观察到的菌落数量多），对庆大霉素、阿米卡星、妥布霉素、环丙沙星、双酚（biseptol）、万古霉素和奈替米星药物过敏；8 月 1 日到华沙肿瘤中心住院，诊断为右乳癌，肿瘤切除后状态，右腋窝淋巴结清洁和放疗后病变；回到医院进行康复治疗，口服生育酚、注射己酮可可碱，以及外涂硫丹软膏（argosulfan）局部治疗；出现金黄色葡萄球菌感染后，口服庆大霉素治疗；9 月 2 日，受照射区域出现了小块坏死，肿瘤标记物正常；HBO 治疗于 11 月 6 日开始；3 周后，溃疡面积减小，严重程度减轻。

IAEA 专家医疗小组于 11 月 30 日和 12 月 1 日进行的检查发现患者 A 沿乳房手术疤痕轴线有 3.5 cm×1.5 cm 的溃疡病灶，溃疡中心深 6 cm，位于乳头侧方，溃疡周围有存在 1 cm 硬结边界，腋窝少量毛细血管扩张。

IAEA 专家医疗小组认为患者 A 在检查时的病情不严重，没有必要接受手术，但将来可能需要进行手术；建议继续给予注射己酮可可碱（800～1 200 mg/d）和口服生育酚（400～500 mg/d）治疗，总治疗时间至少为 1 年。在该方案的基础上，患者 A 病灶有望完全愈合，需要考虑二次美容康复，并在后续阶段提供。

患者 A 于 2001 年 12 月 21 日完成了 HBO 治疗；2002 年 1 月中旬，沿着手术疤痕轴线出现 2 个直径约 1 cm 的小溃疡；2002 年 8 月 27 日，入住凯尔采圣十字癌症中心的肿瘤外科病房，患有放射后纤维化，右侧乳房疤痕处出现浅表坏死；于 8 月 30 日接受了一次手术治疗。手术包括对坏死组织，癌前组织和纤维化组织进行广泛切除（通过 MRI 和 CT 明确鉴定），并通过在腹部和胸壁之间的皮肤下做的“通道”用大网膜瓣覆盖伤口。患者 A 还接受了右乳房的皮下乳房切除术，并在伤口上植入了皮肤。皮肤移植物取自患者右侧的大腿和胸壁。在手术结束时，将薄皮移植物放置在皮瓣上，皮瓣上的皮肤已经从大腿上移除。

2002 年 10 月底，患者 A 仍然在圣十字癌症中心的肿瘤外科病房，术后伤口虽然愈合良好，但仍未完全愈合。

6.5.3 患者 B

患者 B，女性，1955 年 9 月 18 日生，于 2000 年 5 月 15 日进行了右侧乳房切除术。

疾病分期为T3N0 M0，Ⅲ级。患者B手术后接受了9个周期的环磷酰胺，丝裂霉素C和5-氟尿嘧啶的化学药物治疗（2000年12月结束）；于2001年1月24日开始接受放射治疗；在锁骨上、胸骨和腋窝区域接受剂量为50 Gy的^{60}Co源照射治疗，胸壁同时用8 MeV电子束治疗。视野大小为14 cm×14 cm，剂量为2 Gy/次（共25次）。照射事故发生在最后一次（第25次）治疗期间。患者B在治疗期间或治疗后未立即报告任何异常感觉或疼痛。

患者B受照总剂量由来自治疗区域的电子束剂量48 Gy（24次，2 Gy/次）（治疗计划剂量）和意外照射剂量（事故剂量）组成。在发生干性脱屑后，很快出现红斑（发生在1 d之内）。在事故发生后1周内出现了湿性脱屑。

3月5日，患者B受电子束照射的部位出现疼痛；于3月12日进入BOC治疗一个月，照射部位中心边缘内部呈现浅白色；外涂亚麻酶外用软膏（linomag）、素高捷疗眼膏；口服维生素PP（烟酸）、维生素B_1、A和E；外用皮质类固醇；6月4日，10 cm×14 cm色素沉着的中心区域出现5 cm×10 cm的脱屑；2001年7月份，受照区域发展为中央溃疡加深和周围出现炎症疼痛；7月27日CT扫描结果呈阴性，但肺尖疤痕形成；于8月前往华沙肿瘤中心接受康复治疗，使用酶软膏、生育酚和己酮可可碱，并使用药物来缓解疼痛；在10月初，受照射区域中心出现1 cm×3 cm坏死区域，并且在其他地方存在几毫米的小“水泡”，伤口扩大；到10月底，背部出现了8 cm×8 cm的短暂红斑，覆盖在右侧肩胛骨上；开始发烧，接受抗生素治疗；于11月6日开始接受HBO治疗，于2001年12月21日结束；11月6日至11月19日期间，HBO治疗2次/d；11月20日到12月21日，HBO治疗1次/d，总治疗次数为46次；在2.5 bar压力下，有效吸入100%氧气，一个疗程持续75 min。

患者B在HBO治疗开始后的3周内局部改善。IAEA专家医疗小组于2001年11月30日和12月1日对患者B进行检查发现4 cm×10 cm区域颜色苍白，上表皮形成效果不佳，出现浆液性渗出和多个点状出血区域，表面组织固定在胸壁上，无明显坏死或感染区域。

IAEA专家医疗小组认为患者B在检查时，无接受手术治疗的必要，损伤可通过保守治疗而愈合，或者需要根据未来血管损伤的发展情况，开展重建手术；建议继续注射己酮可可碱（800～1 200 mg/d）和口服生育酚（400～500 mg/d），总治疗时间持续1年以上。

患者B在完成HBO治疗后出院；2002年1月，健康状况呈良性；受照射区域出现小块（1 mm×2 mm）局部溃疡，瘙痒。由于采取了保守治疗措施，患者B感觉良好，并在BOC接受为期2周的观察治疗。

患者B于2002年8月27日送入圣十字癌症中心的肿瘤外科病房，患有放射后纤维化，胸部右侧乳房切除术留下的疤痕表面坏死；于2002年9月6日接受了一次手术；对坏死组织、癌前组织和纤维化组织进行广泛切除（通过MRI和CT识别），并在腹部和胸壁之间的皮肤下方准备一条“通道”，用大网膜瓣覆盖伤口。在手术结束时，把大腿皮肤移除，并将薄皮移植物放置在皮瓣上。

2002年10月底，患者B仍然在圣十字癌症中心的肿瘤外科病房接受治疗，术后伤口愈合虽令人满意，但尚未痊愈。

6.5.4 患者C

患者C，女性，1941年3月22日生；于2000年12月8日接受右侧根治性乳房切除术，疾病分期为T2N2（9个节点＋/21），M0级，肿瘤为Ⅲ级；在手术前接受了5个周期的化疗；在2001年1月接受了一个周期化疗。化疗使用了环磷酰胺和阿霉素药物。

患者C于2001年2月13日开始接受放射治疗；对锁骨上方受照剂量25 Gy、腋窝区域25 Gy（2.5 Gy/次，共10次）、胸骨20 Gy（^{60}Co）的照射（2 Gy/次，共10次）。同时用2.5 Gy的8 MeV电子束照射胸壁。射野为17 cm×13 cm，照射剂量为157 MU。意外照射发生在第11次放射治疗期间。患者C受照总剂量由胸壁重要区域（8 MeV电子束剂量）25 Gy（治疗计划内剂量），和电子束意外照射剂量（事故剂量）两部分组成。患者C首次出现红斑时正住在医院接受治疗，随后2 d红斑增加，后消退；3月12日，开始出现湿性脱屑，在接受放射治疗的区域出现中度疼痛。根据医生所述，治疗区域“看起来好像接受了X射线全程放射治疗”。病情改善后，患者C于4月11日出院。

4月23日患者C因发烧再次入院治疗；外用皮质类固醇，随后出现了需要用胰岛素治疗的类固醇诱导的糖尿病；5月2日CT扫描显示一些心包液和前右侧胸壁异常，于5月开始康复；受照皮肤边缘出现白色边界，中央出现轻微的粉红色，伴有中度疼痛；6月手术疤痕处的中心区域出现溃疡。

5月23日，由于受照射的区域疼痛感增强，患者C住院治疗。其中心区域溃疡面较深（5 mm×10 mm）。在肿瘤标志物CA125的计数升高至160 mIU（正常计数<35 mIU）。CA125的计数已于10月底恢复正常，计数升高的原因尚不清楚。

8月8日患者C的CT扫描显示胸壁增厚或水肿，以及右胸膜腔中存在中等体积大小的积液；当天的胸部X射线检查结果显示右侧胸腔内浸润或右侧胸腔积液；注射己酮可可碱和口服生育酚。这几个月使用的其他治疗包括：外涂亚麻酶软膏（linomag），素高捷疗眼膏，口服维生素PP、B_1、A和E，注射胰岛素。

9月，患者C前往华沙肿瘤中心接受康复治疗，在此期间需使用药物缓解疼痛；10月份出院，但因内镜检查确诊胃溃疡再次入院，胃溃疡病史可追溯到1992年（1995年，由于胃溃疡出血，患者C在罗德兹职业健康研究所接受了手术）；从11月6日开始接受数周HBO治疗，但病情未见明显好转。

IAEA专家医疗小组于11月30日和12月1日对患者C进行检查的结果显示，16 cm×8 cm的区域出现重新上皮化的岛状结构（面积小于1 cm×1 cm），坏死和溃疡的分散区域。在手术疤痕部位出现一个3 cm×4 cm的溃疡，中心区域深2 cm×3 cm，延伸到下方肋骨。

12月1日，IAEA专家医疗小组获得了一份新的非对比胸部CT扫描胶片，结果显示溃疡深处与肺部之间的距离仅为1 cm，右侧胸膜腔可见中等大小的积液。检查结果表明肝右叶穹顶发生病变，不是囊肿。在先前的对比CT扫描中未发现该病变。来自BOC的专家认为这属于一种新的转移或血管瘤。

IAEA专家医疗小组认为患者C伤口较为严重无法在无干预的情况下愈合，出现了尿糖症状，可能只持续很短暂的时间，皮质类固醇也可能是导致糖尿病的原因；提出如下医疗建议：①使用核磁共振测定胸壁的放射性坏死程度，重点检查肋骨部位；②由于过去1个月的临床情况无显著改善，在完成预定治疗方案后停止HBO治疗；③继续使用己酮可可碱和生育酚，以减少长期残留纤维化的程度；④尽早考虑手术治疗，以避免发生气胸等并发症。

IAEA专家医疗小组指出：手术的类型将取决于胸壁的放射性坏死程度；若糖尿病系因皮质类固醇而非短暂性糖尿现象，则患者C将面临病情转变成败血症的风险；在决定手术类型之前，要实现对败血症的适当控制。

患者C于2002年1月在格丁尼亚医学研究所继续接受HBO治疗；2002年5月和6月，接受了BOC提供的阿霉素化疗，以验证BOC在12月进行的CT扫描中检测到肝转移的结论；8月5日，患者C送入圣十字癌症中心的肿瘤外科病房治疗；由于深部放射性坏死侵入胸膜腔，在乳房切除手术的疤痕处存在气胸迹象，身体状况非常差；检查未发现转移。

IAEA专家医疗小组认为先前对肝转移现象的假设是不确定的。患者C于8月14日接受了一次手术，对坏死组织和坏死前组织进行切除（通过MRI和CT识别），切除四根肋骨，在腹部和胸壁之间的皮肤下面制备的“通道”，用大网膜瓣覆盖伤口，左乳房的角质层下乳腺切除术；手术结束时，将左乳房和大腿的皮肤移植物移植在伤口上，并建立右胸膜腔的引流。

在2002年10月底，由于术后伤口的愈合过程尽管令人满意但尚未完成，患者C仍在圣十字癌症中心的肿瘤外科病房治疗。2002年8月到10月底每月重复一次超声检查未发现肝脏发生病变转移。

6.5.5 患者D

患者D，女性，1956年4月21日生；于2000年7月9日接受左侧根治性乳房切除术；手术后，疾病分期为T1N＋18/18（18个淋巴结中18个淋巴结取样呈阳性）M0级，肿瘤为Ⅲ级；接受了温诺平（vinorelbine）和阿霉素（doxorubicin）药物的4个周期的化疗。最后一个治疗周期于2001年1月4日完成。

患者D的放射治疗于1月29日开始；利用^{60}Co源对锁骨上区和腋窝部位进行50 Gy剂量的照射（20次，2.5 Gy/次），胸骨区域将接受42 Gy（^{60}Co）剂量的照射（21次，2 Gy/次）；同时用8 MeV电子束（2 Gy/次）照射胸壁，不加剂量照射11次，增加剂量照射10次；意外照射发生在2月27日第22次放射治疗期间，预期照射剂量为125 MU/次；完成第22次照射后，患者D向专家报告认为“本次治疗与之前的感觉有些不同”；离开治疗室几分钟后出现灼热或瘙痒的感觉，皮肤无明显变化；在意外照射后不久住院，受照的身体部位出现轻微红斑和疼痛，在病灶区域上了药膏后的第2 d，身上就出现了皮疹。专家认为皮疹属过敏反应。患者D接受了为期6周的全身和局部类固醇的治疗，受照后1个月出现湿性脱屑。

患者D于10周后返回医院，反映受照射区域疼痛加剧；体检显示在照射区域的周边出现一个3 cm的白色边界，中央纤维化，持续性疼痛，并且运动加剧疼痛；于2001年5月到华沙肿瘤中心住院接受康复和疼痛治疗；6月4日，照射区域的手术疤痕出现小面积糜烂的湿性脱屑；出院后于7月30日回到BOC，反映自己感到疼痛和身体虚弱，CT扫描显示存在少量胸腔积液，肿瘤标志物CA125的计数为197 mIU；8月口服生育酚和局部注射己酮可可碱，以治疗受照射区域的感染；9月再次到华沙肿瘤中心医院住院数日，继续接受康复治疗；10月，病变更加严重，对坏死病变进行清创，从伤口培养金黄色葡萄球菌；于2001年10月出现大量胸腔积液，并从病灶中取出1 L恶性细胞呈阴性的液体。

由于患者D临床症状表明，随着疾病发展出现健康状况不佳，体重减轻，肿瘤标记物数量增加，以及感染的局部损伤区域无肉芽迹象，专家认为HBO治疗对患者D无效，但未曾将此消息告知患者D。

患者D于11月5日再次进入华沙肿瘤中心乳腺癌和重建外科。入院时左前肺出现肿块，专家怀疑肿块系恶性，对该肿块进行了4次活组织检查分析，对癌症反应结果为阴性。放射性核素骨扫描显示患者受照射区域的左肋骨活动增加。患者D先前于9月8日的胸部CT扫描显示左侧有少量胸腔积液，肺部有一些反应；11月6日胸部的进一步CT扫描显示胸膜液，少量心包液，可能存在纵隔水肿，以及胸壁溃疡区深处的纤维化；11月6日也进行了胸部X射线检查，显示胸腔积液大量排出。在胸腔穿刺术后同一天拍摄的胸部X光证明大部分胸腔积液已排出。

患者D的11月6日胸部MRI检查，发现有少量左侧胸膜液和少量心包液。由于肋骨纤维化，左侧未显示清楚。心脏右心室的顶点位于坏死病灶后面，左心室前侧和外侧肌肉异常。此处为治疗计划中输送最高剂量的区域。11月23日胸部射线显示肺部左侧大量胸腔积液的重新积聚。11月，对铜绿假单胞菌感染伤口进行治疗，局部施用10%生理盐水和甲硝唑，从11月26日开始，外涂Nu-Gel吸收敷料和生物软膏（含海藻成分）；静脉注射青霉素和内酰胺酶抑制剂（tazocin）（3×4.5 mg/d，发热<37.8 ℃，持续3 d）；晚上口服酮类镇痛药（200 mg）、雷尼替丁（ranitidine）（200 mg，治疗胃溃疡）；注射反胺苯环醇（tramal）（2×100 mg/d）；口服三苯氧胺（tamoxifen）（20 mg/d）；口服生育酚（从900 mg/d减少到300 mg/d）和注射己酮可可碱（2×400 mg/d）。患者D入住华沙肿瘤中心时停止了抗抑郁治疗（阿米替林）（amitriptyline）。11月30日和12月1日患者D接受了IAEA专家医疗小组的检查，总体健康状况正常；无呼吸困难、胸痛或咳嗽；触诊时右乳房正常；区域淋巴结、肝脏和脾脏未扩大；左臂的功能令人满意，但运动范围略受限；听诊显示左肺底部浊音和左胸膜腔中的中度至大量胸腔积液重新积聚。在胸部左侧照射区域中记录了从Ⅱ级到Ⅳ级的皮肤和皮下组织的辐射反应，改变面积为14 cm×8 cm，并且该区域的中心处存在一个全层溃疡，面积为5 cm×4 cm。

IAEA专家医疗小组认为，检查时患者D的严重患病区域无法在无干预的情况下愈合；建议使用核磁共振技术来分析超剂量照射导致心肌损伤和肋骨坏死的可能性；建议尽早考虑手术治疗，以避免出现严重并发症；指出由于患者D心脏上方的薄胸壁中存在深度坏死病变，将面临潜在辐射引起的心脏损伤的额外风险。

患者D转移到法国居里纪念研究所进行进一步治疗；2002年5月23日抵达巴黎时，出现一般健康状况不佳，局部疼痛严重，发烧至38.0 ℃和38.5 ℃之间（6月6日达到39.5 ℃峰值），在受电子束照射的左胸壁区域，其全部厚度内部三分之二组织大量坏死以及铜绿假单胞菌的严重重复感染的症状。伤口深处可见心脏跳动。患者D首先接受局部治疗，使用抗生素治疗和止痛药。医学检测分析包括：①同位素左心室血分额检查，（5月27日）60%，正常；②5月28日）MRI检查显示心包和左侧胸腔积液，左心室前部病变（确认先前在波兰测得的MRI数据）；③6月6日远红外热像图显示胸壁所有受照组织的温度较低，认为是坏死前的；④细菌学方面，尽管用抗生素治疗，仍存在假单胞菌重复感染。

6月6日，患者D接受了放疗后的第一次外科手术。手术步骤包括：检查腹部；制备大网膜瓣；大范围消融左前胸壁坏死组织及坏死前组织，经皮下“通道”从腹部取出网膜瓣定位。大型坏死病灶的组织学分析显示无肿瘤痕迹。在观察治疗中，大网膜瓣已被患者D机体很好地接受，细胞快速增殖和伤口“填充”。7月4日，当大网膜瓣的增殖效果较好时，患者D接受了第二次修复手术，即在网膜瓣上放置一个取自右大腿前部的游离皮肤移植物。在正在进行的随访中，观察到移植物的快速“成活”，无热期症状，以及患者D一般状况的改善。患者D于2002年7月15日返回波兰，健康状况大为改善；于8月2日入住圣十字癌症中心的放射治疗病房，接受了常规的实验室检查，并拍摄了X光片；经常对伤口更换敷料。术后疤痕愈合进展顺利，胸部皮肤移植完全愈合，左大腿疤痕的外皮形成非常快。

患者D在治疗中心住院治疗期间，由于使用了少量止痛药，手术后疼痛明显减轻；于8月16日出院，遵照医嘱口服三苯氧胺，经常更换敷药；出院后一个月定期随访；10月19日的后续检查显示，术后疤痕已经愈合，无疼痛感，停止使用止痛药。

6.5.6 患者E

患者E，女性，1937年9月5日生，患有糖尿病史，已经通过口服药物成功治疗15年；在2000年11月进行左侧乳房切除术后，疾病分级为T2 N3（16个淋巴结标本中5个淋巴结癌呈阳性）M0级，病史无肿瘤分级；患者接受了2个周期的化疗，于2001年1月4日完成；从2月23日开始接受放射治疗；锁骨和腋窝区域受5 Gy（^{60}Co源）照射，（2.5 Gy/次，2次），胸骨区域受4 Gy（^{60}Co）照射，（2 Gy/次，2次）；同时使用8 MeV电子束治疗胸壁，受5 Gy剂量照射（2.5 Gy/次，2次）。照射野大小为18 cm×11 cm，计划照射剂量为156 MU。患者E完成了第2次照射，在接受第3次照射放疗期间发生了超剂量照射事故。涉及区域的总剂量由8 MeV电子产生的5 Gy治疗计划剂量和意外电子照射剂量组成。患者E在事故当天出现了微弱的红斑。

患者E在治疗结束时反映身体受照区域出现“烧灼感”，与患者D先前情况相同，便停止了治疗；受照射后的第2周，出现轻微的红斑；在接下来的2周内变成干性和湿性脱屑；从4月初开始，上皮形成，感觉身体受照射区域严重疼痛，与临床观察到的皮肤情况不同；5月，受照射区域中心纤维化，并出现模糊的白色边界。

肿瘤标志物CA125的计数略微升高。7月患者E疼痛加剧，但受照射区域外观无变化；8月前往华沙肿瘤中心接受康复治疗。治疗主要包括外用亚麻酶软膏（linomag）、素高捷疗眼膏；口服生育酚、维生素PP、B1、A和E，注射己酮可可碱；10月31日胸部X射线影像显示左肺中部出现小体积浸润或萎缩（纤维化）。受经济条件限制，患者E于2001年2月至9月到医院间断性住院接受治疗；10月中旬受照射区域感染并迅速蔓延；伤口中心处出现1.5 cm×1.5 cm小面积坏死。11月5日，患者E送入格丁尼亚医学研究所接受HBO治疗。尽管进行了HBO治疗，但接下来的一个月内仍存在溃疡。内侧线坏死区域增加至5 cm×5 cm，还出现了2～3个小面积坏死病灶区域。

IAEA专家医疗小组于11月30日和12月1日对患者E进行了检查，发现大面积（14 cm×7 cm）的Ⅲ级和Ⅳ级放射性损伤。手术瘢痕区域出现一个5 cm×5 cm的黑色坏死病灶，并且全厚度向下延伸到肋骨。医疗小组要求患者E进行非对比胸部CT扫描。12月1日CT扫描显示有少量心包积液，心脏左心室顶点位于坏死病灶下，并且由局灶性凸起引起轻微变形。

IAEA专家医疗小组认为，检查时患者E受到了非常严重的辐射损伤，伴随着糖尿病的存在，使治疗条件更加复杂；紧急情况下需要进行手术治疗；因患糖尿病而患上败血症的风险较高，并使手术和愈合变得困难，且成功率不确定。患者E心脏正上方薄胸壁呈现深度坏死病变，具有超剂量照射造成心脏损伤的额外风险。

患者E在格丁尼亚医学研究所开展的HBO治疗于圣诞节期间中断，2002年1月重新开始；2月8日，送入圣十字癌症中心的放射治疗室；位于胸部左侧乳房切除术瘢痕处2～3 cm深处放射性坏死。病变部位的大小在10～15 cm之间，溃疡底部覆盖一层厚的坏死组织；8月3日，在全身麻醉的情况下，采用简短程序切除该坏死物质。

按照治疗程序，患者E经常更换伤口敷料，并使用格兰力士（胰蛋白酶，秘鲁香脂，蓖麻油喷雾）胶体（granuflex）；于9月10日出院，并转移到法国居里纪念研究所接受进一步手术治疗；9月10日进入居里研究所时，一般状态良好，左前胸壁大溃疡稳定。根据9月11日采集的细菌学样本，铜绿假单胞菌和葡萄球菌双重感染，以及严重的尿路感染，患者E通过局部和全身使用抗生素来治疗感染。9月11日开展的同位素左心室射血分数检查显示55%正常。9月13日，再次CT扫描显示存在大量溃疡并伴有胸膜反应，未怀疑心包病变。肋骨略有异常，但无明显的放射性坏死迹象。

9月16日，召开第一次医学专家会议，讨论将要采取的治疗方案，决定放弃对患者D实施成功的网膜瓣手术，主要考虑以下因素：①患者D之前曾接受过腹部胆囊切除手术，手术带来的纤维化可能使得制备足够大的网膜瓣变得困难；②腹腔感染假单胞菌的风险不容忽视。患者年龄大，极难治疗这种感染；③患者D患有糖尿病。

在完成准备之后，决定尝试制备背侧带蒂皮瓣。患者E于2002年9月30日接受了手术，对所有坏死组织和坏死前组织进行广泛切除（MRI和CT精确识别）。切除的组织样品送往 IRSN、法国原子能委员会（French Atomic Energy Commission，CEA）和生命科学理事会（Direction des sciences du vivant）实验室进行分析。由于第 3、4、5 和 6 根肋骨的前段宏观结构异常，导致完全切除。切除位于胸膜和心包水平的组织（不包括在内）。制备肌皮瓣（背阔肌）及其血管蒂。皮瓣充分覆盖了切除区域。手术的即刻效果令人满意。

患者 E 的随访较简单，无明显的感染，健康状况良好，皮瓣快速愈合至 90%～95%。10 月 17 日检查结果显示除了皮瓣内部一块面积有限的区域（1.5 cm×1.5 cm）未愈合外，愈合过程令人满意。预计在检查后的几周内该区域可自发愈合，无需补充手术治疗，只需对该区域进行局部治疗。患者 E 术后伤口愈合尚未完成，2002 年 10 月底患者 E 仍在法国居里纪念研究所住院治疗。

6.6　结论、建议和经验教训

6.6.1　运营机构：放射治疗科

NEPTUN10P 型加速器束流监测系统出现故障，导致剂量率大幅上升，显示屏剂量率指示值低于正常水平。这是由于二极管故障导致安全联锁系统无法工作造成的。此外，电子枪的灯丝电流限制值设置在较高水平，因故障导致的剂量率比预期高许多倍。上述因素的结合导致向患者提供的剂量大幅增加。

为了预防其他超剂量辐射事故的发生，在恢复重启患者治疗程序之前，适用于医疗领域的加速器的质量保证（QA）规程需要对束流输出进行剂量测量检查。包括电源故障、其他异常事件，如剂量率显示器的异常读数。

6.6.2　国家放射治疗基础设施

电网不稳定的国家应采取措施，通过酌情为使用医疗电气设备机构提供独立的供电系统，确保该医疗机构配有均匀稳定的交流电源，以保障医疗电气设备的安全运行。

根据《电离辐射防护和放射源安全国际基本安全标准》（IAEA Safety Series No. 115），国家放射治疗质量保证计划应包括确保物理和医疗放射治疗部门严格执行综合质量保证系统的规定，以及利用医学物理和放射肿瘤学专家的外部审查系统开展的审查[18]。医院需配备足够的质量控制工具，以便实施放射治疗质量保证系统。电源故障后对束流输出进行剂量检查的规定需包含在质量保证方案中。医院应组织全体直接或间接参与放射治疗的工作人员参加培训和学习，从意外辐射事故中吸取经验教训，以促进对异常情况的认识和了解。

6.6.3　设备制造商和供应商

BOC 意外超剂量辐射事故表明，两个故障可能同时发生在两个电路，导致具有失效的束流监测系统的加速器运行。此外，由于在束流监测系统发生第二次故障之前，未注意到失效的联锁元件（二极管），导致双重故障发生的可能性增加。在这种情况下，即使第二次故障，剂量监测系统电源中存在缺陷的保险丝使系统失效，并导致灯丝电流驱动达到最大值，联锁系统也可以允许启动程序进行。

NEPTUN10P型医用加速器是在IEC标准发布之前设计和生产。其剂量监测系统不符合当前IEC关于医用加速器安全操作的标准。特别是，1998年IEC颁布的IEC-601-2-1第29.1.1.1节包含了比1981年IEC颁布的IEC-601-2-1中更严格的加速器光束监测系统设计标准。

新一代NEPTUN型加速器或目前正在开发的加速器的设计，需要采用最新的IEC-60601标准。其中关于剂量率监测系统和安全联锁的规定如下：①监控系统的设计。若故障情况下，设备可在正常治疗距离下提供10倍以上技术说明中规定的最大吸收剂量率，则应使用独立于剂量率监测系统电路的辐射束流监测装置，将辐射束流分配系统安装在患者侧，把辐射场中任何一点的超额吸收剂量限制在4 Gy以下（第29.1.3条）。在能同时产生X射线和电子射线的设备中，需在产生下一个辐射脉冲之前终止照射。②安全联锁的设计。设备的设计和制造应在单一故障情况下，不存在安全隐患（第52条）。③安全联锁的检查。需要对安全联锁进行检查，以确保满足故障安全条件，即任何影响联锁正常功能的元件失效均能终止照射。第29.1.3节进一步规定：在每次新的治疗前都需对联锁功能进行测试，以防止未注意到无效的联锁。

最新IEC60601对于现有医用加速器的要求：①安全审查和评价。在颁布新的安全标准时，需审查和重新评估现有医用加速器的安全，以便将加速器安全提高到尽可能接近新的IEC60601-1-4和60601-2-1标准的水平。可从技术上和程序上对现有医用加速器进行升级改造，重新评估需要考虑到升级改造对加速器的影响。发出警告通知要求在每次新照射之前验证相关联锁功能是否正常，并告知如何开展验证。②使用说明书中的警告。制造商需在维护和服务说明书中对加速器灯丝电流限值的调整、其他安全关键设备的调整进行警告说明。③限制访问。在切实可行的情况下，需要将获得安全性的调整和部件的使用，限制在由制造商专门指定、许可和了解部件安全的维护工程师。可以通过密封某些电位计、在设备的部件上贴上警告标签或采取行政措施来限制进入或访问[19]。

在由制造商负责组织和实施培训的加速器维护人员的培训课程中，需规定对加速器中某些关键部件的操作或调整的限制，明确强调安全要素，并包括警告说明。

6.6.4 医疗方面

5名患者受超剂量照射造成的损伤均非常严重。一些患者的病情因并发疾病而复杂化。HBO治疗改善了部分患者局部损伤情况。5名患者均接受了手术治疗。

受辐射损伤之后，血管损伤的演变和潜在血液供应的恶化存在明显的时间延迟现象，往往是在超剂量照射之后的1个月或几年。2004年2月，早期受超剂量照射的患者所表现出的损伤正随着并发症的发展而恶化。

由于随访时间短，术后瘢痕愈合不完全，手术治疗结果的评估是初步的。但考虑到受伤的严重程度和并发疾病的存在，患者的情况得到了显著改善。从本次辐射事故中所得出的下列建议，也普遍适用于导致局部辐射损伤的其他意外照射事故：

1）在未考虑个别患者的情况和其他医疗问题的情况下，不应孤立地治疗这些患者。

2）手术类型由胸壁放射坏死的程度而定，以便：①若胸壁可保留，深层肉芽组织有效，可以进行简单的植皮；②若胸壁可保留，但肉芽组织不足或缺失，则需考虑从背部或腹部肌肉构建肌皮瓣；③由于放射性坏死的程度而必须部分切除胸壁，最佳的治疗方法是使用经横膈膜带来的网膜瓣，并用植皮覆盖。

3）外科治疗对放射治疗患者的严重放射损伤具有很大的发病率和死亡率。

因此，在决定是否进行大型外科手术之前，必须确保①无明显转移性疾病；②可接受的肺储备；③充足的心肌灌注和适当的脓毒症控制。

需为放射性损伤患者提供心理疏导和支持。已经成功接受手术的患者和正在准备手术的患者之间的交流，对于鼓励后者的作用重大。定期和长期对患者开展随访工作，以了解肿瘤治疗效果，以及确定皮肤辐射综合征的长期后遗症。

参考文献

[1] IAEA. Accidental Overexposure of Radiotherapy Patients in Białystok (STI/PUB/P1180) [R]. Vienna: International Atomic Energy Agency, 2004.

[2] IAEA. Module 2.8: Accelerator interlock failure (Poland) (IAEA Training Course) [R]. Vienna: International Atomic Energy Agency, 2014.

[3] J. Bigolas, S. Getka, A. Kucharczyk, et al. THE SW ACCELERATING STRUCTURE OF VARIABLE ENERGY ELECTRON LINAC FOR MEDICAL APPLICATION [R]. Chicago: Proceedings of the 2001 Particle Accelerator Conference, 2001.

[4] Barbara Gwiazdowska, Wojciech Bulski. The role of the Polish Secondary Standard Dosimetry Laboratory in view of the requirements of the EC Directive 97/43 Euratom [J]. NOWOTWORY Journal of Oncology, 2004, 54 (4): 323-332.

[5] R J Briggs. Linear Induction Accelerators [R]. 77 Massachusetts Avenue, Cambridge, MA, USA: Massachusetts Institute of Technology, 2012.

[6] Wikipedia. Monitor Units [EB/OL]. California, U. S. A: Wikipedia. 2019-06-02 [2019-09-01]. https://en.wikipedia.org/wiki/Monitor_unit.

[7] W. PARKER, H. PATROCINIO. Chapter 7 CLINICAL TREATMENT PLANNING IN EXTERNAL PHOTON BEAM RADIOTHERAPY [R]. Quebec, Canada: McGill University Health Centre, Montreal, 2012.

[8] International Electrotechnical Commission. Medical electrical equipment - Part 2-1: Particular requirements for the basic safety and essential performance of electron accelerators in the range 1 MeV to 50 MeV (IEC 60601-2-1: 2009) [S]. Geneva, Switzerland: International Electrotechnical Commission, 2009.

[9] Schmidt W, Waag V, Nadrowitz R, et al. Structural solution to the Greifswald Neptune 10p linear accelerator project from the viewpoint of radiation protection [J]. Radiobiol Radiother (Berl). 1981, 22 (4): 460-4.

[10] Parvaneh Shokrani, Shahram Monadi. A comparison of the basic photon and electron dosimetry data for Neptun 10PC linear accelerators [J]. NUKLEONIKA 2008, 53 (4): 181-185.

[11] Council of the European Union. Council Directive 97/43/Euratom of 30 June 1997 on health protection of individuals against the dangers of ionizing radiation in relation to medical exposure, and repealing Directive 84/466/Euratom [S] Brussels: official journal of european communities, 1997.

[12] IAEA. IAEA Emergency Response Network ERNET [R]. Vienna: International Atomic Energy Agency, 2002.

[13] IAEA. Absorbed Dose Determination in External Beam Radiotherapy An International Code of Practice for Dosimetry Based on Standards of Absorbed Dose to Water (Technical Reports Series No. 398) [R]. Vienna: International Atomic Energy Agency, 2000.

[14] BOAG, J. W. "Ionization chambers", The Dosimetry of Ionizing Radiation, Vol. II [M]. London: Academic Press, 1987.

[15] D I Thwaites (Chair), D T Burns, S C Klevenhagen. The IPEMB code of practice for electron dosimetry for radiotherapy beams of initial energy from 2 to 50 MeV based on an air kerma calibration [J]. Phys Med Biol, 1996, 41 (12): 2557-603.

[16] ICRU. Radiation Dosimetry: Electron Beams with Energies Between 1 and 50 MeV (ICRU Report No. 35) [R]. Bethesda, MD: International Commission on Radiation Units and Measurements, 1984.

[17] MFMER. Hyperbaric oxygen therapy [EB/OL]. Rochester, MN, United States: Mayo Foundation for Medical Education and Research (MFMER), 2017-02-12 [2019-09-01]. https://www.mayoclinic.org/tests-procedures/hyperbaric-oxygen-therapy/about/pac-20394380.

[18] IAEA. International Basic Safety Standards for Protection Against Ionizing Radiation and for the Safety of Radiation Sources. IAEA Safety Series No. 115 [R]. Vienna: International Atomic Energy Agency, 1996.

[19] 李小华，王超，任廷伟，等．一起医用电子加速器辐射事故分析及救援概况 [J]．核安全，2020，19 (1)：8-31.

第 7 章

2001 年格鲁吉亚^{90}Sr放射性同位素热源辐射事故概况与分析

2001 年 12 月 2 日，在格鲁吉亚利亚村（Lia）以东大约 50 km 处的一片森林里发生了 3 名伐木工人超剂量意外照射的辐射事故[1]。辐射事故由伐木工人无意发现 2 个高温热源并将其用于人体取暖引起。后来经证实高温热源系 2 枚活度为 1 295 TBq ^{90}Sr 放射性同位素热源（radioisotope heat source，RHS）[2]。

在第一次接触到放射源 3～3.5 h 后，3 人出现恶心、头痛、头晕和呕吐症状。1～2 周后，2 人背上产生了烧灼感，另一人右手也产生了烧灼感觉[3]。其家人向当地警方报告了这些症状。警察建议 3 人前往当地医院申请医疗救助。3 人于 2001 年 12 月 22 日到事故发生地——特斯伦吉卡（Tsalenjhikha）区行政中心祖格迪迪市（Zugdidi）的大型综合医院住院接受治疗。医院根据 3 名患者的病史和临床症状，诊断为急性放射病或急性放射综合征（acute radiation syndrome，ARS）；并向位于格鲁吉亚首都第比利斯的应急医疗中心报告；要求将患者转院到第比利斯血液学和输血学研究所（Institute of Hematology and Transfusiology in T' bilisi，IHT）接受专业治疗[4]。IHT 为 3 名患者采取了包括抗菌治疗和使用免疫调节剂普通治疗的救治措施。

格鲁吉亚政府于 2002 年 1 月 4 日请求国际原子能机构根据“核事故或辐射应急援助公约”（简称援助公约）提供援助。根据这一请求，IAEA 组织和派出了辐射事故专家援助团队前往格鲁吉亚。第一支团队于 2002 年 1 月 5 日抵达，主要任务是深入现场调查和判断发生了什么事故，并对受超剂量照射人员的诊断和治疗开展初步医学评估。第二支团队于 2002 年 1 月 27 日抵达，主要任务为协助格鲁吉亚当局训练回收放射源小组成员。训练内容包括：搜寻和定位放射源；执行回收放射源任务；对放射源进行鉴定；对事故现场开展电离辐射水平监测；为超剂量受照人员提供医疗救助。

在 IAEA 的帮助下，3 名患者中的 2 名均转院到国外的电离辐射损伤专科医院治疗，其中一名患者到法国巴黎佩尔西（Percy）军事医院烧伤治疗中心接受治疗，另一名患者到位于莫斯科的俄罗斯联邦班娜斯亚（Burnasyan）医疗生物物理中心的生物物理研究所治疗。

7.1 背景信息

2001 年格鲁吉亚^{90}Sr放射性同位素热源辐射事故与苏联生产、使用和擅自遗弃的放射性同位素热电发生器（radioisotope thermoelectric generators，RTG）相关。

7.1.1　事故地点

格鲁吉亚原为苏联加盟共和国，现为欧亚大陆高加索地区的主权国家。东邻阿塞拜疆，南与土耳其和亚美尼亚接壤，西临黑海，北邻俄罗斯联邦。根据格鲁吉亚国家统计局报告，截至 2017 年年底，该国人口为 3 718 200。^{90}Sr放射性同位素热源辐射事故受害者居住于利亚（Lia）村。该村位于格鲁吉亚首都第比利斯西北约 320 km 的特斯伦吉卡（Tsalenjhikha）行政区。

7.1.2　放射性同位素热电发生器

RTG 是一种通过热电转换系统将放射性核素衰变过程中释放的热能转化为电能的放射性同位素装置。苏联采用不同的放射性同位素设计和生产了各种类型的 RTG。放射性同位素^{144}Ce（活度 740 TBq），^{137}Cs（活度 1 850～5550 TBq）和^{90}Sr（活度 3 700 TBq）常用作 RTG 的放射性同位素热源（RHS）。在 IAEA 2003 年 7 月颁布的放射源分类标准文件（IAEA-TECDOC-1344）中，将 RTG 中的 RHS 归类为具有最大活度和最高风险的 I 类放射源[5]。经典 RTG 的功率范围在 1～1 000W 之间，工作寿命在 10～20 a 之间。苏联采用^{144}Ce和^{90}Sr设计和生产了 Beta-1、Beta-2、Beta-3、Beta-C 和 Beta-M 型 RTG[6]。此类 RTG 常用于无法获得常规电能供应的偏远地区和漫长海岸线通讯设备中继系统、灯塔、导航信标、气象监测系统等需要自主电源的远程监测站点的电源[7]。苏联将^{90}Sr作为 RHS，生产制造的 RTG 型号与出厂时源初始活度见表 7-1（注：除每台 Gorn 型 RTG 含有 3 枚 RHS 外，其他类型 RTG 仅含 1 枚 RHS，表 7-1 仅列出了 1 枚 RHS 活度）。根据格鲁吉亚提供的数据和参考文献［6］的信息，可知本次辐射事故涉及的放射源属于 Beta-M 型 RTG，活度为 1 295～1 480 TBq。

表 7-1　苏联采用^{90}Sr作为 RHS 制造的 RTG 型号与出厂时原初始活度（数据来自文献［6］）

RTG 型号	^{90}Sr活度/kCi	^{90}Sr活度/Bq	RHS 功率/W	RTG 输出电压/V	RTG 质量/kg	生产年代
IEU-1	465	1.72×10^{16}	720	24	2 500	1976 年
Gorn	173.24	6.40×10^{15}	1 100	7	1 050	1983 年
IEU-2 M	116.25	4.30×10^{15}	690	14	600	1985 年
Efir-MA	104.45	3.86×10^{15}	720	35	1 250	1976 年
IEU-2	100.75	3.73×10^{15}	580	6	580	1977 年
Gong	46.5	1.72×10^{15}	315	7	600	1983 年
Beta-M	35.7	1.32×10^{15}	230	—	560	1978 年

辐射事故发生后，经格鲁吉亚当局调查核实，8 台 Beta-M 型 RTG 于 20 世纪 80 年代早期引入苏联加盟共和国格鲁吉亚，用于当时在建的恩古利（Engury）水电站和哈斗尼（Hudoni）水电站之间的无线电中继系统供电[8]。这些 RTG 以每 2 台为一组安装

放置在缺少常规电力供应偏远地区的 4 个变电站。Beta M 型 RTG 的发热元件是^{90}Sr，活度为 1 480 TBq，热功率为 250 W，1 m 处的韧致辐射剂量率为 1 Sv/h。图 7-1 为 Beta M 型 RTG 垂直剖截面图[9]。

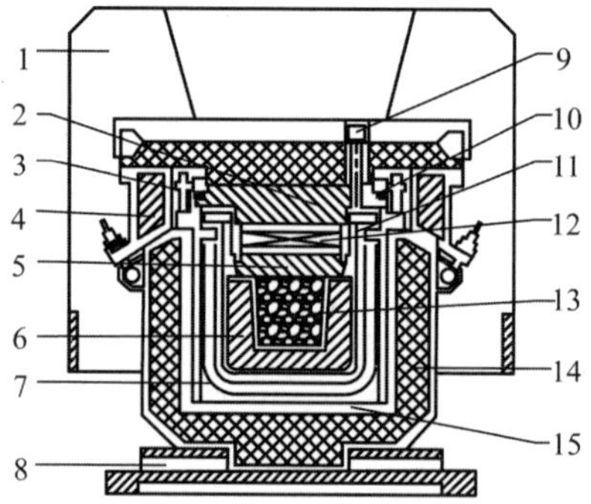

图 7-1 Beta-M 型 RTG 垂直剖截面

1—散热器；2—顶盖；3—法兰；4—（贫化铀）辐射屏蔽层；5—热量传递层；6—保护装置；7—热屏组件（热量屏蔽组件）；8—底座；9—电源输出导线；10—密封垫圈；11—放射源支撑件；12—热电转换单元；13—放射性同位素热源；14—（贫化铀）辐射屏蔽层；15—框架外壳

苏联哈斗尼（Hudoni）水电站停止施工后，无线电中继系统失去作用，RTG 遗留在原地未得到有效监督和控制。20 世纪 90 年代末，金属偷盗者将 RTG 金属外壳和屏蔽层拆开，使 RHS 裸露，将 RTG 移动离开了原来的位置。在 8 枚^{90}Sr 放射源中，迄今仅发现了 6 枚。1998 年，在爱达丽村（Idiani）附近的斯旺尼梯（Svaneti）地区发现了第一对 RHS，同年将其移走并安全地贮存起来[10]。第二对 RHS 是于 1999 年在那巴特斯海那村（Laburtskhila）附近发现，于 1999 年 5 月移走和贮存。接触放射源的人未受高剂量照射或寻求帮助，医学健康体检也未发现任何异常。2001 年 12 月，利亚村（Lia）的 3 名伐木工发现了第三对^{90}Sr 放射源。

7.1.3 事故年表

2001 年 12 月 2 日利亚村（Lia）的 3 名伐木工（指定为患者 A、B 和 C）驾驶卡车在利亚村（Lia）以东 45～50 km 处收集木柴；18：00 左右，发现两个圆柱形金属物体躺在森林小路上；观察到金属物体周围约 1 m 半径范围内雪已经融化了，潮湿的土壤上方缓慢地冒出蒸发的水蒸气。据 3 人阐述，在从事捡拾木柴劳动时，偶然发现了这 2 个质量为 8～10 kg，Φ10 cm×15 cm 的圆柱形高温金属热源（金属热源）。

患者 C 拿起一个金属热源，感觉其温度高，烫手，立即将其丢弃。3 名患者计划第二天早上把收集到的木柴堆放到卡车上；因天色渐暗，决定在森林里过夜；用刚才发现的金属热源作为取暖器。患者 C 使用坚固的金属线将其中一个金属热源提起，将金属线穿过热源的框架孔，并把热源拖拉到距离森林土路 2～3 m 处的一块大石头后面，整个拖运过程耗时约 1 min。患者 A 和 B 生火做晚餐，整夜都待在明火旁。由于第二个金属热源的框架没有任何孔洞，在患者 C 将第二个热源从地面抱起的同时，患者 B 在热源周围缠绕了一根坚实的金属线。此过程大约耗时 2 min。患者 C 依靠缠绕热源后余留出的 0.5 m 长金属线将热源移动到岩石上，并将其放置在另一热源附近。

3 名伐木工夜间坐在明火周围取暖，距离身后金属热源约 1 m 远。患者 A 和 B 夜间在金属热源产旁呆了 1～1.5 h。金属热源与其背部上部和中部之间的距离大约为 10 cm。由于 3 人都未戴手表，所有时间间隔均采用估计方法获得。晚饭后，3 名患者喝了一些（伏特加）酒；在饮了约 100 mL 酒后，感到异常不适，无法入睡。

在第一次接触放射源后 3～3.5 h，3 名患者均出现了恶心、头痛、头晕和呕吐症状。饮用一些伏特加酒后，患者 A 呕吐了几分钟，患者 B 在 30 min 后呕吐，患者 C 在 1 h 后开始呕吐。呕吐次数频繁，几乎持续了整个晚上。因感到疲惫不堪，或睡眠不足而感到虚弱，3 名伐木工第二天早晨仅把一半的木柴装上卡车，于 2001 年 12 月 3 日 17 时左右回到利亚村（Lia）家中。除了第一个晚上，以后未出现进一步的呕吐。根据访谈记录，患者 A 和 B 通过背起方式将其中一个热源，绑在一根木柴棍的顶部。热源捆绑在木柴的顶部悬挂约几个小时。事故场景仍然存在一些不确定性因素。3 名患者的医学症状和管理年表、回收放射源和当地居民监测年表分别如表 7-2 和表 7-3 所示[11]。

表 7-2　三名患者的医学症状和管理年表（数据来自文献［4］）

时间	照射后天数/d	事件
2001 年 12 月 2 日	0	第一次接触放射源后 3～3.5 h，患者 A、B 和 C 夜间数次呕吐，出现恶心、头痛和头晕症状
2001 年 12 月 3 日	1	患者 B 反复腹泻，后发展为皮肤反应型荨麻疹。发痒的黄斑覆盖着整个身体表面
2001 年 12 月 4 日	2	患者 B 到村诊所就诊，但没向医师提及与“金属热源”接触。当地医生诊断患者为中毒，通过对患者 B 输注生理盐水和哈莫德（Haemodes）解毒剂溶液来治疗，通过肾脏清除和肌肉注射氯胺来清除有毒代谢物，以治疗可能的过敏反应。经过治疗之后，患者 B 的症状在一天内消失
2001 年 12 月 10 日	8	患者 C 右手出现红斑，伴有灼烧感和水肿，无法闭上手指，皮肤变平展
2001 年 12 月 13—14 日	11～12	患者 C 右手上出现干燥性脱皮
2001 年 12 月 15 日	13	患者 A 和 B 感到背部灼热感和瘙痒
2001 年 12 月 17 日	15	患者 A 喉咙疼痛，无法发音。患者 B 出现与受照后第 1 d 相同类型的过敏反应，背部干燥性脱皮
2001 年 12 月 22 日	20	3 名患者到祖格迪迪（Zugdidi）市大型综合医院住院治疗。院方将 3 名患者诊断患有急性放射病，并将案件报告给第比利斯的紧急医疗中心（格鲁吉亚劳动，健康和社会事务部），要求将患者转院到第比利斯血液学和输血学研究所（IHT）治疗
2001 年 12 月 23 日	21	3 名患者转院到 IHT 接受治疗
2002 年 1 月 23 日	52	C 患者接受治疗后出院，作为门诊患者接受留观
2002 年 1 月 31 日	60	IAEA 收到格鲁吉亚政府关于到国外为患者 A 和 B 提供电离辐射损伤专业治疗的请求

续表

时间	照射后天数/d	事件
2002年2月21日	81	位于莫斯科的俄罗斯联邦班娜斯亚（Burnasyan）医学生物物理中心的生物物理研究所收治患者A。法国巴黎佩尔西（Percy）军事医院烧伤治疗中心接受患者B开展进一步治疗
2003年3月18日	471	患者B接受皮肤辐射综合征（cutaneous radiation syndrome，CRS）治疗后，出院回到格鲁吉亚
2004年5月13日	893	患者A因恶化的健康状况和多器官功能衰竭而死亡

表7-3　回收放射源和当地居民监测年表（数据来自文献［4］）

时间	照射后天数/d	事件
2001年12月20—22日	20	3名患者到祖格迪迪（Zugdidi）市大型综合医院住院治疗。院方将3名患者诊断为患有ARS，并将案件报告给第比利斯的紧急医疗中心（格鲁吉亚劳动，健康和社会事务部），要求将患者转院到IHT治疗
2001年12月21—23日	21	因路况差和天气恶劣，格鲁吉亚当局起初尝试确定加热装置（可疑放射源）的具体位置，以失败告终
2001年12月27—29日	27	第二次尝试确定可疑放射源的位置成功。确定了源的具体位置，检查源的物理状况，并进行录像
2002年1月4日	33	IAEA收到格鲁吉亚政府关于协助回收放射源的请求
2002年1月5日	34	格鲁吉亚医疗队对大约20名利亚村（Lia）居民开展医学检查
2002年1月6—7日	34～37	来自格鲁吉亚环境保护部核与辐射安全司（Nuclear and Radiation Safety Service，Ministry of Environment Protection of Georgia，NRSS），内政部紧急情况和民防司（Department of Emergency Situations and Civil Defence of the Ministry of Internal Affairs，Georgia，DESCD）和物理研究所的专家团队在IAEA专家的陪同下，尝试前往放射源所在地收回放射源。因极端天气条件和极差道路通行状况，团队无法到达该地点，回收放射源的尝试失败
2002年2月2日	62	来自NRSS、DESCD和物理研究所的专家团队在IAEA专家的陪同下，安全到达指定地点回收放射源

7.2　IAEA援助团

IAEA派出辐射事故专家援助团前往格鲁吉亚开展了两次访问。

7.2.1　任务目标

IAEA辐射事故专家援助团的第一次访问于2002年1月5日至11日举行，主要围绕以下任务目标开展工作：通过分析可获得的信息和物理测量来评估人们受照剂量的数量级；对超剂量受照个体预后（根据经验预测的疾病发展情况）和治疗开展初步的医学评估；识别出IAEA针对“为了尽量减少放射性后果所提供的协调和援助”而可能提出的问题；建议IAEA向格鲁吉亚提供其他额外援助。

第二次访问于2002年1月27日至2月9日举行，其任务目标是：为筹备和执行从格鲁吉亚西部特斯伦吉卡（Tsalenjika）地区的偏远山区回收两枚（^{90}Sr）无主源（无法确定主人的放射源，简称无主源）阶段提供技术支持和咨询；在格鲁吉亚举办一次以无主源为主题的IAEA技术会议。

7.2.2 访问任务结果

1. IAEA第一次访问任务结果

IAEA辐射事故专家援助团参加了格鲁吉亚环境保护部、自然资源部以及DESCD共同举办的讨论会议。根据格鲁吉亚当局2001年12月29日拍摄的一段展现放射源及其位置的短视频，介绍和讨论了辐射应急情况。此阶段主要关注的问题是：为每枚放射源制作一个铅屏蔽容器；根据该地区的辐射水平和天气情况，组织和规划回收放射源行动；因恶劣的天气条件，丢失放射源的风险；当地居民对自身安全和利益的关注。

IAEA小组咨询在IHT住院治疗的3名患者情况后，认为院方对患者病情的诊断和治疗是适当的，患者可继续在IHT接受治疗；没有一名患者处于危及生命的状况，并且他们都处于血液学缓解期的稳定阶段；患者A和B中度严重的表浅放射性灼伤到背部，处于自发性恢复阶段；患者C有轻微的放射性损伤，可以在10 d内出院，回利亚村（Lia）的医疗机构门诊部定期复诊。

在IAEA小组的监督和指导下，格鲁吉亚劳动、卫生和社会事务部的一个医疗小组于2002年1月8日对当地居民健康状况开展评估。18名医师参与了筛查工作，对受辐照后可能出现的早期和晚期健康后果以及最近严重辐射事故中所观察到的损伤类型以及其管理情况做了两次简要介绍。在讨论了这些负面发现后，对当地居民中可能的受照人员进行了医学检查，以消除焦虑和恐慌。在300名筛查居民中，未发现因辐射导致的健康影响。

IAEA辐射事故专家援助团在第一次任务汇报中指出了格鲁吉亚当局的职责。职责主要包括：迫切需要安全地确定放射源的位置；制订和启动回收放射源计划，并在若干组织的参与下提供后勤保障支持，其中包括运输、安全保卫和铅制屏蔽容器的制备；选择调查和人员监测设备；选拔和培训有关工作人员；在当地开展模拟回收放射源（假密封源）的实践操作培训；放射源的运输和贮存；为3名受照患者提供医疗援助。

2. IAEA第二次访问任务的结果

（1）患者

IAEA援助团非常赞成当地医生的意见，认为两名最严重受伤的患者A和B迫切需要转移到国外专科医院治疗急性放射病；同时还建议IAEA为患者到国外接受电离辐射损伤的专门治疗提供帮助和便利。

（2）回收放射源的操作

格鲁吉亚物理研究所专家与环境保护部、自然资源部工作人员共同制订回收放射源的计划。该计划旨在有限的财力和技术资源情况下安全地回收放射源，主要内容包括：建造一个厚27 cm，高90 cm，重5.5 t铅制放射源运输和贮存容器以屏蔽射线；制造特殊的远程钢制搬运工具和钳子用于回收放射源；改装旧军用卡车用于运输铅制放射源运输容器；培训参与回收放射源操作的26名DESCD工作人员，同时确保其个人有效剂量远低于国际标准限值；2 d的食物供应，12辆车的燃料（7辆汽车，3辆卡车，1辆公共汽车和1台推土机），约50人的住宿等后勤保障。

IAEA提供了热释光个人剂量计，确保准备和回收放射源的操作符合国际辐射安全标准和良好实践要求。

因当地和国际媒体对格鲁吉亚^{90}Sr放射性同位素热源辐射事件表现出极大的兴趣和关注，IAEA参与处理媒体咨询事务。应格鲁吉亚当局（格鲁吉亚环境保护、自然资源部和内政部）的要求，IAEA辐射防护专家援助团的领导参加了几次媒体新闻发布会，旨在协助格鲁吉亚当局客观、公正地向公众提供有关该事件的信息。

（3）放射源的回收

为了确保放射源回收工作的安全和有序开展，并从中吸取经验教训。在IAEA援助团的指导和监督下，格鲁吉亚当局开展了放射源状态的初步评估，制订回收放射源操作计划，现场执行回收放射源操作任务，获取回收操作经验反馈等工作。

7.2.3 放射源状态初步评估

放射源位于一个贫瘠、无人居住离利亚村（Lia）28 km山区的土路旁。浮特斯克候里村（Photskhoetseri）是距离放射源位置最近的村庄和住宅区。该村位于恩古利（Engury）水电站大坝下方，从村庄沿泥土路到放射源位置的路程约18 km，直线距离仅4～5 km。山脊、高海拔的水坝和水库，将浮特斯克候里村（Photskhoetseri）和放射源位置分隔开。

通往放射源的土路主要由当地居民和伐木工人使用。只有熟悉道路且经验丰富的司机才有可能胜任在弯曲、狭窄、陡峭的土路上驾驶车辆。例如：拥有大功率、强动力、三轴越野车辆的伐木工。受山体滑坡影响，距放射源位置最后400 m土路完全无法通行。

2001年12月23日，因几乎无法通行的道路和恶劣的气象条件，格鲁吉亚当局第一次尝试确定放射源的确切位置并检查源的状况，失败。2001年12月29日的第二次尝试取得了成功。一支由来自格鲁吉亚物理研究所、DESCD和NRSS的专家组成的团队到达了该地区，并确定了放射源的确切位置。该团队核实了放射源的状况，开展了必要的测量，拍摄照片和录制视频。

放射源位于泥泞的道路之外，被一堆岩石和泥土堆分隔开。放射源位置如图7-2所示。由于岩石和泥土部分屏蔽了泥土道路侧的射线，即使在靠近放射源的情况下，在土路上测量的剂量率也不是很高。例如，靠近放射源，位于屏蔽土路的另一侧，距离辐射源大约5 m处，剂量率为1.3 mSv/h（图7-2中9位置处）。对于没有屏蔽的位置，剂量率约为80 mSv/h（图7-2中8位置处）。岩石和泥土堆提供的屏蔽，可使回收队伍拥有更多的时间开展修整道路、把装有屏蔽容器的车辆停放在便于安放回收设备和较低辐射剂量水平位置、安放长柄机械手等准备工作。

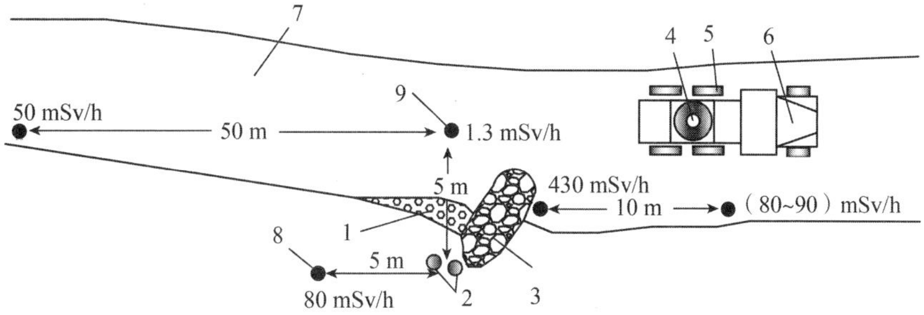

图 7-2 放射源位置与车辆停放示意图

1—泥土堆；2—2 枚放射源；3—岩石；4—铅制放射源运输容器；5—车轴；6—军用卡车；7—土路；8—距源 5 m 处（无屏蔽）监测点；9—距源 5 m 处（被泥土堆屏蔽）监测点

因附近居民区距离放射源很远，放射源对当地居民不产生危险。而且，RHS 使用了“由不锈钢制成的双层胶囊密封的超级耐磨陶瓷”进行了特殊制造。这种不锈钢耐腐蚀性物质，实际上排除了产生放射性或有毒污染环境危险的可能性。因此，格鲁吉亚当局并无迅速回收放射源的迫切需要；若在放射源附近标记了电离辐射高剂量率的警戒地区，且告知了当地居民，则可将回收放射源行动推迟到 2002 年的春季或夏季之前。然而，考虑目前特斯伦察伦吉卡（Tsalenjhikha）地区公众对放射源的关注和恐惧情绪在逐渐增加，需加快回收放射源的工作进度。尽管道路不通，气象条件差，仍决定尽快开展回收放射源作业，以消除对公众潜在影响。

7.2.4 回收放射源操作计划

1. 负责回收放射源操作的组织

根据格鲁吉亚国家法律规定，负责开展回收放射源行动的主要组织是 DESCD 和 NRSS[12]。它们负责制订回收计划，建立和培训回收小组，并将盛装放射源的铅制运输容器安全运输到贮存设施。NRSS 负责建造屏蔽容器，分发特殊设备（长柄机械手），安全贮存容器，以及回收放射源操作期间个人剂量和剂量水平的监测。NRSS 还负责（与劳动，卫生和社会事务部一起）在回收前后对回收小组成员开展一次医学调查；与回收小组成员签订特殊劳动协议；对费用支出进行核算，并提供信息给其他政府、非政府机构和公众。

DESCD 和 NRSS 负责选择培训地点和提供运输保障，选择将放射源运输容器运送到贮存设施的公路运输方式，并选聘参与回收放射源操作的人员。格鲁吉亚总统在孟格利那-高斯瓦涅季地区（Mengrelia-High Svaneti region）的事务代表，负责修通从恩古利（Enguri）大坝到放射源位置的泥土、沙石道路。格鲁吉亚国家预算资金为由环境保护和自然资源部制订的一项旨在保护格鲁吉亚人民免受电离辐射的有害影响的放射源回收计划，提供了财政资助。

2. 回收放射源操作策略与技巧

放射源所在地区气象条件差，剂量率测量值高的特点，给回收操作增加了困难。考虑到受高剂量率照射的可能性（距每枚裸露的放射源 1 m 处剂量率约为 1Sv/h），每名回收队员对放射源操作的时间不得超过 2 min。允许队员们在放射源附近（20 m）停留几分钟。因此，需组建一支 20～25 人的回收放射源团队。每名队员操作过程中受照的最大剂量限制值为 20 mSv。根据合理可行尽量低的最优化原则（As Low As Reasonably Achievable ，ALARA），在培训期间特别强调了每名小组成员都应尽可能远离放射源操作，并在最短的时间内完成操作任务。

3. 回收放射源操作的准备工作

在开展回收放射源行动之前，必须开展以下准备工作：

1）制造一个铅制屏蔽容器，以容纳和运输放射源。其中一枚放射源顶部含有一蘑菇状的帽子，可能装有一块含钨材质保护板。另一枚放射源的金属外壳切成了两块，原来放有一块钨材质保护板。后一枚放射源的最大尺寸约为 30 cm。因此，容器内筒的直径要求大于 30 cm。该容器的屏蔽功能应确保其表面的剂量率低于国际核安全法规中关于放射源运输容器所允许的最大剂量率限值。因此，一个质量约为 5.5t，厚 25 cm 铅制屏蔽层的容器制造完成，如图 7-3 所示。

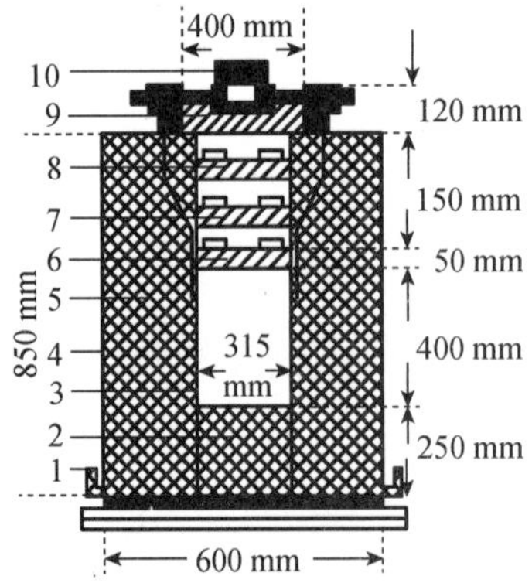

图 7-3　运输放射源的屏蔽容器

1—底部固定拉环；2—铅容器底；3—内层铁包壳；4—外层铁包壳；5—铅容器壁；
6—（含 2 个拉环）第一个 5 cm 厚铅盖；7—第二个 5 cm 厚铅盖；8—第三个 5 cm 厚铅盖；
9—第 4 个 10 cm 厚铅盖；10—（含 1 个拉环）铅盖外层铁包壳

2）设计、制造和测试用于回收放射源的特殊操纵设备和工具（长柄机械手）（见图 7-4）[13]。制作一个两侧各带有一个铁把手柄的手抬式铅皮桶，以确保操作人员距容器的距离接近 2 m，并方便把放射源装入铅屏蔽容器的移动工作（见图 7-5）。

3）对回收小组成员开展医学调查。

4）对回收小组的训练在类似于野外实地操作过程的条件下进行的。

5）安排好回收操作期间回收小组成员的个人剂量监测。

6）制订了回收小组活动的详细计划，以确定救援小组成员在距离放射源不同距离处的操作时间，停留时间和位置。根据格鲁吉亚紧急时期的规定，将职业工作人员的有效剂量限值（在紧急情况下和清理过程中一次可以受照20 mSv）作为建立和确定救援队成员所允许的最大剂量的基础。为慎重起见，确保工作人员有效剂量保持在剂量限值以下，决定任何个体所受照的最大剂量不超过10 mSv。

7）回收作业完成后，对放射源所在区域开展电离辐射水平监测，确认成功完成了回收放射源作业。

8）通往放射源的道路已经修好，使装载铅屏蔽容器的车辆能够停放在离放射源40～50 m远处。

9）为放射源运输容器准备了专用运输工具。选中一辆三车桥（车轴）越野车，运输容器的固定方式使其能够承受从浮特斯克候里（Photskhoetseri）村到放射源道路上行驶时遇到任何强度的撞击和突然移动。

10）安排好回收小组在回收操作期间一天的住宿。

11）安排好放射源安全转运到贮存设施的特别交通护送。

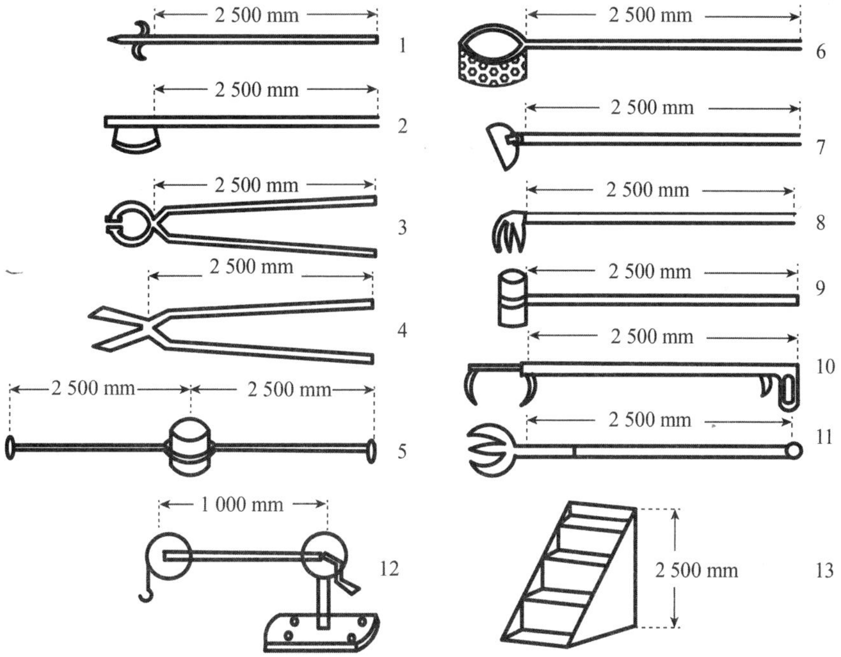

图7-4　回收放射源操作中的主要工具示意图

1—长柄铁钩；2—长柄砍斧；3—长柄钳子；4—长剪刀；5—手抬式长柄铅皮桶；6—长柄网兜；7—长柄田刨；8—长柄铁钯；9—长柄锤子；10—长柄夹钩；11—长柄铁叉；12—辘轳；13—简易板梯

4. 运输放射源（见图7-5）

为确保回收后放射源的安全运输，制定了以下要求：将放射源放入已安全地固定在车辆尾部的铅制运输容器内；装有放射源运输容器的车辆由警车全程护送；放射源运输车辆的最高时速为50 km/h（未装载放射源）和30 km/h（装载放射源）；在装载放射源运输容器车辆经过前，使用推土机，拖拉机和专用机械清整理山区道路。

DESCD和NRSS负责将放射源安全运输到贮存设施。DESCD负责选择交通工具和技术安排。DESCD领导人负责安排回收放射源小组成员的培训。

图7-5　转移放射源特殊机械手（手抬式长柄铅皮桶）

5. 回收放射源队伍与职责分工

回收放射源操作需要有足够资格和技能的团队成员。格鲁吉亚当局决定派遣24人参加回收放射源操作。团队每名成员都承担确切的任务；还决定组建一支后备队，以备增援之用。总计41人接受了回收放射源操作培训。培训目标包括：提高回收小组成员的操作技能；确保回收小组承担的任务保持协调一致；对回收小组成员熟练地使用长柄工具进行训练；获得经验反馈，以提高回收操作的有效性，并酌情对放射源回收计划做出必要修改和调整。

回收小组的核心成员系已具备丰富电离辐射操作实践经验的NRSS成员。指派NRSS领导人为回收团队的负责人。NRSS领导人负责建造铅制屏蔽容器和所有操作设备。NRSS和DESCD副主管负责开展培训[14]。NRSS领导人负责核与辐射活动的库存、控制、监管和辐射监测，并从回收小组成员那里获得个人经验反馈。DESCD和NRSS的会计负责与回收队员的谈判和签订劳动协议。格鲁吉亚物理研究所辐射安全部门和国家肿瘤中心剂量评估部门的领导人负责个人剂量监测。物理研究所副所长，应用研究中心主任，辐射安全部负责人作为执行回收放射源操作的技术顾问。

6. 回收放射源操作时间表

开展放射源回收作业的时间取决于道路和气象条件、技术设备的准备、运输方式三个因素。

7. 部署回收放射源操作团队和资源

回收放射源操作的前一天，将回收小组部署在祖格迪迪市（Zugdidi）。所有运输工具和方式在德加里镇（Djvari）准备就绪。

7.2.5　回收放射源操作

放射源回收工作于2002年2月2日至3日进行。格鲁吉亚当局为筹备和执行回收放射源行动举行了一系列培训班。本次回收放射源操作在路况差和气象条件恶劣的情况下开展。车辆从浮特斯克候里村（Photskhoetseri）到放射源位置的18 km崎岖山路耗费了3.5 h，因积雪覆盖了大部分道路，只有当地政府提供的机动车才能安全、稳定地在山路上通行。

到达现场后，准备工作和初步测量需要30 min。回收工作（将放射源转移到道路上，并将其装入已固定在卡车尾部的铅屏蔽容器内）在20 min内完成。准备返回浮特斯克候里村（Photskhoetseri）耗费30 min，行驶时间为3.5 h。在放射学研究所、格鲁吉亚农业科学院和其他有关部门的帮助下，NRSS、DESCD和物理研究所负责开展放射性源的回收工作，并将其运送到安全贮存地点。

在回收放射源操作期间，采取下列步骤：①将铅制放射源运输容器安装、固定在车辆尾部；②回收小组的 2 名成员站在车辆两侧安放的简易活动式板梯（简称板梯）上；③把回收团队分为 2 个小组，第一组通过监测距离辐射源 20 m 区域剂量率对放射放射源进行定位，第二组在远离放射源位置的安全距离之外待命；④2 名回收小组成员把长柄机械手放置在放射源位置附近；⑤1 名回收小组成员负责清除放射源周围的杂草、小树、泥土、乱石等障碍物；⑥1 名回收小组成员利用长柄机械手，通过钯、夹、拖等操作方式将 1 枚放射源放入手抬式长柄铅皮桶内；⑦2 名回收小组成员把盛装放射源的手抬式铅皮桶转移到卡车旁，交给站板梯上的交接人员；⑧站在板梯上的 2 名回收小组成员接过装有放射源的手抬式铅皮桶，并将放射源倒入固定在卡车尾部的铅制运输容器内，如图 7-6 所示；⑨若回收小组成员在规定时间内无法完成其操作任务（如受剂量限值的影响）时，替补人员已准备就绪；⑩回收小组的后半部分成员对第 2 枚放射源开展同样的操作；⑪1 人负责对回收小组所有成员进行个人剂量监测与控制，并记录剂量；⑫2 名回收小组成员开展剂量率监测；⑬所有回收放射源操作均由 1 名指派命令的工作人员，给出开始或停止作业声音信号。每名操作人员在每一项活动开始后的 40 s，将收到的一个停止作业的声音信号。此信号代表回收放射源的操作将由下一名操作人员交接替换和接续完成。

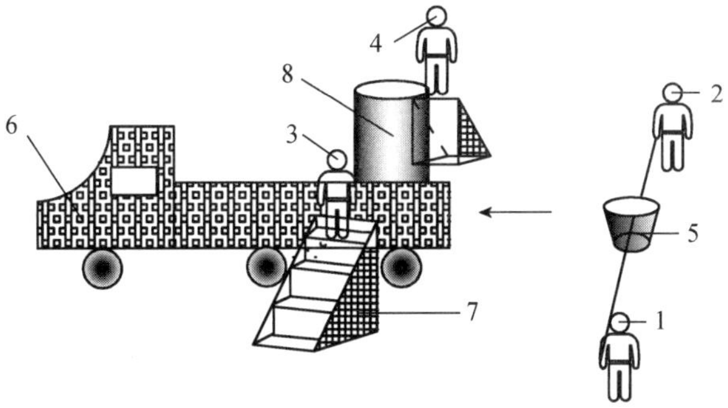

图 7-6　放射源由铅皮桶转移至铅制运输容器示意图

1，2—抬铅皮桶操作人员；3，4—板梯上接应铅桶人员；5—手抬式铅皮桶；
6—三车桥军用卡车；7—简易板梯；8—车尾部铅制放射源运输容器

IEAE 使用热释光个人剂量计，NRSS 使用两种电子剂量计作为个人剂量计测量和收集数据。表 7-4 列出了参与回收放射源操作人员所受照的当量剂量（数据来自文献［4］）。

表 7-4　参与回收放射源操作人员的当量剂量

工人编号	当量剂量/μSv	
	IEAE 数据	NRSS 数据（剂量卡）
1	80	30
2	380	302
3	250	—

续表

工人编号	当量剂量/μSv	
	IEAE 数据	NRSS 数据（剂量卡）
4	250	—
5	1160	876
6	170	—
7	950	952
8	60	16
9	110	550
10	290	219
11	50	11
12	450	296
13	60	11
14	590	532
15	260	203
16	290	195
17	340	304
18	70	—
19	90	58
20	100	32
21	290	205
22	620	878
23	—	18
24	—	334

以放射源位置测量值为基础对放射源活度进行了计算。2枚放射源彼此相距几厘米。总剂量率的测量点位于距放射源2 m处。剂量率测量采用美国堪培拉公司生产的Radiagem型便携式剂量检测仪。距离测量工具为直线型硬棒，起点为2枚放射源之间的中点，终点为固定在硬棒末端且经过校准后的剂量检测仪。测量结果显示，距放射源2 m处平均剂量率为300 mSv/h。根据第一次（2001年12月29日）监测地点的测量结果，距放射源1.5 m处剂量率为150 mSv/h，明显低于最近一次的测量结果。这是由于第一次测量使用的探测器被放射源所处位置的岩石所屏蔽造成的。用d（R）表示在距离R（m）处的剂量率（mSv/h），则2 m处剂量率（测量值）：

$$d\ (2.00) \approx 300\ \text{mSv/h} \tag{7-1}$$

假定此剂量率的一半来自一枚放射源，根据点状放射源产生的剂量率与距离平方成反比例关系，可以估计距放射源1 m处，由一枚源产生的剂量率（计算值）：

$$d_0\ (1.00)\ \approx\frac{1}{2}D\ (2.00)\ \left(\frac{R_2}{R_1}\right)^2=2d\ (2.00)\ =600\ \text{mSv/h} \tag{7-2}$$

该实验值小于放射源出厂证书中给出的剂量率：

$$d_0\ (1.00)\ =100\text{R/h}=1\ 000\ \text{mSv/h} \tag{7-3}$$

在将放射源放入到运输容器中之后，在敞开容器的顶部测量剂量率。考虑到容器的尺寸，放射源到探测器距离的估计值为 50～55 cm。此距离值取决于容器内放射源的位置。

容器顶部的剂量率测量值是：

$$d\ (0.50-0.55)\ \approx4.6\ \text{Sv/h} \tag{7-4}$$

假设此剂量率值的一半来自其中一枚位于平均距离 52 cm 处的放射源，可估计距离此枚放射源 1 m 处的剂量率值为：

$$d_0\ (1.00=\frac{1}{2}d\ (0.50-0.55)\ (0.52)^2=620\ \text{mSv/h} \tag{7-5}$$

该值也小于放射源出厂说明书中的数值，但与以 1 m 处剂量率测量值为基础的计算值非常接近［见公式（7-2）］。

将放射源移至泥土路后，距放射源不同距离处的剂量率测量值列于表 7-5 中（数据来自文献［4］）。表 7-5 中剂量率值系使用斯蒂芬 6000 型剂量计在距放射源约 25 m、35 m 和 45 m 处的读数。距离测量值采用步行计数方法获得，真实值与表 7-4 中的值可能存在一定差距。为了便于比较，根据放射源出厂证书中提的数据，计算了距放射源相同距离处的剂量率。

表 7-5　两枚放射源剂量率测量值

放射源到探测器的距离/m	1 号放射源/mSv/h	2 号放射源/mSv/h	据放射源证书数据计算的剂量率/（mSv/h）
1	～670	～580	～1000
25	1.10	1.02	1.6
35	0.50	0.42	0.82
45	0.35	0.30	0.49

显然，放射源活度小于证书中标注的出厂活度，但剂量率接近于先前测量的结果［见公式（7-5）］。剂量率的不同可能是由于放射源顶部钨材质圆盘造成的。根据源证书，该钨圆盘固定在圆柱形放射源的顶部，如图 7-7 所示。剂量率取决于放射源到探测器的方向，这是形成剂量率差异的原因。但是，放射源没有钨盘。首先，根据操作人员估计，包括钨盘在内放射源总质量不超过 10 kg。2 枚放射源质量约为 20 kg。其次，录像显示第二枚放射源上部蘑菇状帽子是空的。这表明钨盘已移除，因此，可排除电离辐射各向异性的可能，即电离辐射水平沿各个方向上几乎相等。

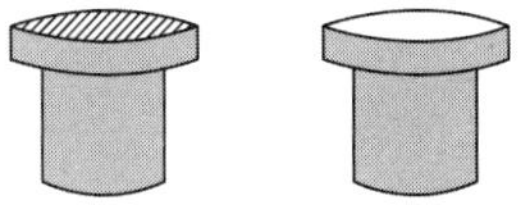

(a)　有盖子的放射源　　(b)　无盖子的放射源

图 7-7　有和无钨盖子的放射源

剂量率的差异可能是因为在道路上测量了第一枚放射源剂量率时，第二枚放射源位于后面，影响了第一枚放射源的剂量率。当2枚放射源位于原来的位置时，道路被一大堆泥土和乱石挡住。因此，在距离放射源40～45 m的地方，剂量率约为50 mSv/h。当第一枚放射源的剂量率在距道路45 m处测量时，第二枚放射源对总剂量率的贡献至少为25 mSv/h（约占实际测量剂量率的8%）。还应考虑到，在泥土路上的辐射屏蔽水平随地形发生变化。图7-2是部分道路的简化图，标注了放射源、车辆、岩石、土堆的位置和剂量率。

随后更精确地测量了第二枚放射源的剂量率。因第一枚放射源已回收到卡车尾部的铅制运输容器内，处于屏蔽状态，不会影响第二枚放射源的测量结果。放射源测量活度比源出厂证书上提供的数据少了约40%。源活度的减少是由放射性核素的衰变造成的。此枚RHS生产于1983年，^{90}Sr核素的半衰期为28 a。经过19 a衰变后，放射源活度应该是出厂时初始活度的0.519/28。这相当于距离放射源1 m处的剂量率为0.62 Sv/h（即具有19 a年龄放射源的剂量率）。这一估计值与测量结果吻合较好。

运输放射源的铅制容器盖子由4部分组成。如图7-3所示。其中前3个部件为5 cm厚铅盖，位于容器的圆柱筒中央，第4部分为10 cm厚铅盘，盖在容器顶部。考虑到盖子重量，为便于搬运，将运输放射源容器铅盖设计成4件。若盖子是一体式的，其重量将会超过350 kg。

将放射源置于运输容器中后，敞口容器顶部的剂量率为4.6 Sv/h。盖上第一、二、三个铅盖后，同一点的剂量率分别下降到60 mSv/h、3.5 mSv/h和500 μSv/h。放置第四个铅盖后，剂量率下降到12～14 μSv/h。此值是放射源运输容器的允许限值。第一个铅盖子将剂量率降低了75倍以上。^{90}Sr放射源产生辐射光谱中很大一部分来源于软（低能）X射线，其吸收系数比高能γ射线大得多。第二、三和四个盖子分别将剂量率降低了17、7和40倍。容器外表面剂量率小于1 μSv/h，接近天然本底辐射水平。容器顶部较高的剂量率是由于前3个铅制圆盘和内圆筒形铅制运输容器之间存在间隙造成的。射线通过散射到达最后一个盖子。

7.2.6 从回收操作中反馈的经验

铅制放射源运输容器的盖子结构应设计成，在操作人员无需太靠近敞开的容器和内部放射源时，由2名操作人员依靠手抬长杆可实现打开和关闭。当运输容器处于水平位置时，如图7-8（a）所示，这很容易实现打开和关闭。但是，位于野外回收地点的铅制运输容器一般不可能完全放置于水平面上。这给打开，尤其是关闭容器造成了困难。当盖子置于靠近容器口上方位置处，还需增派第3名操作人员靠近铅制运输容器，手工操作改变盖子的方向才能关闭，如图7-8（b）所示。这导致了操作人员受照时间和剂量的显著增加。为了改进和优化容器，将盖子设计成具有2个固定拉环的结构，如图7-8（c）所示。2名操作人员在距放射源较远处，通过1人抬高些，另1人抬低些，更容易利用抬杆来改变盖子的倾斜角度，达到关闭铅盖的目的。

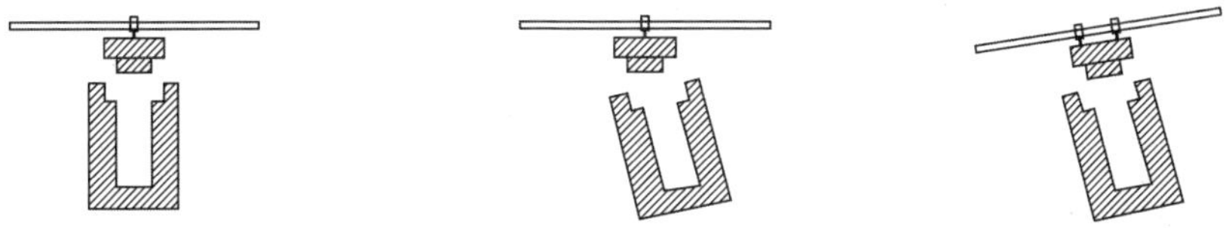

图 7-8 铅制放射源运输容器及盖子的不同相对方向

为了防止或减少公众的关注，带有放射源运输容器的车辆在往返地点的行程中覆盖篷布隐藏车内物品。在回收放射源操作期间，因天气恶化并开始下雨，没有足够时间移除车辆篷布。将放射源放入车尾铅制运输容器后，产生了意料之外的监测结果，即车内外的剂量率较高。这是由防水篷布对射线的反射和散射辐射造成，如图 7-9 所示。在剂量率增加的情况下，开展了闭合运输容器铅盖的操作。

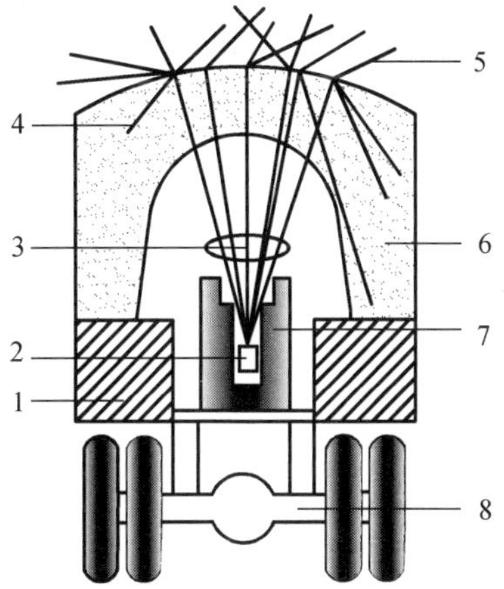

图 7-9 装有放射源的敞口容器位于车厢尾部

1—卡车车厢；2—^{90}Sr 放射源；3—X 射线束；4—反射线；5—散射线；6—卡车篷布；7—铅制运输容器；8—车桥

若事先除去防水篷布，可以避免出现此情况。带有长手柄（长度超过 2 m）的操作机械手和工具，对于夹起、钯动，拖动放射源等操作非常简单、方便和舒适。放射源质量大（10 kg）的特点决定，1 名操作人员很难借助于长柄工具将放射源提起并转移到位于车厢尾部的铅制屏蔽容器。为了举起放射源，将放射源从地面位置转移到车尾铅制运输容器内，使用了一个在两侧安装了刚性手柄的手抬式放射源盛装铅皮桶（如图 7-5 所示）。

7.3 生物学剂量

采用常规细胞遗传学分析和荧光原位杂交染色体易位分析方法对患者开展了生物学剂量测定工作。

7.3.1 常规细胞遗传学分析

将A、B和C患者所采集血样，于2002年1月23日送到法国核安全与辐射防护研究所（Institute for Radiological Protection and Nuclear Safety，IRSN）开展常规细胞遗传学分析[15]。血液样品于2002年1月24日抵达IRSN，并在当天中午12：00培养样本，并按照标准程序于次日获取分析结果。

1. 技术方面

两名细胞遗传学家仅在细胞第一次分裂的完整中期观察到非稳定性染色体畸变。根据实验室的质量保证大纲，至少有两名技术人员检查每组双着丝粒染色体。

2. 结果

开展染色体畸变泊松分布试验。根据偏差分布方差比的平均值，对其进行了扩展U检验，量化了偏离泊松定律的偏差。当U检验水平超过2时，认为外照射是不均匀的。将其应用于表7-6中提供的结果，可以得出结论，患者C呈均匀照射的状况。结果显示患者A和B，照射明显不均匀，身体局部可能受到大剂量照射。

表7-6 假定短暂和非均匀的照射，使用IRSN伽玛校正曲线（^{60}CO，0.5 Gy/min剂量率）
根据双着丝粒体产额估算的剂量和根据DOLPHIN和QDR模型校正计算的剂量（数据来自文献［4］）

单位：Gy

患者	全身剂量	95%置信区间	Dolphin模型剂量估算值	QDR模型剂量估算值
A	3.1	[2.9；3.3]	5.4	4.9
B	4.4	[3.9；4.8]	5.7	5.7
C	1.3	[1.1；1.5]	1.9	2.2

为开展剂量评估，使用由^{60}Coγ射线在体外照射的血液淋巴细胞中得到的染色体畸变拟合剂量效应关系，得到剂量率为0.5 Gy/min。剂量效应曲线：

$$Y=0.0008+0.0374D+0.0549D^2 \tag{7-6}$$

式中：Y是双着丝粒体产额；D是吸收剂量。

假设3名患者受到急性相对不均匀的外照射，可以检查Dolphin和品质值（Qdr）模型，以修正患者身体局部受照初始剂量的估计值。IRSN从格鲁吉亚细胞遗传学实验室获得关于双着丝粒体产额和细胞数量的近似数据。采用Dolphin方法计算相关剂量。表7-7结果显示IRSN和格鲁吉亚细胞遗传学实验室获得的结果之间吻合较好（数据来自文献［4］）。

表7-7 从格鲁吉亚细胞遗传学实验室获得的细胞遗传学数据摘要

单位：Gy

患者	格鲁吉亚细胞遗传学实验室		IRSN结果	
	全身剂量	Dolphin方法估算剂量	全身剂量	Dolphin方法估算剂量
A	2.8	3.0	3.1	5.4

续表

患者	格鲁吉亚细胞遗传学实验室		IRSN 结果	
	全身剂量	Dolphin 方法估算剂量	全身剂量	Dolphin 方法估算剂量
B	3.3	4.3	4.4	5.7
C	1.2	2.3	1.3	1.9

7.3.2　荧光原位杂交染色体易位分析

1. 技术方面

IRSN 采用荧光原位杂交（FISH）涂染技术，在“用于进行双着丝粒分析相同的血液样品”的外周血淋巴细胞中，开展染色体易位分析[16]。实验室使用的 DNA 探针混合物，对约占整个基因组 20%份额的染色体 2、4 和 12 是特异性的。

IRSN 使用的两个剂量效应关系是从血液样品的总易位和相互易位分析中获得的。两种血液样品均在^{60}Co 源产生 0.5 Gy/min 的剂量场中受体外 γ 射线照射。为了拟合这些参考曲线，排除了分析淋巴细胞中所有可见的带有荧光复合体交换或荧光不稳定染色体畸变的细胞。

2. 结果

表 7-8 列出了 3 名患者的稳定染色体畸变分析结果（数据来自文献［4］）。其中包括细胞计数，复杂交换和易位数目，相关剂量估算以及 95%置信区间的数据。表 6-7 结果显示在 A 和 B 患者中，含复杂交换的细胞比例非常大（患者 A 和 B 均为 0.09，而 C 患者为 0.003）。放射源的几何形状、活度、能谱等，可能是导致这些高度受损细胞存在的原因。根据 3 名患者染色体相互易位率估算的剂量值，与根据总易位率估算的剂量值相一致。

由最小外照射个体（患者 C）染色体易位估算的剂量值，明显高于由双着丝粒体产额估算的剂量值，与基于易位获得的剂量值相比，相差 30%。这种差异存在的原因是，染色体易位分析工作与患者受照之间存在一个月的时间延迟，可能已出现了淋巴细胞减少情况。然而，与从双着丝粒体产额估算的剂量相比，似乎低估了从更多受照个体（患者 A 和 B）染色体易位产额估计的剂量值。患者 A 和 B 染色体复杂交换数量高是产生低估的原因。对于染色体复杂交换数量较高的患者 A，当携带复杂交换的细胞加入到总易位率，剂量估算值从 2.5 Gy 增加到 2.9 Gy。这与从双着丝粒体产额估计的 3.1 Gy 相一致。

表 7-8　对 3 名患者染色体相互易位和总易位分析结果

患者	分析细胞的数量	复杂交换细胞数量	相互易位数量	总易位数量	相互易位率	剂量/Gy	置信区间/Gy	总易位率	剂量/Gy	置信区间/Gy
A	458	40	23	43	0.050	2.6	[2.0; 3.2]	0.094	2.5	[2.1; 2.8]
B	79	7	7	10	0.089	3.3	[2.0; 4.7]	0.127	2.7	[1.9; 3.7]
C	444	1	15	26	0.034	1.9	[1.4; 2.4]	0.059	1.7	[1.4; 2.1]

7.3.3 当地居民的监测

格鲁吉亚细胞遗传实验室进行的当地居民的监测结果显示，居住在附近的25个居民点的可能接触到放射源居民的染色体畸变，未见显著增加。

7.3.4 生物剂量学结论

细胞遗传学数据——即从3名患者的外周血淋巴细胞中获得的不稳定和稳定染色体畸变的产额表明，受照剂量最大的是患者B，其次是患者A和C。另外，从染色体易位估算的剂量值与双着丝粒产额估算的剂量值非常接近。在这种急性非均匀照射情况下，与临床数据相比，从Dolphin和Qdr模型中得到的局部受照剂量校正的平均值，与从细胞遗传学数据中获得的剂量值不相一致。

这是IRSN首次获知，在超剂量意外照射情况下，细胞复杂交换的参与，可显著地改变从易位数据获得的结果。对这一发现的进一步研究，将有助于提高对复杂交换的形成机制以及其他意外超剂量照射事故细胞分析的认识和了解。

7.4 结　论

对辐射事故的回顾与总结是一种操作实践经验的反馈机制，旨在减少将来发生类似辐射事故的可能性，一旦发生辐射事故时采取适当的应急措施以减轻辐射事故后果。

在有关国家、地区和地方组织的支持下，在辐射防护专业经验和知识相结合的国际援助下，对2001年格鲁吉亚^{90}Sr放射性同位素热源辐射事故受照者的医疗管理和放射源回收工作是合适、充分、有保障的。此次辐射事故的经验表明，需要通过国家级培训讲习班的形式向全科医师普及、传授有关基本放射生物学，相关临床症状和对受电离辐射超剂量照射人员的医疗管理方面的知识。由全科医生和核（辐射）安全监管当局保存一份专门研究电离辐射损伤的医生名册，以供参考。这些医生的技能特长应包括皮肤辐射综合征（CRS）、急性放射病（ARS）和类似辐射损伤的诊断与治疗。

在本次辐射事故中，IAEA根据《援助公约》向会员国提供援助，以应对辐射紧急情况。在《援助公约》的框架内，国际原子能机构于2000年建立了应急响应网络（Response and Assistance Network，ERNET），并于2010年改名为应急响应和援助网络（Response and Assistance Network，RANET）。IAEA的RANET是一个综合系统，用于协调国际援助，以尽量减少核与辐射事故或紧急事件对健康，环境和财产的实际或潜在放射性后果。《援助公约》的成员国、其主管当局、国际组织、技术专家和原子能机构秘书处，通过该系统可以有效地在《援助公约》框架内，对辐射事件或应急情况做出响应、协调，或向请求国（核与辐射事故的发生国）提供建议、援助，以减轻事故影响[17]。

事故的主要原因是：格鲁吉亚^{90}Sr放射性同位素热电发生器（RTG）缺乏有效监管，未能及时将长期闲置的RTG拆除并把RHS安全送贮，擅自遗弃；此外，放射源上未贴上明显电离辐射或电离辐射警告标志，用当地语言文字标明其潜在的电离辐射危害[18]。放射源标签和电离辐射警告标志必须统一且符合《基本电离辐射符号 ISO 361：1975》和《电离辐射符号补充 ISO 21482：2007》国际标准[19]。

参考文献

[1] Wikipedia. List of civilian radiation accidents [EB/OL] . California, U. S. A: Wikipedia. 2018-01-12 [2018-02-17] . https: //en. wikipedia. org/wiki/List _ of _ civilian _ radiation _ accidents.

[2] Rob Heard. IAEA Action to Improve the Management of Disused Sealed Radioactive Sources (DSRS) including RTGs [R] . Vienna: International Atomic Energy Agency, 2008.

[3] IAEA. Strengthening control over radioactive sources in authorized use and regaining control over orphan sources (IAEA-TECDOC-1388) [R] . Vienna: International Atomic Energy Agency, 2004.

[4] IAEA. The radiological accident in Lia, Georgia [R] . Vienna: International Atomic Energy Agency, 2014.

[5] IAEA. Categorization of radioactive sources (IAEA-TECDOC-1344) [R] . Vienna: International Atomic Energy Agency, 2003.

[6] Bellona Foundation. Radioisotope Thermoelectric Generators [EB/OL] . Vulkan 11, 0178 Oslo, Norway: Bellona Foundation, 2005-04-01 [2018-02-16] . http: //bellona. org/news/nuclear-issues/radioactive-waste-and-spent-nuclear-fuel/2005-04-radioisotope-thermoelectric-generators-2.

[7] S. Porter, A. Grigoriev. Successful Recovery and Decommissioning of Russian RTGs A Cooperative International Effort (LLNL-CONF-693419) [R]. 7000 East Ave, Livermore, United States: Lawrence Livermore National Security, 2016.

[8] FRADKIN, G. M. (Ed) . Radioisotope Sources of Electrical Energy [J] . Atomizdat (in Russian), Moscow, 1978.

[9] Alexander S. Grigoriev, Arthur G. Katashev. Russian RTG Disposal Program Completion Prospects [EB/OL] . Vienna: International Atomic Energy Agency, 2013-11-23 [2018-02-15] . https: //www. iaea. org/OurWork/ST/NE/NEFW/Technical-Areas/WTS/CEG/documents/CEG-Workshop-Vienna-2013/English/2. 7 _ Russian _ RTG _ program _ paper _ Eng. pdf .

[10] IAEA. Radioactive Sources Recovered in Georgia [EB/OL] . Vienna: International Atomic Energy Agency, 2017-07-27 [2018-02-15] . https: //www. iaea. org/newscenter/news/radioactive-sources-recovered-georgia.

[11] DR. DOPING . Instruction for use: Haemodes-N [EB/OL] . Moscow, DR. DOPING : 2003-01-12 [2018-02-15] http: //drdoping. com/instructions/Haemodes-N/.

[12] The Legal Entity under Public Law (LEPL) . LAW OF GEORGIA ON NUCLEAR AND RADIATION SAFETY [EB/OL] . T' bilisi: (Ministry of Justice of Georgia) Legislative Herald of Georgia, 2017-07-11 [2018-02-15] . https: //matsne. gov. ge/en/document/download/1618592/4/en/pdf.

[13] INTERNATIONAL ORGANIZATION FOR STANDARDIZATION. Remote handling devices for radioactive materials — Part 5: Remote handling tongs ISO 17874-4: 2007 (en) [R] . Geneva: International Organization for Standardization, 2007.

[14] Prof. G. Nabakhtiani, L. Chelidze. Recovery of Orphan Radioactive Sources in Georgia (Lessons Learnt) [EB/OL]. SCK-CEN Mol, Belgium, The European ALARA Network (EAN): 2004-02-12 [2018-02-15] https://www.eu-alara.net/images/stories/pdf/program12/Session3/s3-4-chelidze.pdf.

[15] Institute for Radiological Protection and Nuclear Safety (IRSN). IRSN missions [EB/OL]. Clamart, France: IRSN, 2004-02-12 [2018-02-15]. http://www.irsn.fr/EN/Presentation/about_us/Pages/irsn_missions.aspx.

[16] J-P. Pouget, C. Laurent, M. Delbos, et al. PCC-FISH Skin fibroblasts for local dose assessment: Biodosimetric analysis of a victim of the Georgian radiological accident [J]. Radiation Research, 2004, 162 (4): 365-376.

[17] IAEA. IAEA Response and Assistance Network (RANET) (EPR - RANET 2013) [R]. Vienna: International Atomic Energy Agency, 2013.

[18] 李小华，杨钧翔，李俊杰，等. 2001年格鲁吉亚^{90}Sr放射性同位素热源辐射事故介绍 [J]. 核安全，2018，17 (3): 65-80.

[19] INTERNATIONAL ORGANIZATION FOR STANDARDIZATION. Basic Ionizing Radiation Symbol (ISO 361: 1975) [R]. Geneva: International Organization for Standardization, 1975.

第8章

2010年印度马雅普里^{60}Co工业辐照装置辐射事故概况与分析

放射性材料能对人类生存的环境和未采取屏蔽防护措施者的健康产生不良影响，因此处理剩余放射性材料的方法和途径，一直是社会关注的热点话题。2010年2月底，印度德里大学化学系违反国际和国内放射性废物处理条例规定，未将退役、长期闲置不用的放射源返还给放射源的原生产厂家（原供货商），或交付给政府行政部门认可的、具有放射性材料处理许可证（资质）的单位，而将该大学实验室用于开展γ射线对化学物质影响实验分析工作的^{60}Co辐照装置，卖给了一家无放射性材料处理许可证（资质）的新德里马雅普里（Mayapuri）小镇废品收购店。废品收购商（简称收购商）将收购来的^{60}Co辐照装置存放于废品店内，并对铅屏蔽层实施拆除，将其中1根^{60}Co源棒进行机械切割。这导致收购商和其他7名工人每天在^{60}Co源产生的γ辐射场工作12～14 h，受到γ射线的外照射，均患上外照射急性放射病。本次事故造成1人死亡，7人患上急性放射病[1]。

8.1 ^{60}Co工业辐照装置概况

1968年，印度德里大学从加拿大原子能有限公司（Atomic Energy of Canada Limited，AECL）采购到一台220型^{60}Coγ辐照装置，1985年停用该装置，并将其放置于一楼贮藏室，但未对γ辐照装置的剩余放射性活度进行测量。

该辐照装置为干法贮源γ射线220型辐照装置，总重3 765 kg，总高为212.40 cm。该装置外层为3 000 kg重的永久性铅屏蔽层，中间布置（内）直径为20.91 cm的圆笼形源框架，中央设有可提升式辐照室，顶部为锥形筒体、圆柱形辐照样品通道和厚度为25.40 cm的可移动式铅屏蔽层，底部是直径为101. 60 cm，厚度为18.42 cm不锈钢支撑平台[2]。AECL制造的220型^{60}Co干法工业辐照装置外观结构如图8-1所示，内部结构示意图如图8-2所示。

圆笼形（花篮形）源框架含有16根圆柱形密封^{60}Co源棒，其最大容纳能力为48根源棒。每根^{60}Co源棒由7个圆柱形^{60}Co源芯体、上下端垫块、上下端塞、密封包壳组成，长21.11 cm。AECL制造的220型^{60}Co干法工业辐照装置源架（源框架）及源棒

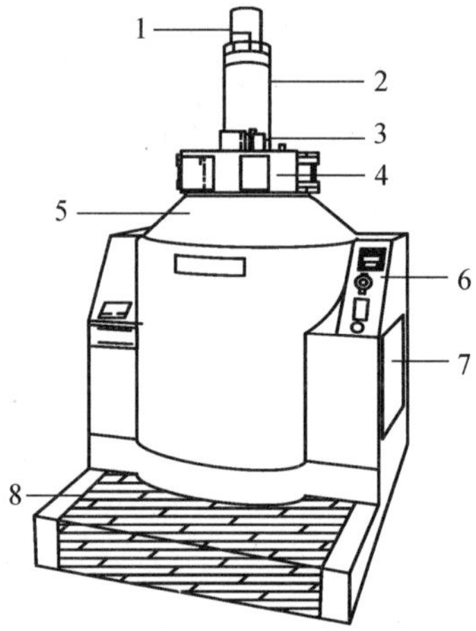

图 8-1　220 型^{60}Co 干法工业辐照装置外观结构

1—顶部屏蔽塞；2—顶部通道；3—辐照样品通道；4—屏蔽圈；5—主屏蔽层；
6—控制面板；7—驱动机构维修面板；8—支撑底座

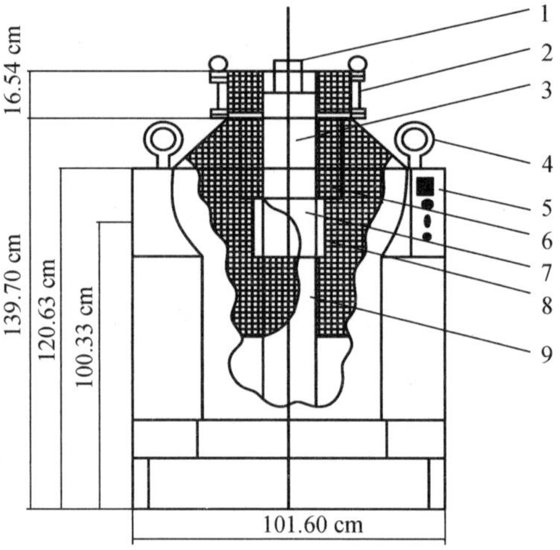

图 8-2　220 型^{60}Co 干法工业辐照装置内部结构示意图

1—顶屏蔽塞；2—门铰链；3—辐照通道顶部；4—可拆卸的吊环；5—控制面板；6—内置插头；
7—辐照样品通道；8—放射源组件；9—辐照通道底部

结构如图 8-3 所示。辐照室是一直径为 15.24 cm，高度为 20.32 cm 的圆柱形容纳腔室；作为辐照样品从装置外输送至辐照装置内的盛装容器；配有机械化、电气化、智能化的提升控制系统，通过控制面板按钮可设置辐照时间和控制样品传输装置的升降；最大辐照时间为 999.9 h[3]。控制面板结构如图 8-4 所示。正常情况下，实验员或操作者的手无法接触到铅屏蔽层内的密封 γ 源[2]。样品辐照通道和放射源组件如图 8-5 所示。

该^{60}Coγ 辐照装置 1969 年 8 月时的总放射性活度为 1.47×10^{14} Bq（3 978.0 Ci）。估算该辐照装置 2010 年 4 月时的总放射性活度为 6.88×10^{11} Bq（18.6 Ci）[3]。

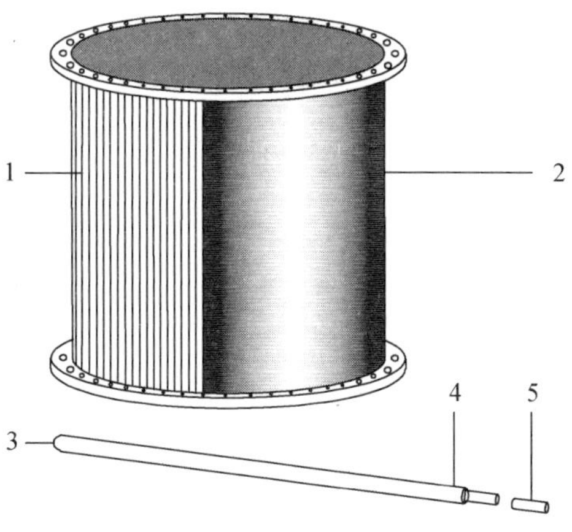

图 8-3 220型^{60}Co干法工业辐照装置源架（源框架）及源棒结构

1—源架内源棒；2—花篮状源架；3—^{60}Co源棒；4—包壳；5—^{60}Co源颗粒；6—末端塞

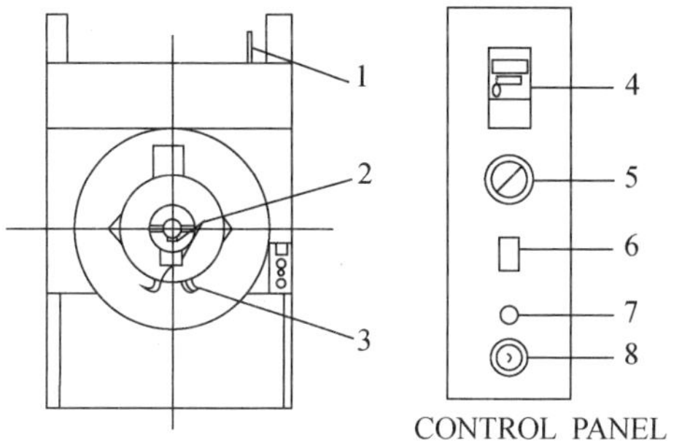

图 8-4 220型^{60}Co干法工业辐照装置控制面板

1—电缆；2—安全联锁开关；3—门把手和门闩；4—数字化时间显示器；
5—时间设置开关；6—辐照室升降转换按键；7—保险丝；8—钥匙开关

8.2 辐射事故过程

2010年2月26日，印度德里大学将^{60}Co源γ辐照装置转卖给新德里马雅普里小镇一家无放射性材料处理许可证（资质）的废品收购店。

收购商将^{60}Co辐照装置和其他废铁一起运输到马雅普里小镇的废品收购站，认为辐照装置具有非常大的价值，将其存放于马雅普里小镇的废品收购站店铺内。2010年3月底，收购商将^{60}Co辐照装置进行拆解，把某1根^{60}Co源棒机械切割成11小段，将拆解后的铅屏蔽层、圆笼形源框架、^{60}Co源棒存放于仓库内。店内的1名工人误把^{60}Co源芯块当做金、银类的贵重金属，偷偷将1源芯块放置于自己随身的钱包内。3月底至4月初，收购商与7名工人每天在该废品店铺内工作10余小时[4]。不到一个星期，收购商出现脱发、乏力及恶心等症状，手和前臂皮肤出现红、热、痛等现象。4月9日，就诊于印度医学科学研究院（All India Institutes of Medical Sciences，AIIMS）医院并接受治疗。

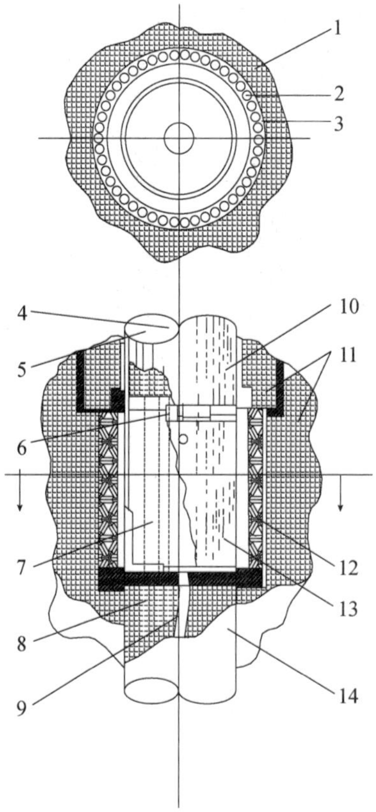

图 8-5　样品辐照通道和放射源组件

1—源架外铅屏蔽层；2—48 根密封^{60}Co源棒；3—花篮状源架；4—样品传输通道入口；5—铅屏蔽层；6—滑动门插销；7—样品辐照室；8—铅屏蔽层；9—传输通道内衬不锈钢层；10—样品传输道上部；11—铅屏蔽层；12—放射源组件；13—辐照室门；14—样品传输通道底部

根据以上临床表现、症状和个人近期经历，医院怀疑收购商患有急性放射病。随后，医院将此情况通报给印度国家灾害管理局（National Disaster Management Authority，NDMA）和印度原子能监管局（Atomic Energy Regulatory Board，简称AERB）。

一支由 NDMA 派出的事故应急处理队伍迅速到达可疑区域，并封锁了该区域。随后，印度原子能监管局组织巴哈巴原子能研究中心（Bhabha Atomic Research Centre，BARC）、孟买核电厂和纳罗拉（Narora）核电厂、AERB 的辐射安全与防护专业人员和技术专家到达事发现场开展应急响应工作。

此次放射源事故引起印度媒体的广泛关注。媒体追踪了另外 7 名同时与收购商在事发废品收购店铺工作的工人的病情，发现他们具有与收购商相似的皮肤表现和疲劳症状。病初，这 7 名工人都在一家私人医院接受治疗，其中 5 名于 2010 年 4 月 19 日转印度医学科学研究院医院治疗，该 5 名工人均被诊断为急性放射病综合征。那名将^{60}Co源芯块放入随身钱包的工人，臀部被辐射灼伤，后病死。另外 2 名受照工人在另一家私人医院接受治疗，后康复出院。

8.3　受照死亡患者的临床治疗过程

2010 年 4 月 9 日，印度医学科学研究院医院接收一名由新德里著名医院转来的患者 A（收购商）。该患者入院前有 2 周 γ 射线外部照射史。据患者本人讲述，他拆解了辐照装置，并接触到了^{60}Co源棒，每天在^{60}Co源棒存放的店铺内工作 10 多个小时[5]。

入院前 5 d，患者牙龈出血（2～3 次/d）、鼻衄（10～15 次/d）；入院前 7 d，手指和脚趾出现浅黑色的斑块；入院前 2～3 d，前臂和左肩上出现黑斑病症状；入院时患者生命体征平稳[1]。

入院当天的血象检查结果显示：血红蛋白浓度为 9.4 g/mL，总白细胞计数为 0.6×10^9/L，血小板计数为 10×10^9/L。入院后第 2 d，患者血红蛋白、白细胞、血小板数进一步减少。医院诊断患者为全血细胞减少症。随着病情恶化，医院给患者输注了红细胞和血小板[1]。

入院后第 4 d，患者出现肺炎的症状和体征。经高分辨率 CT 和经支气管肺泡灌洗（BAL）显微镜检确诊为真菌感染。真菌培养法进一步证实了诊断。

虽然医院给患者反复输注红细胞和血小板，但患者血象并没有得到明显改善。骨髓活检结果表明，患者存在骨髓抑制。

医院成功进行了人类白细胞抗原（human leukocyte antigen，HLA）配型，计划给患者进行骨髓移植。尽管实施了各种治疗方案，如抗生素、抗真菌药的使用，发热性中性白细胞减少症的治疗，红细胞、血小板的反复输注，输液等，但患者病情仍然没有得到控制，最后发展为急性肾衰竭，急性呼吸窘迫综合征（acute respiratory distress syndrome，ARDS），伴麻痹性肠梗阻，肾盂肾炎和肺曲霉病。

患者入院后第 15 d 转入重症监护病房，接受气管插管、全胃肠外营养治疗。尽管患者在重症监护病房接受全天 24 h 的密切监测和治疗，但还是于 2010 年 4 月 26 日死亡[1]。

根据国际医学死亡证明条例，主治医师确定该患者的死因为“血源性致病微生物或其毒素引起的脓毒性休克”和“由辐射照射引起的全血细胞减少、双侧肺炎、急性呼吸窘迫综合征导致的多器官功能障碍综合征”。

在治疗期间，巴哈巴原子能研究中心科学家通过开展生物剂量测定实验估算出患者全身受辐射照射的剂量为 3.1 Gy。医院对尸体进行安全处理后将其转移到太平间，并于第 2 d 进行了尸体解剖。

8.4　尸体剖检

8.4.1　体表检查

身体为一名 32 岁、中等身材的男性。右手有一 6 cm×3 cm 的黑色斑块，全身皮肤多处有大量色素沉着。巩膜和指甲呈淡黄色。

8.4.2 体内检查

胸腔积液呈淡黄色，约300 mL。两肺偏重，水肿，弥漫性肺实变（肺切片有脓性渗出）。肺组织病理学结果显示：扩张的肺泡内充满液体和纤维蛋白[1]。

腹腔积液约600 mL。胃壁外观检查显示：胃底部有一2 cm×2 cm红黑色斑块。胃黏膜弥漫性充血，有小溃疡。其他器官均处于充血状态[1]。

冠状动脉和心肌的病理组织病学检查显示无异常。肾脏的病理组织学检查显示：肾小球、肾小管周围毛细血管网和肾髓质呈充血状态；同时存在局部的管状萎缩。肝脏保持着正常组织结构，管区结构正常，肝血窦充血扩张；肝细胞无异常，几乎不存在肝自溶迹象[1]。

经过仔细审阅治疗记录、检验文件、尸检报告及组织病理学检查后，得出患者的死亡原因为急性辐射所导致的败血症性休克。

8.5 5名患者的临床治疗跟踪

8.5.1 临床表现

2010年4月19日转入印度医学科学研究院医院治疗的5名受照工人，分别用英文字母B、C、D、E、F来表示。F患者在1周内出现了色素沉着、脱发、恶心和疲劳症状，疑似患有急性放射病。由于F患者选择由AIIMS转入私人医院治疗，导致对其进一步临床医学治疗跟踪的失败。BARC按国家政策规定对F患者开展详细的检查后，确诊F患急性放射病。

B、C患者未见鼻衄。D和E患者仅有疲劳，无其他临床症状。尽管B、C患者具有恶心症状，但没有呕吐、腹泻等肠胃的不适症状。医院将D、C、D和E4名患者初步确诊为急性放射病。

8.5.2 评价与诊断

初步、全面的实验室分析结果：血小板减少症和白细胞减少症，血红蛋白无异常，肝肾功能正常。

在第一个3 d，医院每间隔8小时对患者开展一次完整的血细胞计数，此后，每天开展1次。在AIIMS接受治疗的收购商（简称A患者，共住院治疗16 d）、B、C患者患有明显的血小板减少症（20×10^9/L或更少）。D患者患有轻微的血小板减少症（60×10^9/L）。E患者的血小板保持在低于正常值的范围（140×10^9/L）。在医院收容患者的第二个周末，A、B、C和D四名患者的血小板计数明显减少。尽管医院对患者开展了输注血小板的治疗，但A患者的血小板计数达到最低值5×10^9/L，B、C、D患者血小板的最低值位于20×10^9/L～40×10^9/L。对患者输注血小板治疗的目的，在于将患者的血小板计数维持在 20×10^9/L 以上。入院后的第 3 周末，B、C、D 和 E 患者的血小板数目恢复正常水平[4]。

除了 D 患者外，所有的患者均患有白细胞减少症。A 患者患有 4 级中性白细胞减少症，中性白细胞计数小于 0.5×10^9/L 。在入院后的第 3 周初之前，A、B、C、D 和 E 5 名患者的白细胞总计数明显减少。除了 A 患者因临床状况恶化外，B、C、D 和 E 患者白细胞计数维持在 1×10^9/L ～3×10^9/L[4]。

为了估算每名患者的辐射剂量，来自 BARC，国防研究和发展组织的团队，完成了 2 个生物剂量测定实验。染色体畸变、多倍性、双着丝粒细胞的增加和遗传物质的损失，表明非功能性细胞在外周血淋巴细胞（peripheral blood lymphocytes，PBL）中的存在，从而证实患者的辐射损伤。A、B 和 C 患者染色体畸变率高，未异常（未断裂）。更深层次的 γH2 AX 分析显示，DNA 双螺旋断裂的比例较大，如表 8-1 所示[4]。

表 8-1　染色体畸变、DNA 焦点（γH2 AX 百分比）的式样和^{60}Co辐照场中受照工人的剂量评估（数据来自文献［4］）

	研究细胞分裂中期的编码	染色体损失/染色体臂	多倍性	双中性粒	异常细胞百分比	淋巴细胞中γH2 AX 百分比	估算剂量/Gy
控制	50	1	0	0	1	<10	—
A	43	3	4	2	19	>95	3.1
B	47	3	3	2	17	70～80	2.3
C	35	3	5	2	33	>90	2.8
D	49	2	2	1	10	10～15	0.9
E	62	0	3	1	9.5	12～15	0.6

8.6　治疗与跟踪治疗

医院对 B、C、D 和 E 患者开展了密切监测与护理，间歇性地对患者受照血小板进行浓缩。医院当初并未对患者实施细胞因子治疗方案。当中性白细胞绝对计数（absolute neutrophil counts，ANC）下降到 0.5×10^9/L 时，医院给予患者 B 和 C 输注经 γ 射线辐照处理过的浓缩血小板和 5 mg/kg 剂量的粒细胞集落刺激因子（granulocyte-colony-stimulation factor，G-CSF）（非格司亭），并预防性使用广谱肠外抗生素和口服抗真菌药。粒细胞集落刺激因子治疗在入院第一周治疗中的明显响应表现为中性白细胞绝对计数在一周内呈上升趋势。在没有具体干涉的情况下，D 和 E 患者的症状在住院第三周末得到了改善与康复。第三周的骨髓检查证实属自发性康复。E 患者在住院治疗期间发展为无菌培养急性中耳炎，通过口服和局部使用抗生素后，得到了康复。皮肤色素沉着过度没有得到改善，且不需特殊的治疗。当患者在治疗过程中显现抑郁症时，医院对患者开展了心理辅导和使用抗焦虑剂。

在入院治疗 4 周之后，B、C、D 和 E4 名幸存者的血小板和中性细绝对计数位于正常范围。随后，4名幸存者出院。出院前，医院对4名幸存者给予了遗传学方面的咨询，并建议其出院后定期、有规律性地到AIIMS复诊，接受后续治疗跟踪。在出院后的几个月内，4名幸存者的血液学参数稳定，皮肤色素沉着消退。目前，4名幸存者处于健康状态[4]。

8.7 辐射应急响应过程

8.7.1 初始阶段

2010年4月7日下午，印度原子能监管局收到了一家新德里著名医院的通报。据通报描述，该医院于4月4日从马雅普里工业区接收的一名32岁的男性患者，该患者为一废品收购店的店主，有受放射性物质外照射后的急性放射病综合症状；院方希望能从AERB得到一些关于如何对该患者开展进一步治疗的建议。

AERB建议，医院可根据患者的临床症状、生物剂量测量结果和随访情况对患者开展相应的医学治疗。

AERB立刻组织应急工作人员，携带辐射探测设备、剂量监测仪器到达马雅普里工业区，并对包括工业区废品厂在内的几个重要地区开展的辐射剂量水平的监测。剂量率监测结果如表8-2所示[3]。

表8-2 剂量率监测结果（数据来自参考文献[3]）

监测地点	剂量率/（mSv/h）
事发废品店的某一入口	10～15
事发废品店邻近的店铺内	0.25～0.45
事发废品店后方的店铺内	20
距事发废品店300 m的店铺内	15～45

8.7.2 事故控制阶段

2010年4月8日，制定包括由医疗卫生、交通运输、社会秩序维护、后勤物资与通讯保障、辐射安全与防护等职能部门在内的核紧急方案；配备适用的辐射探测仪器仪表（探测器，放射性监测仪，同位素识别仪等），个人剂量计，个人防护设备，清污工具箱和急救箱，配备机械手、长柄等放射源处理设备，放射源储存与运输容器，放射性物质运输车辆；识别事故区域和放射源的位置；封锁事故区域，设置警戒线；调查核实^{60}Co放射源的具体情况[2]。

1）事故控制第一阶段：2010年4月8日晚上至9日下午，收集4根^{60}Co放射源源棒，3个含放射性物质的麻袋和1个存放放射源残留物的罐子。

2）事故控制第二阶段：2010年4月13晚上至14日早上，收集1根^{60}Co源棒和1个直径约25.00 cm圆笼形源框架。

3）事故控制第三阶段：2010年4月16至17日，从废品堆的钱包中收集一个切割开的^{60}Co源芯块；采用长柄远距离操作方式，将放射源和放射性残留物移置于车厢的放射源储存容器内。

为了确保辐射防护安全和后期调查工作的开展，将事故控制阶段所收集到的所有放射物质转运到具有放射性废物处理资质的单位存放。

8.7.3　辐射应急后期恢复阶段

1）去污染：由于废品收购商将1根^{60}Co源棒切断，造成事发废品店内放射性污染面积扩大。

2010年5月15至16日、5月22至24日、6月15至16日的7 d中，利用核辐射探测仪表检测事发废品店的其他废品是否受到污染或活化。

对受污染区域开展清污工作。整个清污过程中，共收集放射性污染土壤400 kg，污染废品100 kg；将这些放射性废物运到最近的城市放射性废物处置机构处理[2]。

2）辐射剂量水平监测：放射性清污前，事发废品收购店邻近道路上41个监测点的剂量率为100～500 μSv/h，废品收购店内5个监测点的剂量率为1 000～2 000 μSv/h[4]。清污后，事发废品收购店邻近道路和店内剂量率恢复到本底水平。

8.8　辐射事件的定级

2010年4月22日，AERB将本次事故的通报给国际原子能机构（IAEA），根据2008版国际核与辐射事件分级表（使用者手册）（International Nuclear Events Scale，INES）的“人和环境”准则（那名将1小块^{60}Co源芯块放入钱包的工人，出现了非致命确定性效应——烧伤）、“设施和放射屏障和控制”准则（收购商对1根^{60}Co源棒进行了机械切割，密封源破损，导致设计预期之外的马雅普里工业区内严重污染，公众受到明显照射的概率低）和“纵深防御”准则（印度德里大学化学系将高活度密封源错误地交付给无放射性材料处理许可证的收购商，并且没有准备好适当的辐射程序来进行处理），将此事故等级暂定为3级事件——严重事件[6]。

2010年7月17日，AERB给IAEA发的另一份事故的报告，根据2008版INES的“人和环境”准则（1名收购商于2010年4月26日死于辐射），将本次事故等级最终定为4级事件——影响范围有限的事故[3]。

8.9　事故后果

8.9.1　废品收购商

本次辐射事故中，收购商的全身受照辐射剂量达3.1 Gy，表现出牙龈出血，鼻衄以及右手正面皮肤过度色素沉着。在对患者全血细胞减少症治疗期间，医院诊断其患有真菌性肺炎和骨髓抑制病症。在治疗期间，这些病症发展为麻痹性肠梗阻，成人呼吸窘迫综合征和急性肾功能衰竭。整个临床情况可以描述为，由于外照射产生骨髓抑制，白细胞和血小板数量减少，继而发生感染和出血[1]。胃肠综合征伴随造血功能抑制，通过损坏消化道的吸收层，引起患者内环境失衡（影响患者内环境）和造成营养吸收障碍，进一步恶化患者的病情。胃肠道损伤导致了患者胃肠道出血，脓毒病，电解质和流体失去平衡，血细胞计数在住院几周内不断减少，最终导致患者死亡。

8.9.2 废品店7名工人

废品收购店的其他7名工作均患有急性放射病综合征，不仅需要支付昂贵的医疗费用，还将面临电离辐射损伤远期效应和遗传效应的风险。

8.9.3 涉事的德里大学教授

辐射事故发生后，AERB禁止在高校使用钴的放射性同位素。经过德里警方的调查结果，并根据印度刑法的第337条（通过危及他人生命或安全的行为造成伤害）和第338条（通过危及他人生命或安全的行为造成严重伤害），和第304 A条（造成过失死亡）规定，公诉机关指控印度德里大学化学系6名教授犯有过失犯罪[4]。法院于2011年9月1日开庭。印度德里大学6名教授服从法院判决，并承担了法律责任，与政府一起积极对幸存者进行了经济赔偿。

8.9.4 新德里马雅普里小镇

本次^{60}Co装置辐射事故引起了新德里马雅普里小镇的社会恐慌。全社会开始担忧废品收购店的安全问题。马雅普里（Mayapuri）成为印度国内电离辐射事故的代名词。

8.9.5 印度原子能监管局

本次^{60}Co装置辐射事故，暴露出AERB对射线装置监管工作的严重疏忽过失。AERB成为公众和媒体指责和评论的对象。

8.10 经验教训

8.10.1 事故原因

AERB在电离辐射监管工作的疏忽过失。相关机构违反国家核安全法律法规的开展放射性材料、放射性装置的生产、销售、使用、贮存、运输、处置工作。印度德里大学未经AERB的许可，并违反核安全法律、法规的规定，将放射源交给具有无放射性材料处理资质的机构处置。

8.10.2 事故后的整改措施

AERB在国内实行了电离辐射装置的许可制度；实现了该许可证的网络管理

(eLORA，e-Licensing of Radiation Applications)，网址为https：//elora. aerb. gov. in/ELORA/populateLoginAction. htm[7]。其目标在于提高电离辐射监管工作的效率、公开性、实现电子化文档管理、规范工作流程，实现对电离辐射装置的网络注册、无纸化许可（公开电子化许可）；为放射源的使用机构和公众提供决策指导与技术支持；加强对印度国内放射性诊断与治疗、核医学、介入放射学、工业射线探伤、工业辐照、核子仪、核测井（放射性地质勘探）和电离辐射防护安全专业等领域所应用的电离辐射装置的监督、检查与管理[8]。印度卫生部和和家庭福利服务部在全国组建了辐射事故应急专家小组。目前，辐射应急专家小组正在制定指导卫生系统应对将来突发辐射事件的指南。

印度全国的教学、医疗、工厂企业等机构及其工作人员提高了正确操作、使用、合法处理本单位的放射源的安全意识，更加重视放射性操作人员辐射安全与防护知识的培训工作。

参考文献

[1] Singh SR，Karthik Krishna，Behera C，et al. Fatal radiation exposure due to careless disposal of cobalt-60 from a university lab [J]. J Indian Acad Forensic Med，2013，35 (3)：281-284.

[2] Atomic Energy of Canda Limited. Instruction manual gammacell 220 cobalt 60 irradiation unit，Edition No. 6 [R] Ottawa，Canada：Atomic Energy of Canda Limited，July，1968：1-23.

[3] Rajoo Kumar. Lessons learned from the radiological accident in Mayapuri，New Delhi，India [R]. Vienna：International Atomic Energy Agency，2010：1-53.

[4] Dey AB，Mohanan S，Damodaran D，et al. Notice of retraction of radiation accident at Mayapuri Scap Market，Delhi，2010 [J]. Radiat Prot Dosim，2012，151 (4)：645 - 651.

[5] Florida：Wikipedia. Mayapuri radiological accident [EB/OL]. (2014-12-11) [2015-02-12]. http：//en. wikipedia. org/wiki/Mayapuri.

[6] International Atomic Energy Agency，Organization for Economic Cooperation and Development/Nuclear Energy Agency. The International Nuclear and Radiological Event Scale User’s Manual 2008 Edition [R]. Vienna：International Atomic Energy Agency，May 2009：1-14.

[7] Mumbai. India：Atomic Energy Regulatory Board Government of India. Atomic Energy Regulatory Board. Mayapuri radiological accident [EB/OL]. (2013-10-01) [2015-04-10]. https：//elora. aerb. gov. in/ELORA/populateLoginAction. htm.

[8] 李小华，刘艳阳，周峰，等. 2010年印度马雅普里钴-60工业辐照装置辐射事故介绍 [J]. 中华放射医学与防护杂志，2015，35 (8)：634-637.

第 9 章

2012 年秘鲁工业探伤辐射事故概况与分析

工业射线照相技术是无损检测技术（non-destructive testing，NDT）的一种，又称工业探伤，常用于检测金属铸件、管道、管道设备焊接头等工件的缺陷，一般使用 X 或 γ 射线检测工件的缺陷，具有穿透而不损坏工件的优点[1]。便携式工业探伤设备适合于远程和恶劣环境情况下开展 NDT。^{192}Ir 源半衰期为 73.83 d，衰变过程发射 β 粒子和 γ 射线，在 1 m 处的 γ 剂量率约为 5.91 mSv/h，比活度为 9.22×10^{6} Ci/kg，γ 射线能量范围为 0.2 ～0.6 MeV，是工业探伤的理想放射源[2]。根据检测物体材料的特性，也可使用^{75}Se、^{60}Co 等其他放射性核素开展 NDT。

2012 年 1 月 11 日深夜和次日凌晨，一家秘鲁探伤公司正在位于利马（Lima）卡内特（Canete）省的奇尔卡（Chilca）地区开展工业探伤。3 名工作人员在约 2.5 h 的时间内共开展了 97 次曝光作业，每次曝光后均未确认放射源是否已回到探伤机源容器的安全位置。完成任务后，其中 1 名工人发现放射源不在探伤机内部，而卡在输源管内；意识到问题的严重性后，告知探伤公司辐射防护负责人（Radiation Protection Officer，RPO）[3]。RPO 在另一名工人的帮助下，回收了源，并将其安全地回收到探伤机的正常屏蔽位置。大约 3 h 后，承担探伤作业的工人出现了呕吐和疲劳症状。事故发生 3 d 后，探伤公司通知了国家监管机构秘鲁核能研究所（Peruvian Institute of Nuclear Energy，IPEN）。IPEN 开展了事故调查，并建议 3 名工人住院接受治疗。根据《核事故或辐射紧急情况援助公约》（以下简称《援助公约》），IPEN 于 2012 年 1 月 20 日向国际原子能机构（International Atomic Energy Agency，IAEA）正式发出第一次援助请求，以便开展剂量重建和获得医疗建议[4]。IAEA 于 2012 年 2 月 1 日收到了 IPEN 的第二次援助请求，对事故中受照最严重的工人进行医疗救治；此后，收到了第三次援助请求，在该工人再次出现症状之后开展了医疗援助。第三次援助行动于 2013 年 9 月完成。事故发生时，秘鲁拥有近 100 枚 γ 工业探伤放射源。

9.1 背景信息

9.1.1 辐射安全监管框架

秘鲁辐射安全监管框架主要包括监管机构、立法与法律法规体系。

1. 监管机构

根据秘鲁国家第 28028 号《电离辐射源监管法》，授权 IPEN 作为国家核与辐射安全监管机构，对核与辐射安全，安全和保护进行监管。IPEN 是秘鲁能源和矿业部下属的政府机构，负责国内核技术的和平利用、研究、发展和提质升级的监管，其监管职责包括：授权许可使用放射源；对核设施和电离辐射实践安全的监督检查和执法活动；批准辐射安全标准；建立和维护国家放射源的登记台账；保护核材料和放射源的安全[5]。IPEN 监管职责由国家管理局技术办公室履行。该办公室直接向 IPEN 主席汇报，设有授权部和控制部两个职能部门。

2. 辐射安全立法和法律法规体系

根据秘鲁《电离辐射源监管法》，最高法令 039-2008-EM 号《第 28028 号法律的细化规定》确立了辐射安全的授权许可、检查和执行制度[6]。《辐射安全条例》规定了与放射安全有关的要求，通过最高法令 009-97-EM 号《辐射安全条例》的发布，并以国际放射防护委员会《ICRP 第 60 号出版物》以及《IAEA 安全标准系列号 GSR 第 3 部分，放射源的辐射防护和安全：国际基本安全标准》的建议为基础。

最高法令 039-2008-EM 根据涉及的辐射风险确定了各种辐射实践的分类；规定了执法和处罚机制；根据事件安全性质的不同，将处罚范围设定为：从罚款到核与辐射设施或设备的关闭。

IPEN 还发布了关于远距离放射治疗、核医学、X 射线影像诊断和工业探伤安全的具体法规。根据秘鲁最高监管机构 IPEN 的规定，工业探伤为 A 级活动，要求为工业探伤操作颁发许可证。工业探伤由 IPEN 第 IR. 001. 200 9 号《工业探伤辐射安全要求》进行规范。该条例规定了持有许可证的人与设备安全、作业前提条件、职业照射限值、公共照射限值、运输条件、安全要求和应急准备。

1）秘鲁制定、颁布与放射源有关的国家法律包括：第 28028 号法律《规范使用电离辐射源法》和第 27757 号法律《禁止进口含放射源的二手货物、加速器、设备法》。

2）秘鲁制定、颁布与放射源有关的国家法规包括：最高法令第 009-97-EM 号《辐射安全条例》、第 039-2008-EM 号《第 28028 号法律的细化规定》、第 001-2004-EM 号《第 27757 号法律的细化规定》和第 014-2002-EM 号《核设施与核材料实物保护条例》。

3）IPEN 颁布的辐射安全标准主要包括：第 IR. 013. 98 号《使用自屏蔽式 γ 辐照装置的辐射安全要求》、第 IR. 012. 98 号《使用固定源室湿法 γ 辐照装置的辐射安全要求》、第 IR. 001. 01 号《远程放射治疗辐射安全要求》、第 IR. 001. 200 9 号《工业探伤辐射安全要求》、第 PR. 002. 201 1 号《人员剂量测定服务技术和管理要求》、第 IR. 002. 201 2 号《核医学辐射安全与防护要求》、第 IR. 003. 201 2 号《X 射线医疗诊断的辐射防护要求》和第 SF. 001. 201 1 号《放射源安全要求》[7]。

9.1.2 秘鲁放射源的使用

表 9-1 列出了 2012 年 1 月辐射事故发生时，IPEN 对秘鲁国内放射源的监管情况（数据来自文献［3］）。该国约有 3 860 名放射源操作工，其中 85％从事医疗和牙科 X

射线应用的工作。

表9-1　IPEN对秘鲁国内放射源的监管情况（2012年1月）

设施类型	数量/人	设施类型	数量/人
短距离放射治疗	7	放射性免疫检测	11
牙科X射线	1 502	放射性同位素生产	2
γ辐照装置	4	研究与教学	11
进口放射源	43	远距放射治疗	19
工业探伤	36	兽医X射线	15
辐射设备维修	21	核测井	11
医用X射线	1 763	X射线设备销售	203
核子仪	136	X射线荧光分析	11
核医学	43	X射线安检	21
放射性废物管理	1		

IPEN授权特定的机构或公司使用放射源，并授权合格的人员从事放射源操作。IPEN授权（截至2012年1月）使用放射源的机构和操作工情况见表9-2（数据来自文献［3］）。颁发给高风险射线装置（如工业探伤）操作人员的许可证总数为4 381人。

表9-2　IPEN授权使用放射源的机构和操作工情况

内容	工业	医疗	其他放射性服务	政府机构	总计
机构/家	244	1 302	233	5	1 784
操作工/名	1 051	2 932	361	37	4 381

9.1.3　许可和审查程序

1. 范围

初级辐射安全法规适用于所有从事放射源操作的人员。法规要求用户告知IPEN所涉及放射源和射线装置的种类和范围，并向IPEN申请授权许可开展活动。设备以及操作、处理放射源的工人需要获得授权许可。根据辐射实践，IPEN的授权许可包括简单的辐射实践注册、颁发运营许可证、授权开展特定辐射实践活动或服务。

2. 许可证申请与签发

探伤公司申请获得操作工业探伤机的授权许可，应向IPEN提交关于开展工业探伤的技术信息和细节的申请材料，以证明符合辐射安全监管要求。技术信息包括安装放射源、放射源的说明、辐射安全措施、组织程序、安全规程和措施以及辐射应急响应计划。该信息由国家管理局技术办公室组织专家评估，并进行检查以验证所提交的信息。IPEN确定申请单位与辐射安全有关的所有技术均符合监管要求后，授予运营许可证。若不符合技术要求，申请人必须在规定时间内对IPEN书面告知的问题进行整改和补充材料。许可证还包括工业探伤活动的具体条件和范围，如探伤作业地点、探伤机的制造商、型号和序列号、放射源核素种类与最大活度、操作要求、应急准备和响应要求、运输要求、安全规定和处置放射源的责任。此外，获许可方需要申请进口放射源的特定授权，包括替换探伤机内 ^{192}Ir 源的新源。

3. 从业人员资格

探伤机操作工和 RPO 必须获得 IPEN 颁发的个人许可证。申请个人许可证应具备以下资格：①探伤机操作工必须完成初级文化教育；接受正式的 20 h 辐射安全与防护培训课程教育；具有在持照工人监督指导下操作探伤机的经验；通过 IPEN 组织和管理的资格考试。探伤机操作工必须每 3 年接受一次辐射安全与防护培训，以重新审查其执照。②探伤机持证单位 RPO 必须完成高级文化的教育，接受正式的 40 h 辐射安全与防护培训课程教育，具有至少 6 个月的工业探伤操作经验或 1 年密封源辐射防护经验；通过 IPEN 组织和管理的资格考试。RPO 必须每 3 年接受一次辐射安全与防护培训，以重新审查其执照。

4. 定期检查

工业探伤设备需要经过 IPEN 年度检查。IPEN 可根据实际情况增加检查的频率。检查内容包括：控制操作风险规程、辐射监测方案、放射源储存安全规程、放射源运输安全规程、设备和放射源的安全、操作规程、应急方案、将检查结果告知用户。获许可方需要在规定时间内采取措施对安全隐患或问题进行整改。若获得许可方拒不整改，则由 IPEN 对其处以罚款。

5. 许可证变更和延续

工业探伤许可证有效期为 3 年。有效期届满前，获许可方需向国家管理局技术办公室提交延续申请审查材料作为履行许可证条件和限制的声明。重新审查、确认过程包括评估获许可方遵守法规要求的历史和对设施的检查。在满足所有条件的前提下，许可证将延续 3 年有效期。

9.1.4　工业探伤操作的步骤

IPEN 关于工业探伤操作的规定要求：①IPEN 批准、发布了一份关于日常操作、特定设施或电离辐射实践应急步骤的工作手册。②探伤机运行时，须使用经校准的辐射监测仪。③现场工作人员至少包括 1 名操作员和 1 名 RPO，每人均持有有效许可证。④所有操作人员使用个人剂量计、个人剂量报警仪和直读式剂量计。⑤探伤机由具有许可证的操作员组装和安排。⑥开展工业探伤作业区域划为控制区，只允许获授权许可的工作人员及助理进入。

9.1.5　事故涉及的探伤设备和放射源

本次辐射事故中涉及的设备是由 SPEC 公司制造的一个 1016 系列 SPECT 2T 型探伤装置，内含一枚 ^{192}Ir 源[8]。截至 2011 年 12 月 23 日，该源活度为 4 366 GBq（118.0 Ci），2012 年 1 月 12 日估计活度为 3653 GBq（98.7Ci）[9]。γ 射线探伤机结构如图 9-1 所示。

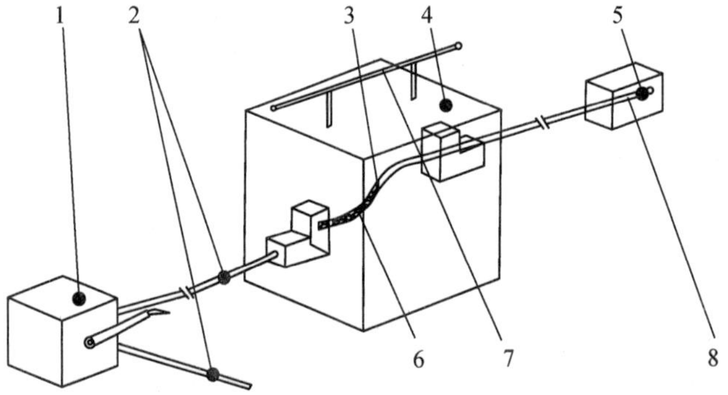

图 9-1　γ射线探伤机结构

1—遥控装置；2—控制缆导管；3—密封放射源；4—源容器；
5—曝光头；6—源辫（源托）；7—提柄；8—输源管

探伤机具有远程遥控装置，可以将放射源组件移动到工作位置或收回到探伤机内安全位置。远程遥控装置由控制机构、控制缆、控制缆导管、其他必要的部件和附件组成[10]。控制缆是用于依靠遥控装置将放射源组件送出和收回源容器的缆索，包括与源辫（源托）相连的连接件。控制缆导管是用于遥控装置与放射源之间对控制缆进行导向，并对控制缆提供物理性保护的软管，包括与源窗口和遥控装置的连接件[11]。源容器是一个密封源的屏蔽体，可使γ射线以受控形式输出。输源管是用于源容器与曝光头之间对源组件进行导向的软管，包括必要的部件以便源容器与曝光头之间进行连接。源托又称源辫，是用来输送放射源的机构，由不锈钢绳和钨合金制作而成，通过驱动装置与放射源连接后，由手动或自动传输装置，通过输源管螺旋通道将γ源输送到顶端。曝光头是用于将密封放射源定位于选定的工作位置，限制源组件伸出输源管的装置。限束器又称准直器，用于固定在预定工作位置，以降低预定方向外辐射的屏蔽装置，准直器结构示意图如图9-2所示。准直器由不锈钢外壳和钨插件组成，将来自中心轴方向圆柱形孔道的γ射线束引导为朝侧面60°锥形面发射[12]。

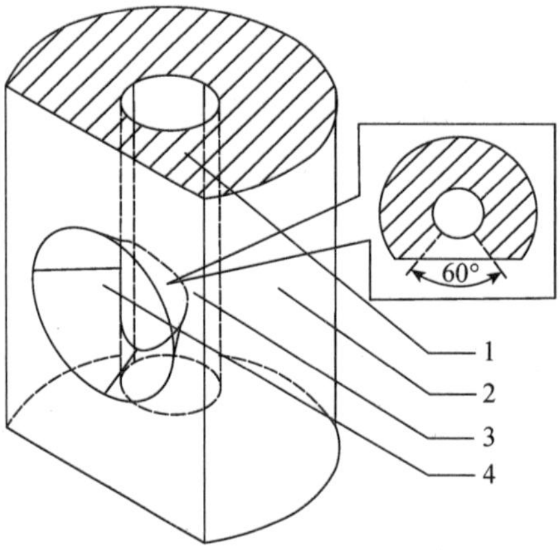

图 9-2　准直器结构示意图

1—钨合金；2—不锈钢包壳；3—中心轴线圆柱孔道；4—侧面60°锥形面孔道

9.2　辐射事故

根据对5名受照工人和探伤公司的面谈，以及与IPEN的讨论，确定事件顺序。

9.2.1　事故情况

1. 地点和时间

事故发生于2012年1月11日深夜至12日凌晨，位于利马以南约60 km的卡内特（Cañete）省奇尔卡（Chilca）地区的一座发电厂。电厂建设方对不同直径的金属管道进行了焊接，通过探伤作业评估焊接接头的质量。探伤作业安排在下班时间进行，以减少对非从事探伤作业人员的照射。

2. 探伤作业的详细信息

正在开展探伤作业的对象为直径为5.1 cm、7.6 cm和10.2 cm直径金属管。每根5.1 cm管道需要曝光2次；每根7.6 cm和10.2 cm管道需要曝光3次。因此，探伤作业需进行2次设置，电厂管道探伤作业区域平面如图9-3所示。第一次设置的“1号区域”为5.1 cm直径管道探伤作业场地，第二次设置的“2号区域”为7.6 cm和10.2 cm直径管道的探伤作业场地。

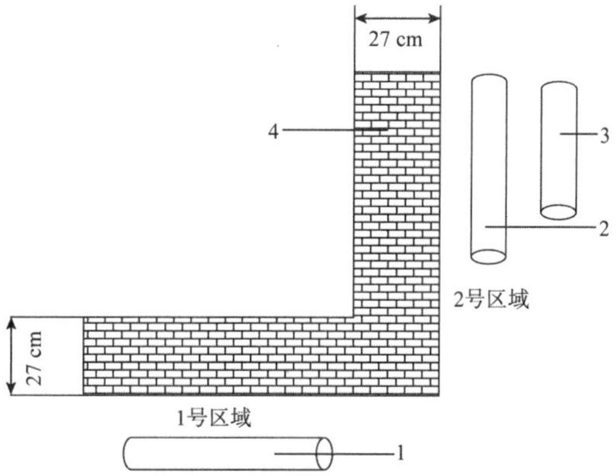

图9-3　电厂管道探伤作业区域平面图

1—5.1 cm直径金属管道；2—7.6 cm直径金属管道；3—10.2 cm直径金属管道；4—27 cm厚实心砖墙

3. 工作和工作场所的总体安排

探伤工作由1名获得授权的探伤机操作员A及其指导的1名助手工人B承担。开展探伤作业时，RPO不在场。公司为工人提供了一套工具和设备，用于操作和个人辐射安全防护。然而，2名助手同事D和E均把个人剂量计留在运输车上；因此，探伤现场仅工人B佩戴个人剂量计，无人使用个人剂量报警仪或直读式剂量计。

工人B负责进行探伤作业，由同事D和E协助。同事D负责将胶片递给工人B。同事E整理胶片并将其传递给同事D。工人B和2名同事使用一个便携式辐射监测仪（盖革弥勒）测量该区域的γ辐射水平；把便携式监测仪开启放在地板上，以确认源是否离开探伤机；开始操作时，读取该监测仪读数约为 50 μSv/h；在曝光过程中不时地验证这一读数；使用该监测仪的目的只是验证放射源是否已离开探伤机，而非验证每次曝光后放射源是否已返回源容器内。同事 D 组装和安放探伤机，采用布料绳索捆扎固定探伤机输源管、曝光头与金属管道。探伤机与管道安放示意图如图 9-4 所示。调查结果显示，未获得授权许可的探伤机操作员擅自组装探伤机，可能导致遥控装置与源辫之间的控制缆连接出现错误。

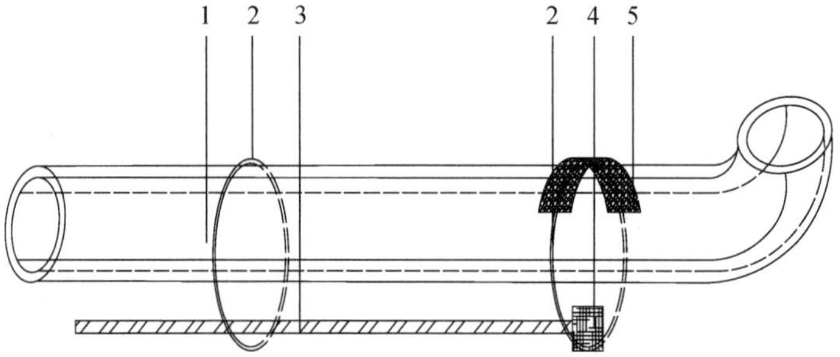

图 9-4 探伤机与管道安放示意图

1—金属管道；2—捆扎绳索；3—输源管；4—曝光头；5—胶片

9.2.2 事故的发生

（1）概述

工人 B 在大约 2.5 h 内总共受到 97 次照射，直到 2012 年 1 月 12 日 02：20 探伤作业结束。工人 B 打开辐射监测仪，移动放射源，并确认放射源已离开探伤机，但是当源返回安全位置时，未检查每次操作后的剂量率。辐射监测仪靠近同事 E，并持续显示相同的读数 50 μSv/h。

（2）5.1 cm 管道的探伤

工人先对 5.1 cm 管道进行探伤。每次曝光前，工人 B 靠近一张桌子，将放射源与输源管接头对齐，以确保胶片放置位置正确。该操作距输源管平均距离约 20 cm 处进行，并估计对所有管道开展探伤期间，源留在导管内大约 80 min。在操作过程中，为了把放射源与输源管对齐，工人 B 至少接触输源管末端 10 次，在该位置花了近 10 s，偶尔低下头来观察输源管末端的位置。根据 3 名工人提供的信息，同事 D 每次都在工人 B 附近工作约 20 s，之后同事 D 便移动到距输源管末端 15 m 处。同事 E 接近工人 B 约 20 次，每次在停留 20 s。完成 5.1 cm 管道的探伤作业后，将探伤机、辅助工具和辐射监测仪带到 2 号区域。在此过程中未检查该区的剂量率。

（3）7.6 cm 和 10.2 cm 管道的探伤

在每次曝光之前，工人 B 将胶片安放于管道周围，然后将输源管捆扎到管道上，如图 9-4 所示。开展此项工作过程中，距输源管 20 cm 处待了 50 min；操作输源管和准直器。完成计划的探伤作业后，工人 B 拆除了探伤机附属设备；拆下输源管后，注意到输源管未排空，意识到放射源未回到源容器安全位置；使用探测器进行确认，并核实了

（开始探伤时已开启）监测仪的区域剂量率仍为 50 μSv/h；得出源卡在输源管内某一位置的结论；意识到情况的严重性，通过电话通知了探伤公司。RPO 在工人 C 的陪同下来到现场。在持续约 1 min 的操作中，RPO 和工人 C 按照工业探伤标准操作规程，从输源管中安全地取出卡住的放射源，并将其回收到探伤机源容器的屏蔽位置。

9.2.3 初步症状和通知 IPEN

2012 年 1 月 12 日 02：30，探伤工作完成后不久，工人 B 呕吐了 3 次；接下来的 2 h 内，继续呕吐（10 次）。03：00，同事 D 感到疲劳。05：00，同事 E 感觉头晕。工人 B 于 06：00 到奇尔卡（Chilca）的当地医院就诊，诊断为患有胃病，接受静脉输液治疗后回家。此时，同事 D 已呕吐多次。探伤公司将 3 名工人送到一家私人诊所就诊，病情稳定后回家。

探伤公司开展了调查，处理了一些在探伤期间曝光的胶片，发现这些胶片由于某种原因过度曝光。2012 年 1 月 15 日，工人 B 左手食指出现红斑。随后，公司意识到工人受到超剂量照射，电话告知 IPEN 以将辐射事故通知相关组织。表 9-3 列出了辐射事故的发生时间、主要事件及相关机构和人员信息。

表 9-3 辐射事故的发生时间、主要事件及相关机构和人员信息（数据来自文献［3］）

天数	日期（时间）	事件	涉及的人员/机构						
			工人 B	同事 D	同事 E	RPO	工人 C	医院	IPEN
0	2012 年 1 月 11 日（23：20）	探伤机从公司的奇尔卡（Chilca）办公室转移到探伤作业位置（5 min 路程）。同事 D 准备器材设备	√	√	√				
0～1	2012 年 1 月 11 日 23：32 到 1 月 12 日 02：15	工人 B 使用探伤机开展了 97 次曝光作业	√	√	√				
1	2012 年 1 月 12 日 2：20	拆卸设备后不久，工人 B 观察到放射源不在探伤机中；确认辐射监测仪的区域剂量率仍显示其刻度的 1/2，即 50 μSv/h；意识到情况的严重性，离开该区域并将情况告知 RPO	√			√			
1	2012 年 1 月 12 日 2：30	RPO 和工人 C 到达现场并回收源；使用 2 m 长夹子进行操作；确保使用夹子在该区域内的操作时间不超过 30 s。回收操作大约在 1 min 内完成					√	√	
1	2012 年 1 月 12 日 2：30—5：00	工人 B 呕吐 3 次，约 2 h 后出现严重呕吐（10 次）。同事 D 感到疲劳，同事 E 感到头晕	√	√	√				

续表

天数	日期（时间）	事件	涉及的人员/机构						
			工人B	同事D	同事E	RPO	工人C	医院	IPEN
1	2012年1月12日6：00—7：00	工人B送到医疗机构接受静脉输液，诊断患有胃病回家治疗。同事D呕吐了几次	√	√				√	
1	2012年1月12日9：00	该公司将这3名工人带到一家诊所进行体检，结果表明3人均处于稳定状态，可回家。该公司将受照射人员转诊到另一家诊所，他们的血液计数在正常范围内	√	√	√			√	
1	2012年1月12日	该公司对事件开展调查，但无法收集到大量信息。使用的一些胶片经处理分析（前后各3张），证实胶片已过度曝光。过度曝光可能受几个因素影响				√	√		
4	2012年1月15日	工人B左手食指出现红斑。探伤公司意识到这3名工人已受超剂量照射，整个操作过程中，放射源一直留在输源管内，晚上，通过电话告知IPEN关于本次辐射事故	√						√
4	2012年1月16日	IPEN收到探伤公司（RPO）的正式通知，包括事故的详细信息				√			√

9.3 辐射应急

探伤公司将辐射事故告知IPEN后，秘鲁国内各级组织、其他国家、IAEA均开展了应急响应。

9.3.1 国家级应急

除IPEN外，秘鲁政府外交部，秘鲁常驻IAEA代表和国家肿瘤疾病研究所（National Institute of Neoplastic Diseases，INEN）在事故应急中发挥了重要作用[13]。3名受超剂量照射工人于2012年1月17日入住INEN接受治疗。2012年1月16日，IPEN收到探伤公司的辐射事故报告后不久，立即开展调查，并根据工人陈述评估其可能的受照剂量。工人B的光致发光剂量计（optically-stimulated-luminescence，OSL）由剂量服务公司检测。初步剂量评估显示工人B受照剂量水平较高（全身约7 Gy）。IPEN采用数值模型估算2名同事的受照剂量水平，结果表明在1 Gy范围内；2012年1月17日，建议将患者送至INEN开展医学评价；在探伤公司工人的协助下，对本次辐射事故进行了更详细地重建。虽然需对一些初步医学评价进行修订，但剂量估算结果表明工人受到严重照射。收集了事故更多细节之后，IPEN 于 2012 年 1 月 19 日通过 IAEA 事故和应急情况信息交换统一系统发布了一条关于本次辐射事故的信息。IAEA 国际核事件和应急中心（Incident and Emergency Centre，IEC）立即做出反应，并在同一天开展辐射事故所需的国际援助[14]。表 9-4 总结了 IAEA 国际援助团抵达前，秘鲁采取国家级应急行动的时间顺序（数据来自文献［3］）。

表 9-4　秘鲁采取国家级行动的时间顺序

日期	行动
2012 年 1 月 15 日	探伤公司向 IPEN 告知辐射事故
2012 年 1 月 16 日	IPEN 收到了事故正式报告，并采取了应急行动
2012 年 1 月 17 日	IPEN 从受照射工人、RPO 和公司经理处获知了辐射事故情况与受照射工人面谈以评估其受照情况 IPEN 医师对工人进行首次体检
2012 年 1 月 19 日	IPEN 建议探伤公司将受照射工人送往 INEN 住院开展医学评价 辐射事故信息通过 IAEA 事件和紧急情况信息交换统一系统向 IEC 报告 IPEN 收到 IAEA 斡旋邀请以协助应对辐射事故
2012 年 1 月 20 日	IPEN 要求剂量检测服务公司重复读取工人 B 的光致发光剂量计，以确认结果的准确性。剂量报告得到确认。IPEN 根据援助公约向 IAEA 正式提交援助申请
2012 年 1 月 21 日	IPEN 对事故现场进行重建。工人 B 和 C、同事 D 和 E、RPO 和 INEN 专家参与了此项工作。受照最严重工人 B 的全身平均剂量估计值约为 4.4 Gy
2012 年 1 月 22 日	IPEN 接受 IAEA 的国际援助

9.3.2　IAEA 应急响应和国际援助

2012 年 1 月 20 日，根据《援助公约》，秘鲁向 IEC 提出了正式援助申请，立即组建了 IAEA 应急响应与援助网络（Response and Assistance Network，RANET）援助团[15]。在此期间，IEC 与世界卫生组织、泛美卫生组织的 RANET 同行进行了广泛沟通，并保持了联系。

1. 第一批 IAEA 国际援助团前往秘鲁

IEC 制定了一个剂量评估和医疗咨询援助行动计划。前往秘鲁的 IAEA 国际援助团的主要任务包括：①评估受超剂量照射工人的健康状况；②根据受照者的局部剂量和全身剂量评估辐射影响；③提供医学治疗建议；④根据可能的受照情况为剂量重建提供支持；⑤建议秘鲁和 IAEA 对辐射应急采取相应措施；⑥收集辐射事故报告信息。

国际援助团队由 2 名来自法国的医学专家和 1 名 IEC 专家组成。福特欧罗斯（Fontenay-aux-Roses）专家来自法国辐射防护与核安全研究所（Institute for Radiological Protection and Nuclear Safety，IRSN），克拉马特（Clamart）专家来自法国陆军佩尔西训练医院（Percy Training Hospital of the Armies，HIA Percy）[16]。IEC 专家作为援助团队的负责人。

该小组于2012年1月22日抵达利马，会见了IPEN官员并访问了INEN医务工作人员，以协助开展医学评价；与IPEN和INEN人员共同讨论并达成了“与法国IRSN联系，以开展生物剂量评估，作为对秘鲁已进行剂量评估的补充”的一致意见。IPEN编写了关于初步剂量重建数据的简报。2012年1月23日，克拉马特（Clamart）专家带着生物样本前往法国，结束了援助团第一阶段的任务，另外2名小组成员继续评估受照最严重工人B的健康状况，并重建导致辐射事故的事件，从IPEN工作人员和INEN医务人员处获得更准确的数据，评估工人B的个人剂量计结果，对事故场景进行更详细的重建。2012年1月25日最后一次医疗情况汇报结束后，援助团制定了关于所涉医疗问题的结论和建议，强调有必要将工人B转移到电离辐射损伤专科医院接受治疗。援助团成员于2012年1月26日离开利马。

2. 第二批IAEA国际援助团在法国为工人B提供的医疗服务

虽然IAEA国际援助团队已完成第一阶段任务，但仍继续关注在秘鲁接受治疗的3名工人的健康状况。工人B需要采取紧急措施转移到一个更先进的电离辐射损伤治疗专业中心，以治疗严重的局部辐射损伤（local radiation injury，LRI）[17]。2012年2月1日，IEC收到了IPEN的请求，希望到一家在电离辐射损伤受照者治疗方面，拥有高水平医学技术和经验的医院，为工人B提供医疗援助；将血液恢复和联合整形手术相结合开展自体干细胞注射，以治疗受照患者。

IEC对这一正式援助请求立即采取行动，要求在这一领域拥有医疗设施和专业知识的会员国为秘鲁辐射事故受照工人B提供医学治疗。根据援助公约，IEC向会员国主管当局发出请求，要求有关方面考虑为医疗提供经济支持。2012年2月2日，法国HIA Percy提供了医疗援助。世界卫生组织表示有兴趣跟踪和支持IEC向秘鲁提供的援助活动。

综合考虑IEC的回复和建议，包括从美国获得的经济资助，秘鲁政府决定接受法国的医疗方案。IEC立即制订了第二次援助行动计划，确定了将要采取的处理方法，并详细说明了IAEA、法国、秘鲁和美国政府承担费用的方案。该计划于2012年2月3日开始实施。2012年2月6日，工人B和一名来自IPEN的医生抵达HIA Percy，立即开始对患者进行治疗。法国医学专家定期向IEC通报病人治疗进展情况。2012年5月中旬，工人B的治疗已经完成，返回秘鲁，结束了IEC国际援助团第二次援助行动。

3. 第三批IAEA国际援助团在智利为工人B提供的医疗服务

2012年11月，工人B双手轻微疼痛，在接下来的一个月内，移植皮肤明显收缩。2013年1月下旬，秘鲁医生与IEC、法国医务人员讨论了工人B的健康状况。2013年5月中旬，患者病情恶化，秘鲁政府于2013年5月18日向IEC提出了第三次援助请求。根据这一请求，IEC向几个会员国寻求援助，并于2013年6月20日收到智利的回应。第三批援助行动计划任务主要包括：对患者病情、重建手术和细胞治疗的医学评价、其他必要的治疗以及制定关于正在实施医疗的后续报告安排。并与“共同安全医院”（Mutual de Seguridad Hospital）、发展大学（Del Desarrollo University）干细胞实验室和智利核能委员会密切合作，提供免费治疗。法国政府还提供了一支由IRSN和HIA

Percy 医生组成的专家医疗服务队。IEC 组织并领导由 IRSN，HIA Percy 和 IEC 医学专家组成的国际援助团。

国际援助团在详细审查了医疗基础设施、评估医疗能力、召开医疗专业人员见面会后，建议在智利对患者进行治疗；2013 年 7 月中旬，组织工人 B 前往智利进行了几天的医学评价；取血样进行细胞遗传学生物剂量测定；取骨髓和血小板样品促进间充质干细胞（mesenchymal stem cell，MSC）培养。来自 HIA Percy 的医学专家到智利监督了手术过程。工人 B 于 2013 年 8 月 4 日送往共同安全医院。此时，来自 HIA Percy 的 2 名医学专家和来自 IEC 的医学专家代表国际援助团来到了智利；对工人 B 的健康状况进行了评估后，制定了治疗方案；2013 年 8 月 7 日，开展了两项手术，第二次采集骨髓，对受照射的双手手指截肢；随后开展了 4 次间充质细胞注射，最后一次于 2013 年 9 月 6 日完成。此时，工人 B 的健康状况稳定且令人满意，无疼痛感，伤口已经愈合。建议第一年内每 3 个月接受一次医疗随访，随后 10 年每年至少接受一次医疗随访。IAEA 第三批国际援助团任务结束。

9.4 初步剂量评估

9.4.1 初步剂量评估

1. 秘鲁专家的初步重建和评估

将辐射事故通知给 IPEN 后不久，探伤公司组织 5 名受照射工人（工人 B 和 C、同事 D 和 E 以及 RPO，其中 3 名为技术人员）与 IPEN 医生进行面谈。第一次剂量评估结果显示，工人 B 左手食指受照剂量约为 50 Gy，全身剂量约为 4.6 Gy。工人 B 个人剂量计显示全身剂量约为 7 Gy，将导致其出现急性放射综合征（acute radiation syndrome，ARS）和血液相参数变化。估计同事 D 和 E 的全身剂量分别为 1 Gy 和小于 1 Gy。

IPEN 根据受照射工人对事件的描述和现有数据，对事件开展了更详细的重建分析，以计算和评估剂量。此次重建工作的依据为 5 名工人所承担的具体工作信息。

1）工人 B 参与了探伤设备的所有设置工作，包括输源管；将手保持在距离输源管末端约 10 cm 处；为了使输源管与胶片对齐，用左手食指放入准直器的锥形开口侧，并触摸（可能是空的）输源管。

2）同事 D 协助工人 B 开展了 3～5 次探伤设置；在此过程中，用手触摸输源管，距输源管末端约 10 cm，源可能位于此处，该操作估计用时 30 s；在另外两种探伤作业场合，相对源的位置约为 1 m。

3）同事 E 大部分时间待在工业探伤位置附近的墙角后面；同事 E 协助工人 B 开展了 10～15 次探伤设置，相对源的位置约为 2 m，每次在此处停留约 10 s。

4）RPO 和工人 C 获知事故信息后赶到现场，意识到放射源卡在输源管内；采取了必要的预防措施，以安全地回收放射源。RPO 确保 2 人距离源 2 m 或更远，且受照时间不超过 30 s。2 人完成了回收任务，在大约 1 min 内把放射源收回到探伤机源容器内。

2. 国际专家协助下的初步评估

IAEA 国际援助团抵达秘鲁后不久，要求参观探伤公司事故现场，旨在重建事件的顺序和辐射事故场景，以开展剂量评估。由于 IPEN 制订安排计划的时间仓促，参观探伤公司现场存在实际困难。2012 年 1 月 21 日对该事件的详细重建和收集数据，已考虑了不同事件场景、源、曝光头和工具的数据。

在评估剂量时，除了每次探伤活动所用的时间或次数外，国际援助团还考虑了受影响的因素。一个重要因素是工人进、出工地所花的时间以及在墙后安全位置滞留的时间。根据重建工作，把从安全区域到工作区域并返回安全区的往返时间估计为 25 s。据此时间，考虑源沿着工人方向发射 γ 射线束的最差情况以及管道壁厚的衰减作用，把工人进入或离开现场的剂量值估计为 1 mGy。对于辐射实践而言，该剂量值太低，未包含在该事件的工人受照剂量估计值中。另一更重要的因素是工人 B、同事 D 和 E 校正探伤机和输源管花费的时间。根据收集的信息，这段时间是在原探伤计划中为每次曝光设置的。根据这些因素，考虑到事故发生时放射源的预计位置，国际援助团队对工人受照剂量进行了初步估计。同事 D、同事 E、RPO 和工人 C 的剂量估计值如表 9-5 所示。此次评估还考虑了 IPEN 和 INEN 的估算结果。由于工人 B 受照最严重，因此对其受照剂量进行了更详细的估算，结果如表 9-6 所示。

表 9-5　估计同事 D、同事 E、RPO 和工人 C 的剂量估计值（数据来自文献［3］）

剂量类型	同事 D	同事 E	RPO	工人 C
手的当量剂量	未证实/无可信值	未证实/无可信值	不相关	不相关
全身剂量/Gy	0.3	0.15	0.001	0.001

国际援助团认为工人 B，同事 D 和 E 全身或局部受到 γ 探伤源照射，特别是手。诊断和预后严重性的判断，需准确地跟踪临床表现、实验室检测结果和生物剂量的信息。因工人描述的事件顺序和时间存在混乱、不确定和不同说法，很难重建受照场景。国际援助团得出结论，生物剂量的测定调查和其补充方法对于充分评估患者都至关重要。

表 9-6　估计工人 B 的初步剂量范围（数据来自文献［3］）

单位：Gy

剂量类型	剂量
左手食指的当量剂量	40.0～44.6
右手的当量剂量（靠近准直器锥面孔区域）	6.2
眼球晶状体的当量剂量	0.07～1.02
性腺的当量剂量	0.07～1.17
全身剂量	1.49～4.14

9.4.2　开展更准确剂量评估的推荐措施

为更准确地评估工人受照剂量值和非均匀性，国际援助团建议采取 3 种补充措施：

基于细胞遗传学的生物剂量测定、物理剂量测定（如电子顺磁共振，electron paramagnetic resonance，EPR）和计算机模拟的剂量重建。

国际援助团对 5 名受照工人进行了生物剂量测定，包括收集血液样本并送往法国 IRSN。生物剂量测定与秘鲁实验室开展的血液样品分析同时进行。关于物理剂量测定，把受照最严重工人 B 的牙釉质、指甲和脚趾甲样本送往法国开展 EPR 技术分析，并将物理剂量数据与生物剂量测定剂量值、个人剂量值进行比较。

9.5　临床表现和初步诊断

除开展初步剂量评估外，国际援助团队还对 3 名受超剂量照射工人的医疗状况进行了初步评价。此评价主要依据为"时间函数相关的各种临床体征和症状，事故情景的描述，以及各种受照事件的时间"。该评价为 3 名患者提供了合理的诊断，把患者按照"辐射事故受害者医疗救治规程"（Medical Treatment Protocols for Radiation Accident Victims，METREPOL）系统进行分类[18]。该分类系统使用的主要术语包括 N：神经血管、H：血液学、C：皮肤、G：胃肠道。根据临床表现，上述方面的评估范围为 1 至 4 级。最小严重程度评级为 1，最大评级为 4。分类将随时间而发生变化，取决于临床演变和受影响方面的严重程度。根据器官的具体分级全面预测 ARS 的预后如表 9-7 所示[19]。

表 9-7　根据器官的具体分级全面预测 ARS 的预后（数据来自文献［19］）

器官系统	损伤的严重程度			
	1 级：轻度损伤	2 级：中度损伤	3 级：严重损伤	4 级：致命损伤
N（神经血管系统）	可痊愈	可能痊愈不全	痊愈不全较严重	不太可能痊愈
H（造血系统）	可自体完全痊愈	可能自体痊愈不全	自体痊愈不全较严重	不太可能自体痊愈
C（皮肤系统）	可痊愈	可能完全痊愈	可能痊愈不全	不太可能痊愈 或痊愈不全较严重
G（胃肠道系统）	可完全痊愈	可能痊愈不全	可能完全痊愈	不太可能痊愈

9.5.1　神经血管综合征 N

神经血管综合征（neurovascular syndrome，NVS）的不同阶段的持续时间取决于照射的特征（质量，剂量，剂量率和受照部位）。恶心、呕吐和厌食等为神经血管综合征的前期症状。尽管这些临床症状是由胃肠道系统体现的，但受照部位是大脑。在此阶段，即使在低剂量受照的情况下，也可观察到患者脑电图的异常。

（1）N1 级

N1 级 NVS 患者的前驱期症状，如恶心、厌食和呕吐可在受照后 24 h 内出现，严重程度一般不会超过 1 级。这些症状表明神经血管系统受到轻微损伤；在受照后 48 h 内完全消失。患者在受照后 2～3 d 开始的第二阶段，轻度疲劳综合征出现并持续数周；

无头痛、发热、低血压、神经功能、认知功能损伤症状；可接受门诊治疗，可使用 5-羟色胺（5-hydroxytryptamine，5-HT3）受体拮抗剂缓解恶心和呕吐，无需要其他特定药物。来自动物研究的数据表明：脑电图（electroencephalo-graph，EEG）发生变化，也可能发生在人类，并伴随着间歇性发作和诱发电位的改变。迄今为止，无数据支持其他诊断方法，如核磁共振成像（magnetic resonance imaging，MRI）、正电子发射型计算机断层显像（positron emission computed tomography，PET）用于评估 NVS 早期阶段的轻微症状。

（2）N2 级

N2 级 NVS 患者在受照后的头几个小时内，出现中度恶心和厌食，并伴有少数呕吐；症状不超过 2 级，大约持续 2 d；康复后，受照后 3～6 周内复发类似症状；1～2 级疲劳症状出现并持续数周；此外，受照者的头痛和困倦症状大约持续 24 h；除了这些前驱症状外，无明显功能受损症状，通常出现发烧，低血压或认知功能受损症状。患者应住院接受临床监测。强烈建议使用 5-HT3 受体拮抗剂来治疗恶心和呕吐。此外，使用糖皮质激素可以降低前驱症状的严重程度，但应首先检查禁忌证和干扰其他器官系统的临床症状，并找到此症状的治疗方法。

（3）N3 级

N3 级 NVS 患者在受照 2 d 后的前几个小时出现严重的恶心、厌食和呕吐症状（2～3 级）。症状通常在受照后第 1 周结束时，无症状间隔后复发持续约 2 周。因长时间严重呕吐的发作，导致体内电解质不平衡。因肠道损伤引起的腹泻或严重的皮肤损伤，患者的恶心、厌食和呕吐症状加重，并伴有水疱，使患者病情复杂化；除了头几个小时的前驱症状外，还患有头痛、严重的疲劳综合症状（3 级），低血压、发烧，头晕持续 24 h；由于症状的严重性，需要住院接受治疗；若无治疗干预，将出现严重脱水和循环系统衰竭，在受照后第 2 周昏迷和死亡。因此，医疗应包括充足的液体和电解质的替代品，镇痛药和静脉注射。患者经糖皮质激素强化治疗康复，但严重损伤主要表现为认知功能受损。

（4）N4 级

N4 级 NVS 患者受照射后会立刻出现严重的呕吐、恶心、头痛和困倦症状，其中呕吐（4 级），并伴有（3～4 级）恶心和厌食症；此外，头痛、发烧，其严重程度可达1～4 级，这些症状在 3 d 后缓解；此外，疲劳症状（3～4 级）持续数周；由于加速了肠或皮肤相关的组织液体和电解质损失，在受照后几小时内发生严重的脱水和电解质失衡，出现低血压；在第一周结束之前，将出现危及生命的神经系统症状；不太可能痊愈，并且主要症状呈间歇性持续，直至死亡。在其他器官系统在无其他严重并发症的前提下，采用充足的组织液和电解质补充，镇痛药物和静脉的注射，糖皮质激素或甘露醇输注以减少水肿，可增加患者存活的概率。眼底镜检查可用于诊断脑内水肿。

9.5.2 造血综合征 H

血液中的细胞成分对于 O_2 与 CO_2 交换等功能至关重要。此外，血液运输营养物质、代谢物和其他活性物质（激素）。这些成分在维持器官灌注和酸碱完整性、通过凝血蛋白质的生成防止出血，以及通过特异性和非特异性细胞维持免疫功能、防御机制（吞噬和抗体的发展）具有重要作用。在几乎所有病例中，因局部身体急性照射（partial body irradiation，PBI）或全身急性照射（total body irradiation，TBI）而引起的造血功能障碍导致的临床症状，称为造血综合征（haematopotic syndrome，HS）。HS可能伴有神经血管和胃肠道系统的紊乱。

（1）H1级

H1级HS通常无出血或传染病的临床症状。若患有症状，其等级不超过1级，细胞计数可能在正常范围的下界处或附近。血液检验结果如下：①淋巴细胞：细胞计数保持在正常范围（1.5～3.5）$\times10^9$/L（1级），单细胞计数低至1.0$\times10^9$/L属于正常值。②粒细胞：细胞计数将持在（4～9）$\times10^9$/L（1级）的正常范围内；受到电离辐射，粒细胞计数低于正常边界的较低范围也属于这一级别，细胞计数从未降至临床临界阈值1$\times10^9$/L以下。③血小板：通常细胞计数保持在（150～350）$\times10^9$/L（1级）的正常范围内，但对于低于下边界值100$\times10^9$/L的范围，未增加临床出血或预后不良的风险，在受照后第25～35 d，将出现接近正常范围下边界的细胞计数和下降趋势。

由于受到低剂量照射，仅有最敏感的细胞受损，最有可能在受影响的区室中无完全的细胞损失或细胞死亡。干细胞损伤并不反映在血细胞数量的重大变化上，造血系统扩大生产的能力足以维持外周血细胞的数量。粒细胞减少症或血小板减少症，未增加感染或出血的风险，因此不需要特定的血液学治疗。虽然造血系统轻度损伤，但在正常情况下可自体恢复。

（2）H2级

H1级HS患者仅造血系统受到中度损伤。血液检验结果如下：①淋巴细胞：细胞计数在受照后的前2 d开始下降，保持在0.5$\times10^9$/L和1.5$\times10^9$/L（2级）之间。②粒细胞：因已经成熟的粒细胞从骨髓释放到循环系统中，以及从血管内的边缘释放出来，粒细胞增多症在最初几天内出现；在第5 d和第10 d之间，粒细胞数开始下降，细胞计数接近正常范围的下边界；在持续下降8～12 d后，细胞计数缓慢下降，在第20 d左右达到低于1$\times10^9$/L的水平（最低点，2级）。这种低细胞计数持续约10 d。在第30～35 d后，出现细胞计数增加迹象。因康复模式各不相同，粒细胞计数增长可能缓慢，也可能增长快速导致过度增长。③血小板：细胞计数保持在正常范围（150$\times10^9$/L）的下边界以下至100$\times10^9$/L，直到第10～12 d。在这个峰值之后，细胞计数下降并在第22 d达到最低点，达到50$\times10^9$/L的水平。细胞计数保持在此区域5～10 d（最低点，2级）。

细胞谱系曲线显示下降模式，胞计数明显低于正常范围的下限。患者无伴发性损伤，如开放性伤口或皮肤灼伤，通常无任何症状。但由于血细胞明显减少，存在感染或出血的风险，特别是伴发性损伤的患者。出血症状不超过1～2级，感染症状不超过2级。与H1相比，较不敏感的造血细胞受损，损伤数量更明显。在第30 d和第32 d之间出现了细胞再生的迹象。若患者出血，接受血液治疗。若患者在细菌分型后感染的情况下，使用适当的抗生素药物治疗细菌感染。自体痊愈是肯定的；患者发生传染病或出血的风险较低。

（3）H3级

H3级HS对造血系统的损害更严重，细胞计数开始下降前的时间较短，随后出现较长的最低点持续时间和痊愈开始前的延迟，若通过支持疗法可以弥补全血细胞减少期，则内源性修复是可行的。由于低细胞计数的持续时间较长，与H2相比，患者发生严重出血或传染病的风险更高。出血症状可达到3～4级，感染症状可达到3～4级。血液检验结果如下：①淋巴细胞：细胞计数在受照后的前48 h内几乎呈线性下降趋势，并保持在 0.25×10^9/L和 1.0×10^9/L（3级）之间。②粒细胞：在第1～3 d内观察到初始粒细胞增多，第5 d开始减少。从第5 d开始也可观察到顿挫形上升，直到第5～8 d细胞计数平均保持在 1×10^9/L左右。此后，细胞计数在第10～15 d下降至低于 0.5×10^9/L的水平。此低细胞计数水平维持约20 d（最低点，3级）。第30～35 d，细胞计数增加迹象明显。③血小板：细胞计数保持在正常范围的下边界（150×10^9/L）以下至 100×10^9/L，直至第5～10 d，在第16～18 d达到最低点，数值为（0～50）$\times10^9$/L，最低点持续约12～15 d（最低点，3级）。

选择与H2相同的治疗方案，即选择性血细胞输注和抗生素药物，包括用于清洗胃肠道的药物。此外，为了积极影响最低点持续的时间和程度，应尽早使用细胞生长因子。患者可能自体痊愈，但发生传染病或出血的风险很高，其中任何一种都可能致命。

（4）H4级

若H3级HS患者不接受适当的治疗，将对造血系统产生致命损伤。细胞计数迅速下降至“不可测量”或略高于零的状态。骨髓中的干细胞区和前体细胞隔间数量严重减少。患者出血和感染性疾病的风险很高（4级）患者在急性放射照射后和干细胞移植前的最初几天内死亡的概率极高。若存在其他严重的器官或器官系统损伤并伴有HS，死亡概率还会增加。

血液检验结果如下：①淋巴细胞：细胞计数在受照后的前24 h内几乎呈线性下降，并保持在 0.1×10^9/L和 0.25×10^9/L之间（4级）的低计数水平，并持续几周。②粒细胞：初始粒细胞增多可在48 h内观察到，稍早于H2或H3。然后细胞计数迅速减少，在第5～7 d达到（0～0.5）$\times10^9$/L的值。若患者存活并且在医疗条件较好的环境接受了治疗，则该细胞计划可持续数周（最低点4级）。③血小板：细胞计数几乎呈线性下降，在第10 d到达最低点，保持在（0-30）$\times10^9$/L低计数范围内数周（最低点，4级）。

9.5.3 皮肤综合征C

皮肤是一个复杂的组织，皮肤综合征（cutaneous syndrome，CS）是指皮肤到电离辐射照射后可能出现的一系列病理现象。接触后数小时内出现CS症状和体征；然而，皮肤损伤的发展可能需要数天到数年。CS特定病理表现的潜伏期取决于负责该病变发展的靶细胞的特征以及向靶细胞传递的辐射剂量。病变的强度和持续时间也与剂量有关。由于放射源的剂量深度分布取决于辐射品量（辐射品质：电离辐射授予物质的能量在微观空间（分子、细胞）内的分布），因此特定病变的发展，其强度和持续时间也将随辐射品质而变化。CS可表现为孤立的病变或同时或在不同时间尺度上发生多个病变。CS分级（C1-4）的预后取决于整个机体的损伤程度和患者的一般情况。在受照后的前7 d，只有在皮肤组织受到大于100 Gy的大剂量局部急性照射后才会发生急性损伤。这包括红斑、水肿、水泡和脱屑等损害。早期暗紫色红斑可预示急性坏死的发生。若受照剂量较低，类似的损伤可能出现较晚。

（1）C1级

C1级CS受照前期出现短暂的红斑和瘙痒（1级）；通常会在受照36 h内消退；第二波红斑，即真正的红斑，在受照后约5 d出现，持续数周。真正红斑的潜伏期和持续时间是可变的，严重程度不会超过1级。在稍后的时间（20～30 d），由于汗液和皮脂腺的损失，皮肤变得非常干燥，且脱皮（1级）。若红斑分布不均匀，应进行超声检查（急性期1次/d，临床症状明显阶段1次/周），以确定皮肤厚度和密度的变化。此外，除了可用于临床鉴别的红斑外，热成像可用于检测皮肤的高热或低温皮肤区域的发展变化情况。研究结果可作为个体定期随访的参考。此阶段将出现灼烧性瘙痒感，通常不会引起其他问题，但需要接受特殊治疗，如服用非镇静性质的抗组胺药物。

（2）C2级

C2级CS为皮肤组织的中度损伤。红斑（前驱期以及在临床症状明显阶段）中可以观察到孤立的小于10 cm^2，加起来不超过身体表面积的10%（2级），这与受照后5～10 d的轻度肿胀（1～2级）和起水泡（2级）有关。水疱的破裂导致脱屑（2级）。受照后第30 d左右发生的水疱可引起湿性脱屑（2级）。然而，由于表皮干细胞的消耗，湿性的脱屑也可能在没有先前起泡的情况下出现。在受照后第14 d发生短暂的脱发或头发直径变薄。可能痊愈。

门诊治疗通常采用局部抗炎和抗增殖的非萎缩性糖皮质激素，亚油酸乳膏和全身抗组胺药物，刺破水泡和非粘连敷料。水疱禁止使用干粉等干燥剂处理。使用抗生素预防感染，可防止病情恶化升级为C3。

C2级CS，应定期使用20 MHz超声波检查（急性期1次/d，临床症状明显阶段1次/周），以确定皮肤厚度和密度的变化。此外，每周1次的热成像用于早期检测高温或低温皮肤区域。这些可用作常规患者随访的参考。

（3）C3级

由于皮肤组织损伤中分离或汇合的斑块，增加到体表面积的10%～40%（红斑3级），C3级CS的症状严重程度比C2更明显。在临床症状明显阶段，这与血管通透性增加和血管外组织液流失引起的严重肿胀（2～3级）有关。水疱在受照后约5 d出现（2～3度）。水泡破裂导致皮肤脱落，其严重级别不同（脱落程度2～3，溃疡、坏死程度1～2级）。由于痊愈缓慢，使病情进一步恶化。若湿性脱皮缓慢愈合，真皮组织的进一步损伤（溃疡/坏死3级），将发展为继发性溃疡。在适当的临床治疗下，痊愈是有可能的。患者在病情晚期阶段将出现损伤，例如脱发，组织收缩，纤维化，色素变化，增加创伤易感性。愈合的病变通常易于重新开放。需要住院治疗，把水疱液体抽吸出来，对坏死组织清创，局部采用抑菌剂、抗炎剂和必需脂肪酸（EFA）以及使用非黏附敷料。使用全身抗炎和抗增殖糖皮质激素以减轻水肿。必要时，应采用全身抗菌和病毒性药物治疗，切除深部溃疡性病变的伤口，并在伤口进行全厚度的皮肤移植。

采用 7.5 MHz 或更高分辨率的超声波检查和热成像开展诊断。除 7.5 MHz 超声波检查外，多普勒超声还可用于识别动脉和静脉的较大血管的损伤。在发生溃疡的情况下，应使用超声检查来确定病变的深度。MRI 可以非常有效地检测深层组织中的损伤，例如牵涉的肌肉组织。

（4）C4 级

在皮肤综合征 C4 级中，皮肤和皮下组织存在严重损伤，独立的或集中的斑块超过全身皮肤面积的 40%（前驱期红斑 4 级）。在临床症状明显阶段，由于对表皮，真皮和皮下组织，肌肉造成了严重损害，甚至连骨结构都会受到严重损伤，通常无症状间隔。由于血管通透性增加和血管外组织液损失引起的严重肿胀（3～4 级），患者受照后几天内水疱继续加重（4 级）；水疱破裂（脱皮 3 级），出现严重的电解质损失；痊愈几乎是不可能的，需根据损伤的模式和程度来判断预后；需要接受专业医疗，即使存活，将脱发，纤维化，色素变化，易受创伤，热和压力变化，皮下硬化和角化病；若损伤非常严重，则需要考虑截肢。须特别注意其他器官系统对 CS 的影响。粒细胞减少症加剧，面临伴发感染的风险，但由于免疫功能受损，可能忽视临床症状。血小板减少症引起出血性水疱和更大的体表出血。决定是否接受手术治疗时，应考虑这些影响。住院接受的（重症监护）治疗包括有从肺大疱抽吸液体，对坏死组织清创，局部应用抑菌剂，使用非粘附敷料的抗炎药，全身抗组胺药，抗炎糖皮质激素，镇痛药治疗，以减轻疼痛和以减轻水肿。对深部坏死组织进行坏死切除和全层皮肤移植，对远端肢体损伤开展截肢手术。除了具有 7.5 MHz 或更高分辨率和热成像的超声检查外，MRI 对于尽快确定坏死组织的程度至关重要。它会影响坏死切除或截肢手术的适应症状。MRI 检查结果可能决定无需截肢，应用皮质类固醇药物治疗，并记录这种治疗方法的效果。

9.5.4 胃肠综合征 G

胃肠道系统是一个复杂的系统，具有吸收液体和电解质，分解和吸收营养物质，排泄正常和有毒代谢产物等多种功能。存在于整个胃肠道中的上皮细胞衬里经历不断更新，需要快速的细胞更新，因此依赖于位于李伯库恩隐窝（Lieberkuhn）中的多能干细胞群的功能。这种内在特性被认为是该组织放射敏感性的关键因素。最近，这些研究结果与人类情况的相关性得到了广泛的审查和讨论。受电离辐射照射后，观察到与胃肠综合征（Gastrointestinal syndrome，GIS）相关的症状可分为前驱期和显病期。前驱症状（恶心、呕吐、厌食症和腹泻）可在受照后数小时内发生，其潜伏期和严重程度取决于受照剂量大小。受低剂量照射可出现恶心和呕吐，并不会危及生命。目前尚不清楚恶心和呕吐是否源于对周围的影响以及随后对较高受照剂量中心的刺激，或者这些迹象是否完全是中枢神经系统的反应。然而，若这些反应发生在受照后的几个小时，中枢、外周神经系统的作用可能是主要的。腹泻可被视为一种前驱症状，表明非常严重的损害，通常与致命剂量有关。

（1）G1级

G1级胃肠综合征，仅观察到轻微的胃肠表现，限于1次或2次粪便稠度和频率的改变（均为1级），并伴有腹痛，肠黏膜不会损伤。在这种情况下，患者仅表现为前驱（24 h内）症状，可能与心理压力有关。若有必要，门诊治疗，短期服用洛派丁胺。临床观察足以诊断这些轻微症状。

（2）G2级

G2级胃肠综合征腹泻频率加剧（1级），浓稠性（1～2级），黏膜损失（1级，如果有的话）和出血（1级）和腹部痉挛（1级）。这些症状是由于释放介质，刺激肠蠕动增加，从而导致胃肠道运输时间减少引起；具有自限性的，自然消失而无长期影响。在这种情况下，患者在24 h后表现出前驱综合征，无进一步临床表现。由于干细胞死亡率较低，对肠上皮的损伤相对较小。尽管能完全痊愈，但由于修复功效受损，支持性组织的损伤，后期效应尚不清楚。

患者门诊治疗使用洛哌丁胺的剂即可，其具有抗运动和抗分泌作用。此外，可以使用止痛剂或抗炎剂来治疗疼痛。临床观察通常足以诊断这些轻、中度的症状。

（3）G3级

与G1或G2相比，G3级胃肠综合征的症状更明显，在几天和几周内发生多次。腹泻频率变化（1～3级），浓稠性（3级），黏膜脱落（2～3级）和出血（2～3级）以及伴随着腹泻、腹部痉挛（2～3级）。由于胃肠道疾病反复发作，例如腹泻，腹绞痛，肠壁狭窄和增厚等胃肠道等问题，导致痊愈不完全。20～30 d后发生的腹泻可能是由主要与造血综合征相关的免疫能力降低以及胃肠道功能免疫能力降低引起的病原体感染。除使用抗菌、抗真菌剂、抗炎药和镇痛药外，患者应住院接受组织液和电解质替代治疗。由于（胃肠道，造血，肺）产生了长期影响，可能痊愈或不可能痊愈。

（4）G4级

G4级胃肠综合征腹泻发作迅速，可能是暴发性的（频率为3～4级）。胃肠蠕动和分泌过程的调节成分发生了改变，且发生在肠黏膜大量损伤之前，但它仍然是一个主要的反应。在患病期间，大量黏膜脱落，从第4～8 d起，腹泻发作（频率3～4级，黏稠性4级，黏膜脱落3～4级，出血3～4级），伴有3～4级腹部痉挛。由于肠黏膜受损严重，平衡转移，血浆到肠腔的体液平衡，将导致严重的液体和电解质损失。体液和电解质的全身分隔变化，可能导致低血容量性休克和死亡。呕吐也会导致这种损伤，从而加剧患者病情。因干细胞间隔损失，细胞产量受到严重限制，无法充分替代上皮细胞。这影响了体液的流失，肠道细菌或其他病原体的进入，导致毒血症和败血症。从这些临床症状和体征中痊愈的可能性较小。迄今为止，仅针对严重症状治疗，包括体液和电解质替代，适当的全身抗菌、抗真菌治疗和镇痛药。患者应尽可能保持在最无菌的环境中。痊愈是不可能的。

9.5.5 前驱期临床表现

当地医务人员记录了工人前驱期临床表现（疾病发作的早期症状和体征）。辐射事故发生后第11 d，国际援助团抵达秘鲁，并会见了受照工人，向患者和医生了解与临床症状有关的事件和详细病史。工人B、同事D和E的详细体检情况如表9-8所示。因无基线数据和新血液样本，尽管在事故发生后24 h获得了工人B、同事D和E的淋巴细胞计数，但很难解释结果。血液样本于事故发生后48 h带走，受照后24 h获得的血细胞计数值在正常范围内。研究小组指出，工人B和同事D出现了初步的轻微临床症状和体征，与ARS的前驱表现相符。虽然受照时间长，但全身表现，特别是呕吐开始的时间和无发热，说明工人B全身剂量约为2 Gy，同事D小于2 Gy。

表9-8 国际援助团记录的受照人员症状（数据来自文献[3]）

临床表现	工人B	同事D	同事E
恶心、反胃	无	有	轻微
呕吐	3 h后第1次呕吐（3次）	6 h30 min后首次呕吐（2次）	
	5 h后第2次呕吐（10次）	6 h40 min后第2次呕吐（3次）	无
		7 h30 min后第3次呕吐（3次）	
厌食症	有，9 h后	有，2 h后	无
疲劳	有	有，3.5 h后	无
发热	无	无	无
头痛	有，4 h后	无	无
低血压	无	无	无
腹泻	无	无	无
红斑	有，左手食指（第4 d）	无	无
事故后24 h淋巴细胞计数	2.10×10^9/L	3.1×10^9/L	2.55×10^9/L

注：持续照射时间即探伤工作从2012年1月11日23：30开始，至2012年1月12日02：30结束。该实验室淋巴细胞计数的正常范围为1.5×10^9～3.5×10^9/L。

9.5.6 皮肤临床表现

LRI在辐射诱发的皮肤和下层组织（肌肉和骨骼）损伤后发生。LRI主要由表皮基底细胞和微血管内皮细胞的丧失，以及皮肤和潜在肌肉的严重炎症反应引起。LRI通常分3个发展阶段：①以红斑和疼痛为特征的前驱期。②无症状的潜伏期，可能需要2～3周，取决于局部受照剂量的大小和受照人体组织的体积。③症状和病变的进一步发展期，例如，疼痛湿性脱屑、皮肤和下层组织坏死，其发作时间可在受照后数小时至数天或数周变化。因此，在受照后很长一段时间内，需每天对病变开展日常随访。受照后第11 d，对受照3名工人的皮肤进行细致检查。结果表明，工人B双手出现严重LRI症状，另外2名工人在前驱阶段也出现了LRI症状，表明受到了超剂量照射。3名工人面临局部放射性坏死的高风险。

9.5.7 血液学特征

血液学 ARS 可在辐射诱发的骨髓造血组织损伤后发生，由多种细胞谱系的危害引起。当受照剂量超过 1 Gy 阈值时，将出现典型的 ARS 血液学特征。全身或大部分身体受照后，通常淋巴细胞、粒细胞、血小板和红细胞的生成将会恶化到不同的严重程度。粒细胞减少症导致感染风险，血小板减少症引起出血风险。因此，每日需对受照者血液进行计数。

(1) 工人 B

工人 B 临床症状符合：①物理剂量重建估计全身受照剂量为 1～2 Gy；②生物剂量测定估计剂量为 1.86 Gy，具有非均匀性（上半身受照剂量范围为 2.5～3.5 Gy）；③电子顺磁共振测定估计牙齿受照剂量为 3～4 Gy，指甲和脚趾甲的 EPR 剂量测定，证实了工人 B 受到了显著的非均匀照射。

结论：工人 B 出现了轻微的血液学 ARS；第 14 d 列为 METREPOL 量表的 3 级；其身体上部受照剂量估计值为 4 Gy，接下来的 10 d 内发生再生障碍性贫血的风险很高。

(2) 同事 D

同事 D 提供的信息包含了一些不确定性，但其临床变化与通过生物剂量测定的全身受照剂量估计值 0.45 Gy 相符合，未与剂量重建矛盾。这表明同事 D 受照剂量为 0.3 Gy。

结论：同事 D 患有轻微的血液学 ARS；第 14 d 列为 METREPOL 量表的 2 级；受照剂量估计值为 0.45 Gy，排除了出现严重骨髓损伤的可能性；建议对同事 D 每周开展 2 次随访，并进行血液计数，持续一个月。

(3) 同事 E

同事 E 临床症状与生物剂量学测定估计值 0.75 Gy 相符合，物理剂量重建估计受照剂量为 0.15 Gy。

结论：同事 E 患有轻微的血液学 ARS，第 14 d 列为 METREPOL 量表的 2 级；因受照剂量估计值为 0.75 Gy，排除了出现严重骨髓损伤的可能性；对同事 E 每周开展 2 次随访，并进行血液计数，持续 1 个月。

9.5.8 临床结论：病变严重程度的分类

以“与时间函数相关的各种临床体征和症状、事故情景的描述、从受照史中得出各种事件的时间”为依据的初步剂量评估，为 3 名工人提供了合理的诊断。事故发生第 14 d（2012 年 1 月 25 日），对 3 名受照工人进行 METREPOL 分类评级，结果显示在表 9-9 中（第 0 d 为 2012 年 1 月 11 日）（数据来自文献［3］）。

表 9-9 对受照射 3 名工人造成的辐射严重程度的 METREPOL 分类

受照工人	METREPOL 分类的严重性级别
工人 B	N2 H3 C4 G0
同事 D	N1 H2 C3 G0
同事 E	N0 H2 C1 G0

9.6 国际援助团提出的医疗建议

在访问秘鲁结束时，国际援助团就涉及辐射事故的5名工人提出了医疗建议。

9.6.1 工人B

工人B在事故中受照最严重；其全身受非均匀照射剂量为1.8 Gy（75%身体受照剂量在4 Gy范围内）；双手手指受照剂量范围为20～50 Gy；预计在10 d内可能出现进行性和严重性骨髓衰竭（再生障碍性贫血），并伴有双手手指的严重放射性坏死和高风险的双手组织放射性坏死。根据此信息，国际援助团提出了以下建议：①IPEN和医务人员应尽快向IAEA正式提出，根据《援助公约》为该患者提供专门医疗服务的请求。②工人B应在2012年2月第1周转院到具有手术设施、血液学重症监护医学、配备最先进的隔离系统（如高效微粒空气过滤）和国家当局批准的开展干细胞治疗资质的医院接受治疗。③工人B的治疗方案非常复杂，包括支持疗法（血液和血小板输注）和使用细胞因子组合的刺激疗法，包括在骨髓再生障碍性贫血情况下，粒细胞集落刺激因子和促红细胞生成素。根据临床需要，该治疗将与治疗严重的末端放射性坏死，包括自体皮肤移植，体外扩增的自体或同种异体人类临床级MSC注射相结合。④作为预防措施，精液检查在1个月内进行，6个月后复检。晶状体混浊6个月后检查，1年后复查评估。⑤因该患者的预后得到监视，且秘鲁当时无电离辐射损伤专业治疗设施，建议秘鲁当局立即提出国际医疗援助请求，以便在患者临床状况恶化的情况下，在最短的时间内安排专门治疗。

9.6.2 同事D和同事E

事故发生后第14 d，同事D的临床和实验室症状与剂量估计值相符合。尽管排除了严重血液学危害的风险，但该患者在几周内3～5只手指上发生严重LRI的风险很高。

在事故发生后的第14 d，同事E临床和实验室表现与估计的受照剂量相符合。尽管排除了严重血液学危害的风险，右手在几周内发生严重LRI的风险很高。

国际援助团针对同事D和E提出以下医疗建议：①刚出现的手浅表病变应在接下来的几天或几周内用非压缩脂肪敷料和比亚芬（biafine）进行治疗，使用局部地塞米松(dexamethasone)（类固醇）治疗定期控制剧烈疼痛。若病变情况恶化，则通过秘鲁患者医疗小组与国际援助任务小组成员之间的协商，制订治疗方案。②接下来的1个月内，每周进行2次血液学调查。③使用指甲的EPR剂量测定来确认放射性损伤的预后。④作为预防措施，精子检测在1个月内进行，6个月复检。6个月后检查晶体混浊，1年后复查评估。

9.6.3 探伤公司RPO和工人C

根据事件的重建，国际援助团队认为，涉及辐射事故的5名工人中，RPO和工人C

受照的辐射剂量低于确定性效应的阈值；未建议对 RPO 和工人 C 采取具体的后续行动；作为预防措施，采集 2 人的血液样本用于分析。随后的检测结果证实了国际援助团的观点。

9.7 剂量重建

9.7.1 5 名工人样本的生物剂量测定

1. 生物剂量测定技术概述

细胞受电离辐射照射可导致细胞核中染色体的断裂。断裂后不带着丝粒的部分称断片。断片在细胞分裂过程中由于不具有丝粒，不能定向移动经常丢失。带有着丝粒部分的断端具有很强的黏合性，可以与其他染色体的断端相互连接，形成各种类型的染色体畸变。通过将细胞置于培养基中，观察细胞在中期第一次分裂时的情况，可计算出由于全身受电离辐射照射而引起染色体畸变的剂量值；然后将这些细胞铺在载玻片上，染色并在显微镜下以高放大倍数观察；通过至少 2 名操作员在数百个分裂中期的细胞（通常为 500 个）中通过目视对染色体畸变进行计数。可以利用参考剂量效应校准曲线得出患者受照剂量。参考曲线是通过计算体外受剂量率为 0.5 Gy/min 的^{60}Co 源 γ 射线均匀照射和急性照射的血液样本中着丝粒环和中心环的数量得出的。但是，双着丝粒染色体产额和个人受照剂量之间的直接关系，可能因辐射品质和剂量率而不同。

2. IRSN 开展的生物剂量测定

生物剂量测定试验由 IRSN 按照 ISO 19238：2004《辐射防护——通过细胞遗传学开展生物剂量测定服务的实验室性能标准》进行[20]。双着丝粒染色体是电离辐射的特异性生物标志物，但只有某些类放射性药物才能产生双着丝粒染色体。通过对外周血淋巴细胞中存在的双着丝粒染色体进行分析，以估计最近受严重电离辐射照射个人的辐射剂量。把采集到的受照工人血液样本在 24 h 内送到 IRSN，即 2012 年 1 月 24 日（受照后第 13 d）。同一天进行淋巴细胞培养。对受 0.5 Gy/min 剂量率^{60}Co 源均匀照射和急性照射的血样进行双着丝粒和环状染色体分析，得到用于数学插值的剂量效应曲线 $Y=c+\alpha D+\beta D^2$，式中，$\alpha=0.0338\pm0.01008$；$\beta=0.0536\pm0.0010$；$c=0.00443\pm0.00039$；Y 为具双着丝粒和环状染色体产额；D 为电离辐射剂量。IRSN 提供的生物剂量检测结果见表 9-10（数据来自文献［3］）。

表 9-10 IRSN 提供的生物剂量检测结果

个人	全身剂量/Gy	置信区间	局部照射
工人 B	1.86	1.56～2.20	是
同事 D	0.45	0.23～0.75	无法确定
同事 E	0.75	0.5～1.06	无法确定
RPO	低于检测限值	不适用	无法确定
工人 C	低于检测限值	不适用	无法确定

9.7.2 工人B、同事D和同事E的电子顺磁共振检测结果

1. 电子顺磁共振技术概述

EPR技术是一种对放置在磁场中未成对电子对微波吸收的光谱分析方法[21]。电离辐射与材料的原子和分子之间的相互作用产生激发和电离，导致自由基的形成。辐射诱发产生的自由基数量与样品受照的剂量成正比。EPR技术可分析包括来自受照者身体的牙齿、骨头或指甲等生物样本，或佩戴材料，例如移动电话的无机玻璃。

2. 电子顺磁共振分析基本原理

鉴于辐射事故的场景和时间节点，除了手的局部照射外，还须考虑全身照射。EPR分析可以为局部和全身照射提供有关资料。虽然对手指指甲和骨骼样本的分析可获得手局部受照的信息，但对牙釉质的分析可作为全身照射的证据。此外，关于全身照射，与生物剂量测量和患者佩戴的个人无源剂量计测量数据相比，通过牙齿微活检EPR测量估计的剂量可提供关于体内剂量非均匀性分布水平的信息。由于放射源与手部皮肤之间的较短距离内存在非常大的剂量梯度，难以通过计算方式估算手部局部照射的剂量分布。对手部和手指的剂量估算仅根据临床表现或对截肢后收集骨组织的EPR光谱分析。IRSN在指甲EPR剂量测量和高频EPR定量测量方面的硬件条件和技术，使估算每根手指的受照剂量成为可能。

3. 剂量估算过程

对于钙化组织（牙釉质和骨），采用附加剂量法估算剂量。用几种已知剂量的射线照射样品；通过该过程，获得所研究样品对具体剂量的敏感系数；将剂量灵敏度系数应用于辐射诱发信号的幅度来确定事故受照剂量。IRSN采用^{60}Co源实施照射后方案，利用相对组织比释动能校准EPR信号强度。由于无线电诱导的EPR信号中的稳定成分对于几十戈瑞的剂量表现为饱和状态，不能应用经典的反向外推附加剂量法对指甲样品开展剂量估算。剂量值是根据每个样品饱和所需的剂量确定的。对于任何受照个体，所有指甲的饱和剂量都相同。因此，评估每一次受照后样品所需的剂量D_n，是估算事故期间样品受照剂量D_a的一种方法。若使某一样品达到饱和所需的剂量D_n等于为该患者指甲确定的饱和剂量D_s，则辐射事故受照剂量D_a为零。若饱和所需剂量D_n低于参考饱和剂量D_s，则两者之间的差值（D_s-D_n）为样品在事故中受照的剂量D_a。1个人指甲的参考饱和剂量D_s由事故中未受照的指甲（如脚趾甲）的照射后饱和剂量值或他人指甲饱和剂量的平均值确定。

4. 样品描述和电子顺磁共振设置

IRSN于2012年1月25日收到工人B、同事D、同事E的指甲和脚趾甲样品。此外，工人B于2012年1月27日接受了2次牙釉质微型活组织检查（17号牙齿3.5 mg，26号牙齿6.9 mg）。几周后，该工人左手食指末节指骨截去，收集指骨。从指骨中，在骨的不同位置采集了4个微型活组织检查，采用EPR技术进行分析。在HIA Percy医疗队的要求下，对截肢后收集的骨头进行了剂量估算，以确定是否需再次截肢。使用非常适合测量轻样品（mg量级）的高频光谱仪（Q波段34 GHz）开展EPR测量，独立

地分析每一指甲样品，以估算每个指甲或脚趾甲的剂量；记录 10 个或 10 个以上的独立 EPR 谱来评估 EPR 信号的幅度。这种 EPR 技术甚至可在牙釉质的微型活体组织检查中，对小于 1 Gy 的低剂量区开展剂量估算。

5. 电子顺磁共振剂量测定结果

（1）工人 B 牙釉质的电子顺磁共振

采用附加剂量法应用于 17 号牙体微型活组织检查。电子顺磁共振剂量测量结果均以组织比释动能形式表达。牙齿釉质微型活组织检查获得 26 号牙齿平均剂量为（3.3±0.2）Gy，17 号牙齿平均剂量为（5.9±0.4）Gy，牙釉质微型活组织检查的定位如图 9-5 所示。牙齿平均剂量值为 4.6 Gy。结果显示存在横向剂量梯度，颌右侧部分受照剂量更高。

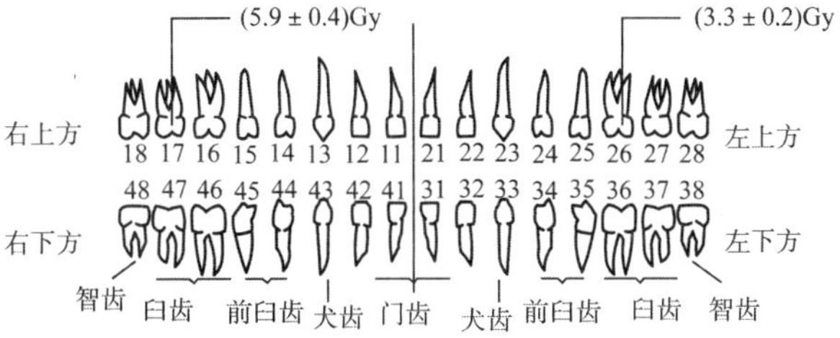

图 9-5 牙釉质微型活组织检查的定位

（2）工人 B、同事 D 和同事 E 的指甲电子顺磁共振结果

据估计，指甲受到的辐射剂量为 10～50 Gy 以上。图 9-6～图 9-8 为 IRSN 采用 EPR 技术测量工人 B、同事 D 和 E 指甲的剂量分布情况，数据的误差范围约为 10 Gy。工人 B 脚趾甲的剂量估计低于 10 Gy，与放射源位于准直器内部的假设一致。

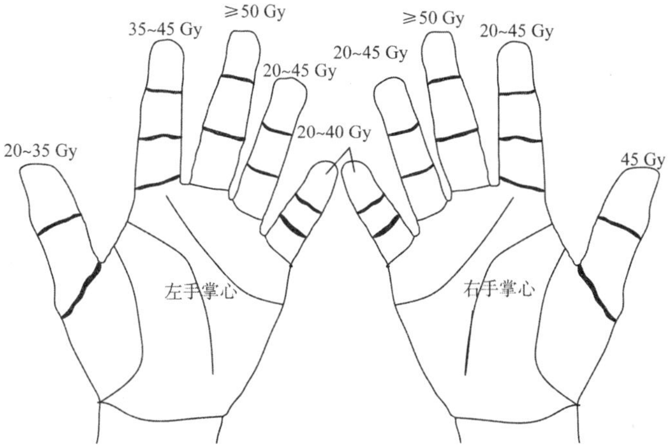

图 9-6 电子顺磁共振波谱法测定工人 B 的手指剂量分布情况

（3）工人 B 指骨的电子顺磁共振结果

IRSN 从工人 B 的左手食指第一节指骨采集了几个小型的活组织进行检查；绘制了

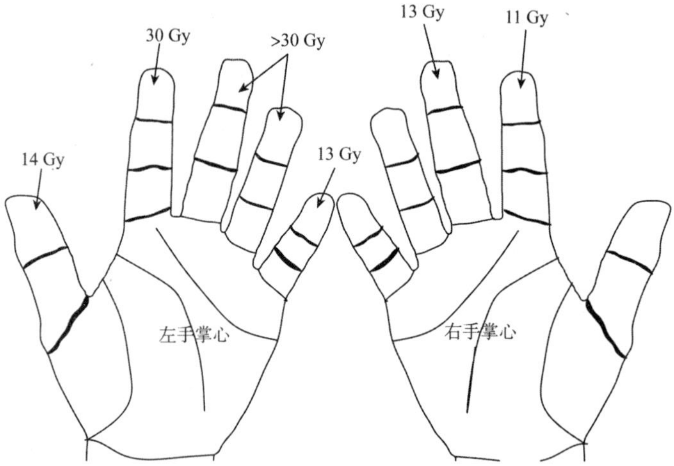

图 9-7 电子顺磁共振波谱法测定同事 D 手指剂量分布情况

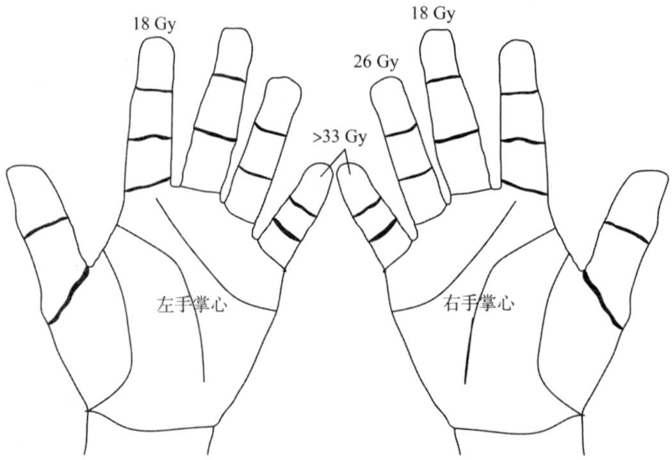

图 9-8 电子顺磁共振波谱测定同事 E 指甲剂量分布情况

第一指骨的剂量分布图；对工人 B 左手食指开展 EPR 剂量测定的结果如图 9-9 所示。沿近-远轴存在明显剂量梯度，最大的剂量梯度出现在与第一个病灶对应的区域。剂量分布表明大部分剂量是工人 B 对放射源定位，手指接触准直器时所传递的；相对于传递给骨头的剂量，传递给组织和皮肤的实际剂量可能高于估计剂量；切口边缘 19 Gy 剂量值低于骨和组织坏死剂量的限值（约 25 Gy）。这表明工人 B 手指无需进行再次截肢。此外，指甲剂量与靠近指甲的骨组织活检剂量之间呈现良好的一致性。骨组织剂量与指甲剂量的差异，与观察到的剂量梯度相符合。

9.7.3 工人 B 的剂量评估：计算机模拟

1. 场景和建模的描述

数值模拟对辐射剂量进行重建的原理，是模拟人体（部分器官或组织）受放射源照

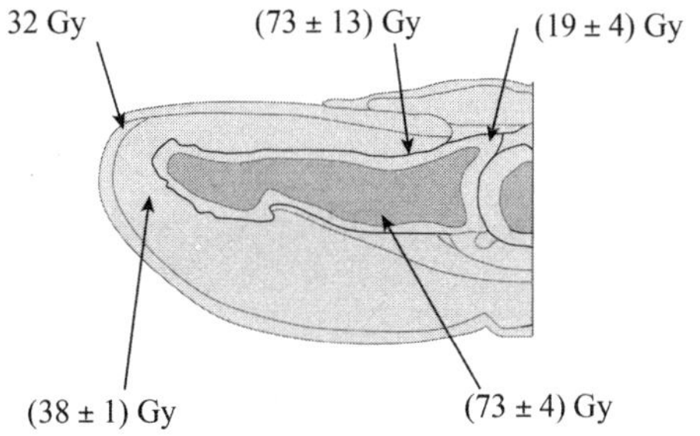

图 9-9　采用 EPR 方法对工人 B 左手食指末端指骨进行骨微型活检的估计剂量

射，编写基于射线与物质相互作用的蒙卡计算机代码，计算出身体不同部位的吸收剂量。本辐射事故采用 MCNPX 程序。考虑到辐射事故中受照工人的陈述以及临床症状，工人 B 受照剂量非常高，而且全身和手的剂量呈现非均匀性。鉴于此，将整个情况考虑为：工人在放射源附近受到几小时的全身照射，以及手指接触准直器受短时间局部严重照射的场景。

本次辐射事故中工人的全身剂量主要由全身照射引起，手的剂量则由全身和局部共同照射产生。计算时考虑了两种模型：①全身照射模型。该模型假设工人 B 距离放射源范围为 40～100 cm。使用模拟人体计算全身剂量分布，将源定位于距胸部水平 40～100 cm，手距离放射源约 20 cm。②局部照射模型。该模型接触场景如图 9-10 所示，准直器内的源辫（源托）与工人 B 左手食指接触约 10 s。放射源为圆柱体形 ^{192}Ir 源；半径为 1 mm，高度为 2 mm；封装在厚 2 mm，高 6 mm 的不锈钢包壳中；事故发生时活度为 3 653 GBq（98. 7 Ci）。

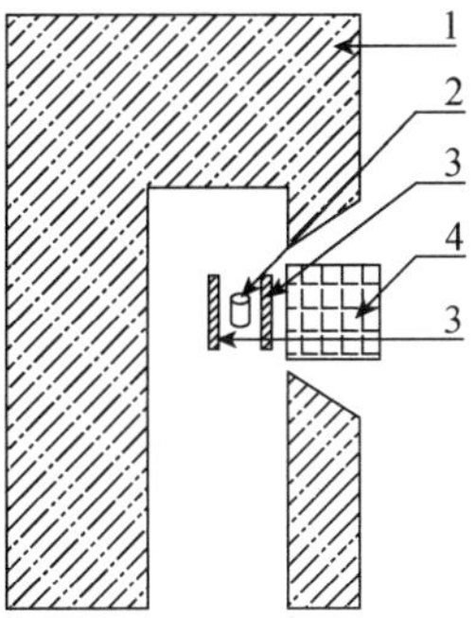

图 9-10　手指接触准直器内源辫模型

1—准直器；2—^{192}Ir 放射源；3—源辫；4—手指

2. 计算机模拟剂量重建结果

全身照射计算结果表明，工人 B 到放射源的平均距离为 40 cm，与 2. 5 h 探伤作业场景以及测量获得的全身和手部剂量数据结果一致。计算值和实测值如表 9-11 所示。源辫（源托）接触的左手食指尖端的计算剂量为 35 Gy。

表 9-11 工人 B 的剂量评估与计算机模拟计算值与其他方法测量值的比较

剂量评估	躯干剂量/Gy	牙齿/Gy	胸部①/Gy	手部/Gy
测量	2.5～3.5②	4.6④	6.0～7.0③	18～38④（指甲）
计算（全身照射）	2.8	3.2	6.0	20.0（手）

注：①个人无源剂量计的位置。

②75%人体生物剂量测定法。

③个人无源剂量计，秘鲁剂量学实验室提供数据。

④EPR 剂量测定法[22]：指甲平均值（总剂量=全身照射+局部照射）。

9.7.4 生物剂量学和电子顺磁共振剂量学结论

1. 工人 B

结果表明，工人 B 除手部局部照射外，全身受照剂量较高且分布呈现非均匀性。全身剂量水平与观察到的临床症状和实验室测定结果一致。生物剂量学显示全身平均剂量为 1.86 Gy，身体 75%受照剂量在 2.5～3.5 Gy。这些数值与蒙卡模拟计算的 2.8 Gy 的体内平均剂量一致，与牙釉质 EPR 研究和初步剂量估计的 4.6 Gy 的局部剂量一致。考虑工人 B 手指甲的 EPR 剂量测得平均剂量约为 25 Gy。根据对放射源的处理方式，工人 B 手的局部剂量可能更高。由于放射源的处理和诱发的强剂量梯度，指甲检测剂量并不总与手指组织的剂量直接相关。事实上，EPR 剂量显示左手食指末端指骨的剂量分布非常不均匀，指骨的最大剂量 73 Gy 位于第一个出现病变的轴上。对这块骨头进行活检结果显示剂量不超过 38 Gy。因此，考虑到距离和组织的衰减作用，左手食指在病变水平上的总剂量可能超过 70 Gy，这是截肢和骨分析之前最初估计的剂量。手指接触准直器的侧面锥形孔道，是造成第一个皮肤病变区域剂量的主要原因。数据表明，左手食指接触准直器锥形孔道的实际时间，比最初估计时间要长。

2. 同事 D

生物剂量测定显示同事 D 全身平均剂量为 0.45 Gy。手的受照和临床体征的发展表明同事 D 也操作了放射源和准直器。因此，工人 B 的剂量估算方法也适用于估算同事 D 受照剂量（即手受照总剂量等于远距离受照剂量与近距离操作放射源受照剂量之和）。基于 EPR 的假设，同事 D 受照平均辐射剂量低于工人 B 辐射剂量。然而，如图 9-7 所示，同事 D 两只手指指甲具有最高受照剂量（>30 Gy），手指伴有迟发性病变。考虑到 EPR 数据和临床体征，同事 D 左手受照平均辐射剂量高于右手值。

3. 同事 E

生物剂量测定显示，同事 E 的全身平均剂量为 0.75 Gy，高于同事 D。指甲样本的 EPR 数据显示，同事 E 也操作了准直器。后来的临床症状证实了这一假设。同事 E 手指的平均剂量低于工人 B 和同事 D 两个指甲，至少受照 33 Gy 剂量（见图 9-8）。EPR 数据、皮肤病变的出现类型和时间表明，右手受照的辐射剂量远高于左手。

4. RPO 和工人 C

对于 RPO 和工人 C，手受照总剂量等于远距离照射剂量与近距离操作源受照剂量之和。

9.8 辐射事故受照射者的医疗管理

本节详细介绍了受照工人的医疗管理。工人 B 最初在秘鲁接受治疗，后来转院到法国和智利电离辐射损伤专科医院接受手术治疗。

9.8.1 秘鲁的初步医疗管理

根据初步的剂量评估，IPEN 建议将 3 名受照工人送入当地医院治疗。3 名受照工人于 2012 年 1 月 17 日晚（受照后第 6 d）进入 INEN 住院。虽然同事 D 和 E 的血液计数结果在正常范围内，但工人 B 的血液计数表明血液存在显著变化，具有 ARS 血液类型的可能性。根据工人 B 的皮肤表现，地塞米松（4 mg/8 h）和口服酮洛芬（ketoprofen）（每 100 mg/12 h）治疗。建议 INEN 通过拉丁美洲生物剂量测定网络（区域援助网络）采集血样进行生物剂量测定，从髂嵴和胸骨取出骨髓。2012 年 2 月 5 日（第 25 d），工人 B 转往法国，于 2012 年 2 月 7 日（受照后第 27 d）进入 HIAPercy 接受治疗。同事 D 和 E 接受了医学评价和对症治疗；均于 2012 年 1 月 24 日（第 13 d）出院，作为门诊患者随访；大约在 2012 年 2 月 7 日（第 27 d），均表现出需要就医的症状。同事 D 的左食指、左拇指和双手中指出现水疱，注射倍他米松，并外敷比亚芬。同事 E 双手末端指骨出现疼痛水疱，注射地塞米松，并外敷比亚芬治疗，效果良好。2012 年 2 月 24 日（第 44 d），同事 D 左手中指和食指末端指骨出现溃疡，再次外敷比亚芬，治疗效果良好。

9.8.2 工人 B 在法国的治疗

工人 B 在法国的医疗管理由 HIA Percy 与 IRSN 共同提供。工人 B（27 岁）于 2012 年 2 月 7 日（第 27 d）住院，手上表现出辐射诱发的萎缩和 LRI。决定先处理辐射诱发的再生障碍性贫血，然后解决 LRI，同时等待人类等级 MSC 的生产。

1. 辐射再生障碍性贫血的管理

为了治疗辐射所致的再生障碍性贫血，工人 B 在 HIA Percy 血液科住院治疗；全身受照剂量为 1.86 Gy，其身体的 75%受照剂量范围为 2.5～3.5 Gy；身体某些部位受照剂量更高，例如头部 4.6 Gy 和手 25 Gy，左手食指的热点为 73 Gy。鉴于辐射照射的高度非均匀性和长期性，预计产生造血再生障碍。事实上，工人 B 患有轻度辐射所致的再生障碍性贫血，血小板从第 25 d 开始自发恢复（第 27 d 最低达到 98×10^9/L）。从第 35 d 开始，中性粒细胞开始恢复（第 41 d 最低计数达 1.059×10^9/L）。血小板和中性粒细胞的正常值预计分别超过 150×10^9/L 和 2×10^9/L。血小板和中性粒细胞分别在第 60 d 和第 80 d 完全恢复造血功能。工人 B 患有轻度血小板减少症和中性粒细胞减少症，在未接受任何治疗的情况下自行康复。

2. 局部辐射损伤的医疗管理

为了治疗 LRI，工人 B 到 HIA Percy 整形外科住院治疗。手上局部受照剂量约为

25 Gy。辐射照射呈现非均匀性（见图 9-10），从左手拇指的 18 Gy 到左手中指的大于 38 Gy，从右手无名指的 23 Gy 上升到右手食指大于 38 Gy。左手食指的第一个指节的骨组织活检结果显示，最大剂量为 73 Gy，剂量梯度大（见图 9-10）。工人 B 接受自体全层皮移植，并进行局部异体 MSC 注射。首选该种手术方法原因为，患者全身受照剂量达 1.86 Gy，骨髓受到 2.5～3.5 Gy 剂量照射，产生了不合格的 MSC。2012 年 2 月 14 日（第 34 d），HIA Percy 医院采集工人 B 弟弟的骨髓穿刺样品。MSC 移植的主要挑战是确保培养细胞在生长过程中保持其质量和分化潜能。使用细胞疗法治疗组织损伤，所需的细胞数量非常大。培养过程中产生的细胞必须保持正常的调节功能和分化模式，才能起治疗作用。MSC 为多能祖细胞，其分化为骨细胞、软骨细胞、脂肪细胞和基质细胞[23]。在生长过程中，它们根据多种谱系特征保留了分化能力。人类级的 MSC 由法国克拉玛特（Clamart）朱利安（Jean Julien）输血中心生产。干细胞生产单位和规程必须经过法国国家药品和保健品安全局的批准、授权和认证。为使工人 B 双手的伤口完全愈合，功能恢复良好，连续进行了 5 次局部 MSC 注射，详情见表 9-12。MSC 注射将住院时间缩短至 3 个月，且伤口稳定于第 124 d。工人 B 完成了物理治疗师制定的手部康复计划，包括做不同的指间关节和手指康复训练，以获得完全的灵活性。手部功能有所改善。MSC 注射后疼痛迅速消失。使用炎症性生物标记，C 反应蛋白来评估 MSC 的治疗效率，在治疗结束时 C 反应值恢复到正常水平（1 mg/mL）。在受照后的几天内，工人 B 左手食指末端指骨出现水疱，病变进展快速，EPR 测定估计剂量值为 73 Gy，预后不佳。有可能在这个热点上发生放射性坏死，因此，对工人 B 实施了 2 次局部手术。第一次将指骨末端部分进行手术截肢（受照后第 101 d），第二次将指骨末端关节完全离断。考虑到 EPR 对中间指骨估计剂量值为 19 Gy，且创面愈合完整，效果令人满意，坏死向中间指骨进展停止，预后良好。

表 9-12　干细胞注射量与时间安排（数据来自文献［3］）

受照后天数	日期	治疗细节
27	2012 年 2 月 07 日	工人 B 在 HIA Percy 住院。
29	2012 年 2 月 09 日	多学科医务人员（IRSN 和 HIA Percy）评估并决定治疗方案，一名秘鲁医生出席了本次讨论
34	2012 年 2 月 14 日	对工人 B 的弟弟进行骨髓穿刺
48	2012 年 2 月 28 日	首次 MSC 注射（34×10^6 细胞）
51	2012 年 3 月 2 日	第二次 MSC 注射（50×10^6 细胞）
57	2012 年 3 月 8 日	第三次 MSC 注射（40×10^6 细胞）
64	2012 年 3 月 15 日	第四次 MSC 注射（22×10^6 细胞）
79	2012 年 3 月 30 日	第五次 MSC 注射（206×10^6 细胞）

3. 工人 B 在法国治疗后的结论

工人 B 在 HIA Percy 的临床演变和治疗总结如下：①辐射诱发再生障碍性贫血属于轻度，自发恢复，不需使用生长因子；②局部 MSC 注射使疼痛明显减轻；③同种异体MSC注射，结合自体全层皮移植术可使创面完全愈合，手功能恢复良好；④局部多次的MSC注射减少了住院天数，与自体全层皮移植相关的MSC注射，阻止了左手食指末节指骨的截肢计划；⑤患者从HIA Percy出院后，建议秘鲁医疗机构负责病人治疗的后续工作，并定期向法国医疗机构通报最新情况。建议继续实施需持续几年的手部康复计划。2012年6月7日、2012年8月8日和2012年11月19日对工人B进行了医学评估。工人B左手食指移植部位能伸缩自如，无任何症状。2012年8月8日和2012年11月19日工人B左手X射线影像检查正常。从工人B自法国返回秘鲁后的首次随访血细胞计数来看，其骨髓已完全从辐射引起的最初损伤中恢复。

9.8.3 工人B在智利的治疗

1.2012年12月的临床演变

工人B医疗健康状况从2012年11月底开始恶化；2012年12月1日左右（第325 d），左手食指出现2处小溃疡；此后不久，出现了其他皮肤损伤，其特征是多手指的第一和第二指骨出现红斑和轻微水肿。INEN评估了该病症，采用口服双氯西林和外敷比亚芬进行局部处理。工人B左手手术区周围疼痛加剧。随后几个月，秘鲁医生与法国和IAEA医学专家讨论了患者的病情，对工人B的治疗无明显改善。相反，一些症状，如疼痛，病变大小，水疱和水肿，变得更加严重。2013年5月IEC收到了秘鲁当局根据《援助公约》提出的第三次正式援助请求。在与可提供专业医疗的几个会员国联系后，智利做出了积极回应，并由IEC制订了援助行动计划。根据这项计划，智利将根据需要提供医疗服务，向秘鲁政府提出了需采取进一步行动的建议，并协助编写英文辐射事故报告，详细说明相关医学检查、治疗和结果。此外，法国将根据所制定的计划需提供医疗建议，与智利（医疗）当局协调，向秘鲁政府提出关于秘鲁（医疗）当局需采取进一步治疗的建议。

2. 援助行动计划的范围和结构

IEC制订的援助行动计划目标包括：①对病人的现状进行医学评价；②根据需要提供医疗，包括对患者进行全面的医学评价、整形外科手术和细胞治疗（MSC注射）；③在治疗方案上提供多学科治疗方案，包括重建或整形外科，放射病理学咨询，细胞治疗和疼痛管理；④为负责治疗病人的医生提供所需的医疗药品、器材和设备；⑤制订关于对患者开展医疗的后续报告的安排。

工人B在智利的治疗，由共同安全医院、发展大学干细胞实验室院和智利核能委员会相互合作，共同开展。法国政府提供了来自IRSN和HIA Percy医疗专家团队的服务。由IEC医学专家领导国际援助团的医疗工作。

3. 伴随第一组MSC注射的外科手术

由法国和IEC专家组成的国际援助团于2013年6月27日抵达智利。该小组视察了医院和设施，以评估和确认工人B可在智利接受治疗。工人B于2013年7月17日到共同安全医院住院。一位来自HIA Percy的医学专家也抵达智利进行监督。初步的医学评价证实了病变的严重程度：几根手指坏死性溃疡和截肢区域左手食指末端骨外露。对患者进行了术前评估，包括实验室检查，临床成像和医学检查，以确认病变范围、严重程度以及怀疑手指内骨放射性坏死。智利核能委员会采集患者血样，用于细胞遗传学生物剂量测定和血小板样本采集，以制备血小板溶解液，用于后期培养 MSC。2014 年 7 月 19 日，在全身麻醉情况下，对工人 B 实施第一次采集骨髓手术。患者随后返回秘鲁。将两份采集的骨髓样本在 MSC 培养实验室特殊条件下的密封系统中培养两周。2014 年 8 月 4 日，患者入住共同安全医院，接受下一阶段的治疗。来自法国和 IEC 的医学专家抵达智利监督和指导治疗。详细检查了工人 B 病情，3 d 后开始采取的治疗措施主要包括：①第二次采集骨髓，送 MSC 培养实验室处理；②双手手术，左手食指第二节指骨、右手食指和无名指骨截肢。将患者的骨碎片贴上标签单独存放，以便到法国开展剂量测定研究。工人 B 临床状况表明 LRI 复发、病变和骨外露；③当患者仍处于全身麻醉状态时，双手进行多次 MSC 注射，每只手注射 40×10^6 细胞的 MSC。在接下来的几天里，工人 B 疼痛明显减轻，甚至达到无需采用阿片类药物治疗和偶尔使用非甾体类抗炎药的程度。伤口逐渐愈合，无感染迹象。

4. MSC 注射的后续进展

2013 年 8 月 16 日，工人 B 接受第二组 MSC 注射后回到秘鲁，伤口愈合良好；2013 年 8 月 30 日返回智利并接受第三组 MSC 注射，伤口完全愈合，无疼痛感；2013 年 9 月 6 日，双手接受第四组 MSC 注射。在此期间，来自法国和 IEC 的医学专家在智利开展医学治疗监督与指导。医疗检查显示，工人 B 健康状况良好，手上无疼痛感，伤口已愈合，临床状况令人满意。建议第 1 年（至 2014 年 8 月之前）每 3 个月进行一次医疗随访，随后 10 年（至 2024 年）每年进行一次医疗随访。

9.9 结论和经验教训

为吸取事故经验教训，避免类似事故的发生。对本次辐射事故经验教训进行了详细归类和总结。

9.9.1 运营机构——工业探伤公司

1. 安全规程

调查结果：①RPO 不在工业探伤作业现场。RPO 主要负责监督安全预防措施的实施，包括正确使用个人剂量计和有效使用辐射防护设备。RPO 的存在可以有效防止辐射事故的发生或减轻严重程度。②未经培训的个人（同事）、或非负责该工作的授权人员进行探伤设备的设置，包括将遥控装置与源辫之间的控制缆连接，违反了工业探伤安全操作规程。③探伤工人在工业探伤作业期间，必须使用具有声音、或振动功能的个人剂量警报仪，旨在及时识别异常情况。若工人未按安全规程要求佩戴剂量警报仪，则无法检测、识别出放射源处于对工人进行误照的危险位置。④当放射源从探伤机中导出至曝光头，或从曝光头收回到源容器时，监测辐射本底水平是确保放射源安全返回探伤机源容器的唯一有效方法。区域辐射监测仪属重要安全设备之一，除能识别控制区域外，还可指示放射源处于控制故障状态。由于工人 B、同事 D 和 E 未观察辐射监测仪，整个操作过程中未意识到意外照射的发生。

经验教训：①必须严格遵守安全规程。整个探伤操作过程中要求 RPO 始终在场以确保在任何情况下都不违反预防措施。②创建有效的机制来促进公司的核安全文化建设，并遵守安全操作规程，以确保所有从业人员都明确自己的责任。③建立良好的机制来审查和核实培训计划的有效性，根据辐射实践要求对培训内容进行变更，并重新考虑培训的频率，以便获得许可人员在任何情况下都不违反安全操作规程。

2. 准直器的使用

调查结果：准直器的使用减轻了本次辐射事故后果。

经验教训：从事 γ 射线工业探伤应尽可能使用准直器，以降低辐射水平和意外照射剂量。

3. 初步信息的不一致

调查结果：从工人那获得的初步信息不一致。由于他们是职业工人，将专家对发生事件的询问，理解为是一种寻找工作中违规操作的途径，而不是评价和评估其受照辐射剂量的机制。

经验教训：各机构需要通过组织员工培训和提高安全意识，从而更好地解决这一问题。在事故分析过程中，探伤公司还需要采取促进信息共享的措施。应强调良好的核安全文化不会在事故发生时推卸责任。希望从业人员从错误中吸取教训，树立质疑探索的工作态度；养成相互沟通交流的工作习惯；采用严谨的工作方法，不断提高电离辐射工作的安全水平。

4. 医疗费用的覆盖范围

调查结果：当受照最严重的工人转院到国外接受电离辐射损伤专业治疗时，面临无医疗保险为病人提供资助，无任何合法的渠道来支付医疗费用的问题。

经验教训：鼓励获得电离辐射装置许可证的法人为雇员购买工伤和医疗保险，将有助于获得更快的医学治疗，包括到国外接受电离辐射损伤专业治疗。

9.9.2 国家当局

1. 放射源的连接

调查结果：导致放射源与控制缆断开的原因尚不清楚。一种可能的原因是未经训练、未获得探伤许可的工人从事探伤机的组装与安放，未正确连接控制缆与源辫，另一个原因是控制缆存在机械故障。

经验教训：由于许多与本次辐射事故中相同类型的探伤机仍在使用，应记录使用此类型工业探伤机的经验，以核查是否是此类型探伤机的普遍问题或一次性故障。

2. 生物剂量测定专业知识的可用性

调查结果：虽然秘鲁国内具有生物剂量测定方面的专业知识，但无法在当地开展生物样本培养物的制备。

经验教训：国家辐射应急设施应得到有效维护，处于随时可操作、可运行状态，在事故发生后可开展生物样品剂量的测定工作。

3. 与IAEA的交流

调查结果：IPEN使用“事故和紧急情况信息交换统一系统”将事故信息发送给IEC。IPEN还通过此系统提出剂量评估和医疗管理的建议，迅速响应了IAEA提供的援助。这些行动有助于对辐射事故作出快速、有效的响应，并为受照工人提供适当的医疗服务。另外，IPEN毫无保留地向国际援助团提供所有信息，并为编写IAEA辐射事故报告共享了信息。

经验教训：主管当局使用“事故和紧急情况信息交换统一系统”通知IEC，并迅速决定接受IAEA的援助，主动地采取行动，有助于对辐射事故做出有效响应。

9.9.3 国际合作

1. 区域生物剂量测定援助网络

调查结果：建立了拉丁美洲区域生物剂量测定援助网络，以支持该地区对辐射事故的响应。该网络已在2009—2010年的一次演习中进行了测试。然而，在本次辐射事故中，该网络处于瘫痪状态，生物样本不得不远送法国进行测试和分析。

经验教训：事故发生时，在生物剂量测定法的剂量评估工作无法在辐射事故发生国开展的情况下，应提供区域支援，安排样本送至同区域的其他国家。

2. 用于国际治疗的财政资源

调查结果：决定将工人B送到国外接受电离辐射损伤专业治疗和随后的行动之间存在时间差。延误的原因是需要为此治疗程序提供财政资助。

经验教训：需要建立一个为辐射事故快速筹资的机制，以支付辐射事故中受超剂量照射工人的相关医疗费用。若该国尚未无开展电离辐射损伤治疗的能力，该机制应包括到国外接受治疗的费用。

3. 生物样本的运输

调查结果：生物样品从秘鲁运往法国进行剂量评估时，面临航空公司要求证明这些样品不会造成危害的问题。这可能会延迟剂量重建和评估工作，特别是在LRI的情况下确定医疗方案。

经验教训：有必要制定规程以协调生物样品的快速运输，特别是空运，以避免出现航空公司或边境管制点的程序性瓶颈。

4. 会员国之间的合作

调查结果：法国对IAEA国际援助团作出迅速响应，以剂量评估和医疗管理咨询方式提供了专业的国际援助，并为受照最严重的工人B提供了精湛的医疗服务。同样，美国迅速、慷慨地为受照工人的医学治疗提供了充足资金。法国提供的医疗专家，智利提供的免费治疗，对于工人B的进一步治疗意义重大。

经验教训：鼓励IAEA会员国本着互助和奉献的精神对辐射事故做出回应，及时有效地为辐射事故受照者提供医疗资源、财政资助和专业帮助。

5. IAEA的响应

调查结果：IEC对事故不同阶段的响应迅速有效。通知发出后，IEC立即向秘鲁提供服务。收到正式请求后，IEC立即为派出第一批国际援助团前往秘鲁提供了便利，并尽量减少延误。IEC密切跟踪、监测了秘鲁受照工人的健康状况；当认识到需到其他地方接受电离辐射损伤专业治疗时，利用RANET资源协调了第二批国际援助任务，并促进了资金安排，从而迅速提供医疗服务；与秘鲁医疗系统协调员保持联系，以获得工人B后续医疗行动信息。当组织、安排第三批国际援助任务以使工人B在智利接受治疗时，再次做出高效响应。由于IEC的有效响应和援助系统，使援助行动成为可能。

经验教训：借鉴本次辐射事故应急经验，鼓励IAEA会员国将国际安排纳入其辐射应急响应计划，充分利用IAEA在加强应急准备和应对能力方面的专业知识。这将提高其在应对任何辐射应急情况时，提供或接受援助的效率。

9.9.4 医学领域

1. 在确定辐射事故方面的延迟

调查结果：尽管有大量证据和临床表现，但仍需花费6 d来识别事故的辐射性质，在对工人开展医疗评价和治疗之前，浪费了宝贵的时间。

经验教训：有关当局应当针对有关辐射紧急事件人员的临床诊断、初步管理开展有效的医疗培训。早期诊断可提高治疗效果，从而改善受照人员的预后。

2. 医疗管理方案

调查结果：HIA Percy-IRSN采用的手术和MSC注射医疗管理方案是成功的。智利在治疗工人B复发症方面借鉴了此经验。

经验教训：自2005年以来，剂量引导手术与MSC注射相结合的医疗方案已证明：LRI患者的治疗效果和预后取得明显改善。智利评估国际援助团任务的经验表明，在国际框架内，辐射事故期间可成功交流知识和医疗经验。

3. 复发的症状

调查结果：尽管工人B在HIA Percy-IRSN治疗后的预后较为乐观，但一年后症状复发，需接受进一步治疗。

经验教训：应对受照严重患者的医疗状况开展一段时间的随访，以检查复发症状并采取措施进行早期治疗，可减少因严重ARS引起手术截肢的情况。

参考文献

[1] Wikipedia. Nondestructive testing [EB/OL]. (2019-03-03) [2019-03-06]. https://en.wikipedia.org/wiki/Nondestructive_testing.

[2] Wikipedia. Isotopes of iridium [EB/OL]. (2019-03-02) [2019-03-05]. https://en.wikipedia.org/wiki/Isotopes_of_iridium#Iridium-192.

[3] IAEA. The radiological accident in Chilca: STI/PUB/1776 [R]. Vienna: IAEA, 2018.

[4] IAEA. Convention on assistance in the case of a nuclear accident or radiological emergency: INFCIRC/336/Add.12 [R]. Vienna: IAEA, 2002.

[5] IPEN. Peruvian institute of nuclear energy（presentación）[EB/OL]．（2018-03-01）[2019-03-06]．http：//www. ipen. gob. pe/.

[6] PERU. Joint convention on the safety of spent fuel management and on the safety of radioactive waste management [EB/OL]．（2001-06-18）[2019-03-05]．https：//www. iaea. org/sites/default/files/national _ report _ of _ peru _ for _ the _ 6th _ review _ meeting _ - _ english. pdf.

[7] Peruvian Institute of Nuclear Energy．IR. 001. 200 9 Requisitos de seguridad radiológica en radiografía industrial [S]．Lima：Peruvian Institute of Nuclear Energy，2009.

[8] Surce Production & Equipment Company．Industrial radiography systems [EB/OL]．（2019-01-01）[2019-03-06]．http：//www. spec150. com/portfolio/industrial-radiography-systems/.

[9] IAEA. Accident in industrial radiography [EB/OL]．（2012-01-19）[2019-03-05]．https：//www-news. iaea. org/ErfView. aspx? mId=aedb233 e-67a2-4786-a1 c8-903592619080.

[10] IAEA. Radiation protection and safety in industrial radiography：Safety reports series no. 13 [R]．Vienna：IAEA，1999.

[11] 周建明．GB/T 14058—2008 γ射线探伤机 [S]．北京：中国标准出版社，2008.

[12] Surce Production & Equipment Company. Collimators [EB/OL]．（2019-01-01）[2019-03-06]．http：//www. spec150. com/radiography-equipment/collimators/.

[13] Miriam R S，Roxana R R，Jeannie M N. The role of the national institute of neoplastic diseases in the control of cancer in Peru [J]．Revista Peruana de Medicina Experimental y Salud Publica，2013，30（1）：105-112.

[14] IAEA. Incident and emergency centre [EB/OL]．（2015-12-20）[2019-03-05]．https：//www. iaea. org/about/organizational-structure/department-of-nuclear-safety-and-security/incident-and-emergency-centre.

[15] IAEA. Response and assistance network（RANET）[EB/OL]．（2019-02-06）[2019-03-05]．https：//www. iaea. org/services/networks/ranet.

[16] Wikipedia. Hôpital d'instruction des armées Percy [EB/OL]．（2018-12-19）[2019-03-06]．https：//en. wikipedia. org/wiki/H%C3%B4pital _ d%27instruction _ des _ arm%C3%A9 es _ Percy.

[17] Health Grades Inc. Local radiation injury [EB/OL]．（2019-01-16）[2019-03-06]．https：//www. rightdiagnosis. com/l/local _ radiation _ injury/intro. htm.

[18] REMM. References for Metrepol：Medical treatment protocols for radiation accident victims [EB/OL]．（2017-08-29）[2019-03-06]．https：//www. remm. nlm. gov/ars _ references. htm.

[19] TM Fliedner，I Friesecke，K Beyrer. Medical Management of Radiation Accidents：Management of the Acute Radiation Syndrome [R]．48-50 St John Street London：The British Institute of Radiology，2001.

[20] International Organization for Standardization. ISO 19238：2004 Radiation protection -- Performance criteria for service laboratories performing biological dosimetry by cytogenetics [S]．Switzerland：International Organization for Standardization，2004.

[21] Wikipedia. Electron paramagnetic resonance [EB/OL]．（2019-01-28）[2019-03-06]．https：//en. wikipedia. org/wiki/Electron _ paramagnetic _ resonance.

[22] Francois Trompier，François Queinnec，Eric Bey，et al. EPR Retrospective Dosimetry with Fingernails：Report on First Application Cases [J]．Health physics，2014，106（6）：798-805.

[23] 李小华，李俊杰，陈维，等．一起工业探伤辐射事故的国际救援概况与分析 [J]．核安全，2019，18（2）：14-35.

附录

常用缩写词中英文全称对照表

首字母	英文缩写	英文全称	中文全称
A	AEC	Thai Atomic Energy Commission	泰国原子能委员会
	AECL	Atomic Energy of Canada Limited	加拿大原子能有限公司
	AERB	Atomic Energy Regulatory Board	印度原子能监管局
	AIIMS	All India Institutes of Medical Sciences	印度医学科学研究院
	ALARA	As Low As Reasonably Achievable	合理可行尽量低的最优化原则
	ANC	Absolute Neutrophil Counts	中性白细胞绝对计数
	ARDS	Acute Respiratory Distress Syndrome	急性呼吸窘迫综合征
	ARS	Acute Radiation Syndrome	急性放射综合征
B	BOC	Bialystok Oncology Centre	波兰比亚韦斯托克肿瘤中心
C	CEA	French Atomic Energy Commission	法国原子能委员会
	CRS	Cutaneous Radiation Syndrome	皮肤辐射综合征
	CS	Cutaneous Syndrome	皮肤综合征
D	DESCD	Department of Emergency Situations and Civil Defence of the Ministry of Internal Affairs, Georgia	格鲁吉亚内政部紧急情况和民防司
	DNA	Deoxyribon Nucleic Acid	脱氧核糖核酸
E	EEG	Electro Encephalo-Graph	脑电图
	EPR	Electron Paramagnetic Resonance	电子顺磁共振
	ERC	Emergency Response Centre	应急响应中心
	ERNET	Response and Assistance Network	应急响应网络
	ESTRO	European Society of Therapeutic Radiation Oncology	欧洲放射肿瘤治疗学会
G	G-CSF	Granulocyte Colony Stimulating Factor	粒细胞集落刺激因子
	GIS	GastroIntestinal Syndrome	胃肠综合征
H	HDR	High-Dose Rate	高剂量率
	HBO	HyperBaric Oxygen	高压氧治疗
	HLA	Human Leukocyte Antigen	人类白细胞抗原
	HIA	Percy Training Hospital of the Armies	法国陆军佩尔西训练医院

续表

首字母	英文缩写	英文全称	中文全称
	HS	Haematopotic Syndrome	造血综合征
I	IAEA	International Atomic Energy Agency	国际原子能机构
	IEC	Incident and Emergency Centre	核事件和应急中心
	IEC	International Electrotechnical Commission	国际电工委员会
	IHT	Institute of Hematology and Transfusiology in T' bilisi	第比利斯血液学和输血学研究所
	IPEN	Peruvian Institute of Nuclear Energy	秘鲁核能研究所
	INEN	National Institute of Neoplastic Diseases	秘鲁国家肿瘤疾病研究所
	INES	International Nuclear Event Scale	国际核和放射事件分级表
	IRSN	Institute for Radiological Protection and Nuclear Safety	法国辐射防护与核安全研究所
L	LRI	Local Radiation Injury	局部辐射损伤
M	MDR	Medium-Dose Rate	中剂量率
	ME-TREPOL	Medical Treatment Protocols for Radiation Accident Victims	辐射事故受害者医疗救治规程
	MRI	Magnetic Resonance Imaging	核磁共振成像
	MSC	Mesenchymal Stem Cell	间充质干细胞
	MU	Monitor Units	监测单位
N	NAEA	National Atomic Energy Agency of Poland	波兰国家原子能机构
	NDMA	National Disaster Management Authority	印度国家灾害管理局
	NDT	Non-Destructive Testing	无损检测技术
	NRSS	Nuclear and Radiation Safety Service, Ministry of Environment Protection of Georgia	格鲁吉亚环境保护部核与辐射安全司
	NVS	NeuroVascular Syndrome	神经血管综合征
O	OAEP	Thailand Office of Atomic Energy for Peace	泰国原子能和平利用办公室
	OSL	Optically-Stimulated-Luminescence	光致发光剂量计
P	PBI	Partial Body Irradiation	身体局部急性照射
	PBL	Peripheral Blood Lymphocytes,	外周血淋巴细胞
	PET	Positron Emission Computed Tomography	正电子发射型计算机断层显像
	PSRO	Polish Society for Radiation Oncology	波兰放射肿瘤学学会
R	RANET	Response and Assistance Network	应急响应与援助网络
	RHS	Radioisotope Heat Source	放射性同位素热源
	RPO	Radiation Protection Officer	辐射防护负责人
	RTG	Radioisotope Thermoelectric Generators	放射性同位素热电发生器
S	SSD	Source Surface Distance	源皮距
	SSDL	Polish Secondary Standard Dosimetry Laboratory	波兰国家二级标准剂量学实验室
	SDR	Special Drawing Right	特别提款权
T	TBI	Total Body Irradiation	全身急性照射
	TLD	Thermo Luminescent Dosimetry	热释光剂量计